探地雷达数值模拟及全波形反演

冯德山　王　珣　杨　军　张　彬　李广场　著

科学出版社
北　京

内 容 简 介

本书介绍了探地雷达（GPR）数值模拟与全波形反演两大核心内容，包括二维时间域间断伽辽金 GPR 正演模拟，二维频率域节点有限元及三维频率域矢量有限元 GPR 正演模拟，二维时间域、频率域 GPR 全波形反演及三维频率域 GPR 全波形反演研究。全书分为 6 章：第 1 章论述了 GPR 时间域和频率域正演模拟及 GPR 全波形反演的研究现状；第 2 章介绍了 GPR 基本原理及观测方式，阐述了全波形反演中局部优化的梯度引导类及牛顿类解法；第 3 章介绍了基于二维时间域间断有限元的 GPR 正演及 MTV 正则化的全波形反演；第 4 章介绍了二维频率域有限元正演及正则化全波形双参数反演；第 5 章主要介绍基于矢量有限元的三维 GPR 正演及三维频率域 GPR 全波形反演；第 6 章为全书总结。

本书主要为地球物理专业的教师、研究生、本科生及从事地球物理正反演研究的工程技术人员提供参考，也可作为从事数值计算、最优化方法、反问题研究的计算数学、计算机专业师生的参考资料。

图书在版编目(CIP)数据

探地雷达数值模拟及全波形反演 / 冯德山等著 .—北京：科学出版社，2021. 3

ISBN 978-7-03-068154-6

Ⅰ. ①探…　Ⅱ. ①冯…　Ⅲ. ①探地雷达-数值模拟　Ⅳ. ①TN959. 1

中国版本图书馆 CIP 数据核字（2021）第 034333 号

责任编辑：王　运 / 责任校对：张小霞
责任印制：赵　博 / 封面设计：图阅盛世

科学出版社出版
北京东黄城根北街 16 号
邮政编码：100717
http://www.sciencep.com
北京建宏印刷有限公司印刷
科学出版社发行　各地新华书店经销
*
2021 年 3 月第　一　版　开本：787×1092　1/16
2025 年 2 月第三次印刷　印张：11 3/4
字数：280 000

定价：168. 00 元

（如有印装质量问题，我社负责调换）

前　言

探地雷达（ground penetrating radar，GPR）利用高频电磁波来探测地下目标和结构，工作频率可达5000MHz，分辨率可达到厘米数量级，因而可准确确定目标体的尺寸、空间位置和物理特征，是一种重要的浅部地球物理勘探方法，它不会对介质产生任何损伤，可以安全地应用在城市和正在建设中的施工现场。探地雷达仪器轻便，不需要复杂的震源和接收装置，从数据采集到处理成像一体化，操作简单，采样迅速，工作人员少，因而探测效率高。目前已广泛应用于地质调查、极地考察、管线探测、质量检测、地质灾害、考古、军事等领域。

目前的实际GPR探测中，大多依靠获取的雷达剖面来推断探测目标体的位置、大小与尺寸，但多局限于有经验的物探从业人员的粗略估计，尚不能给出异常体的介电常数、电导率等参数，从而精准界定目标体的属性。资料解释还处于主要依靠人工判断与经验解译的阶段，存在一定的主观性，极端情况可能导致不同的人员解释出不同的结果，甚至同一解释人员两次解释出不一样的结果。

GPR数值模拟与全波形反演是计算地球物理学的重要研究方向。通过对典型地质模型模拟结果的分析，可以加深对GPR传播规律与反射剖面的认识，有效指导GPR资料解释。通过对大量地质模型开展正演模拟，能丰富雷达模型数据库，熟悉并了解典型地质体的雷达图像回波特征，可以指导GPR实测剖面资料解释。其次，GPR正演也是雷达反演的基础与核心引擎，它与反演具有互相促进的关系，每一次正演技术的重大进展或速度的具体提升，都能有效推进GPR反演技术的变革。而GPR反演是利用观测到的实测GPR数据去推测物体内部物理状态的空间变化及物性结构的方法。目前最流行的GPR全波形反演是新兴起的重要成像手段，它直接利用振幅、走时和相位等雷达波场信息，将正演的雷达记录与实际观测的雷达波形进行匹配，通过使两者的数据之差最小建立目标函数，从而寻找最佳模型参数。显然，全波形反演能够获取介质的介电常数、电导率等物性参数，有助于岩性的精确描述和异常体预测，提高GPR解释精度。

总体来说，探地雷达正演技术相对成熟，包括有限差分法、有限单元法、有限体积法、伪谱法等。为了进一步提高正演计算效率、计算精度或降低内存占用，许多新的算法，如时域多分辨算法（MRTD）、无网格法、插值尺度法、交替方向隐式有限差分法、小波有限元法、间断有限元法、辛-龙格库塔等算法被提出或引入到GPR数值模拟中，这些新算法有些改善了GPR正演计算精度，有些提升了正演速度。而本书中为了契合反演的需求，在正演部分采用了二维时间域间断有限元算法、二维频率域有限元算法、三维频率域矢量有限元算法。

由于探地雷达采样方式及观测系统的原因，源是不停地移动的，实测GPR反演数据量大，且实际观测的 GPR 波场变化与要反演参数的变化之间关系很弱，反演参数的控制方程不能很好地预测实测数据，导致雷达波的正传播算子与实际电磁波现象之间存在偏差，全波形反演应用面临着巨大的挑战。为了进一步加快全波形反演实用化的步伐，本书对探地雷达二维时间域正反演、二维频率域正反演以及三维频率域正反演算法的一些关键问题开展了深入的探索，期望为计算机上实现 GPR 快速、高精度全波形反演提供现实的可行性。

目前已经有许多介绍探地雷达的理论书籍，但尚未见到系统介绍探地雷达全波形反演的专著，为了给地球物理学专业本科生、研究生和科技人员提供一本有益的参考书，笔者在本课题组多年科研成果积累的基础上，编写了本书。本书注重理论推导，力求概念清楚、论述详尽，且配有大量的正反演实例。在本书的撰写过程中，许多工作都有博士研究生、硕士研究生的合作参与，其中王珣博士在理论推导、程序编写、文字录入方面做了大量工作，对本书的完成起了重要作用；张彬、刘硕等参加了正演算法的有关工作；王向宇、丁思元等参与了全波形反演的有关工作；广州市市政工程设计研究总院有限公司杨军、浙江华东建设工程有限公司的李广场提供了许多现场数据，并积极参与了文字的校对与润色。由于本课题组开展探地雷达正反演的研究已持续多年，还有许多过去毕业的和在读的研究生参与，在此不一一列举，本书的完成和他们的工作密不可分。

本书是在国家自然科学基金项目（项目编号 41774132，42074161）、湖南省“芙蓉学者奖励计划”项目、广州市市政工程设计研究总院有限公司重大攻关资助项目（1-43010100）、浙江华东建设工程有限公司科技开发项目的资助下完成的，在此一并表示诚挚的谢意。

由于水平有限，书中难免存在疏漏及不足之处，敬请广大读者批评指正。

冯德山

2020 年 7 月于长沙中南大学

目　录

第1章 绪 论

1.1 探地雷达正反演研究的目的及意义

探地雷达（ground penetrating radar，GPR）是一种对地下异常体、地下结构特性或物体内部不可见目标体进行定位的电磁无损探测技术（李大心，1994）。GPR作为一种新兴的地球物理手段，可以在不破坏地表结构的情况下获取地下未知区域的目标体信息，有探测速度快、探测精度高、抗干扰能力强、结果直观、安全、成本低等特点，已发展成为工程、水文环境、地质灾害、考古、军事等应用领域的一种重要近地表地球物理方法（粟毅等，2006；曾昭发等，2006）。

近年来，随着GPR勘探领域的不断延伸、勘探环境更加复杂、勘探目标也愈加精细，探测要求不再局限于目标体位置、埋深的粗略估计，而需要能够直接给出工程勘探中更为关心的目标材质、大小、尺寸等定量指标。需要从大量的雷达数据中，得到符合工程勘探要求的精确物性参数指标，从而挖掘更多的有效信息。GPR数据处理手段由传统的定性分析处理逐步变为更精确的定量分析，进一步从观测数据中推断出物性参数。而反演本质上是选取合适的物性参数，能最优地拟合地球物理观测数据。反演过程中需要通过正演建模得到观测数据，因此正演是反演的基础。研究能够处理任意复杂地质结构的高效、高精度的正演求解器也成为GPR反演的难点和热点问题。

Maxwell方程是描述与刻画电磁波波动现象、传播规律与物理过程的有力工具，也是GPR波动方程正反演探求复杂探测对象奥秘的有效手段。目前计算电磁学中计算方法众多，从求解方程的形式上可以分为积分方程（integral equation，IE）类方法和微分方程（partial differential equation，PDE）类方法，IE类方法具有很高的精度，但是难以处理复杂介质的电磁问题，因此应用范围受限，考虑到GPR的探测对象特点，本书中主要介绍PDE方法。从计算域进行分类，探地雷达正演可以分为时间域方法和频率域方法，两者的计算结果可由傅里叶变换进行转换，比较而言，由于时间域方法结果更为直观，故使用更为广泛。然而，时域和频域的Maxwell方程是理解电磁现象的互补工具：时域方程对于研究瞬态和动力学是必不可少的，频域方程对于研究稳态和精确处理分散材料也至关重要。因此，频率域方法适用于单频问题，时间域方法在处理宽频带、时变介质时具有更大优势，它们各具优缺点。GPR正演模拟的常用时域数值方法主要包括时域有限差分法（finite-difference time-domain，FDTD）和时域有限单元法（finite element time domain，FETD）。FDTD方法是计算电磁学中最流行的方法，其原理简单、思路清晰、空间和时间离散处理方案容易，易于并行实现，然而FDTD方法建模时，由于不能与非结构化网格结合，对不规则目标体、复杂的物性分界面拟合效果不好，存在台阶化误差，且时间步长受稳定性条件的限制，为保证结构复杂的细微异常体的模拟精度与解的稳定性，时间步长必须足够小。FETD能够与非结构化网格结合，空间离散更加灵活，可以较好地拟合目标体的形状，但该方法需要在每一个时间步上求解一次组装后的大型方程组，计算复杂度高，并行计算实现困难（冯德山等，2017）。为了处理电磁问题时既有FETD方法空间离散的灵活性，同时又能够像FDTD方法一样采用显式迭代的计算方案节省计算资源，通过数值通量概念的引入，本书将时域间断伽辽金法（discontinuous Galerkin time domain，DGTD）引入到GPR正演中。该方法在近十年来得到了迅速的发展和应用，在计算流体力学、电磁学、地球物理学等学科的PDE求解中展现了强有力的活力，得到了高度关注（Hesthaven and Warburton，2011；葛德彪和魏兵，2019）。相对于其他几种成熟的时域计算方法，DGTD算法在GPR正演领域具有较好的优势，但目前可查阅的文献资料较少，仍然不成熟。与时间域类似，频率域正演方法主要有有限差分法（finite-difference method，FDM）与有限单元法（finite element method，FEM）；由于GPR正演是宽频带电磁问题，频率域方法在GPR中应用较少，然而考虑到频率域GPR全波形反演算法具备的效率优势，研究合适的频率域GPR正演算法势在必行。

探地雷达的反演是根据地面或者井中接收天线的观测数据推断地下介质的物性参数，如介电常数、电导率、电磁波波速等。从数学的角度来讲，反演是指在选定的正演数学物理模型的情况下，建立观测数据与正演数据的误差泛函，然后利用寻优算法求解误差泛函的极小值，得到介质物性参数的分布，因此，正演数学物理模型的选取对反演至关重要。GPR的全波形反演（full waveform inversion，FWI）以电磁波PDE方程预测数据，充分利用电磁波形中的走时、相位与振幅等信息，具有揭示复杂地质背景下构造与储层物性的潜力，其理论分辨率可以达到1/3～1/2波长，是重构复杂地质结构、异常体的有力工具并已成为当前研究的热点。GPR全波形反演可以视为一种非线性优化问题，从实现途径上分类主要包括时间域、频率域以及拉普拉斯域。时间域全波形反演便于对数据进行各种预处理，能更好地适应多节点并行计算，由于采用时间域的雷达记录作为观测数据，数据量巨大，需要巨大的存储空间；频率域全波形反演仅使用几个离散频率的采样点信息，节省了计算的存储资源，多激励源计算效率高，在预处理上受限；拉普拉斯域方法反演精度不高，其结果适合作为全波形反演的初始模型。从最优化方法上一般分为两类：全局最优化算法和局部最优化算法。全局最优化算法也称为完全非线性方法，包括模拟退火法、遗传算法、粒子群算法以及神经网络算法等。全局算法理论上可以解决GPR全波形反演问题，并且在实现上不依赖于初始模型，然而存在着早熟收敛、计算量巨大、计算结果不够稳定等缺点，在二、三维反演中，参数空间的大小限制了该类方法在GPR全波形反演中的应用。局部优化算法也称为拟线性反演方法，包括牛顿法、高斯牛顿法、非线性共轭梯度法、拟牛顿法、最速下降法等。局部优化算法主要通过局部搜索算法解决全波形反演问题，其优点是简单、灵活且易于实现，但它们都是局部收敛方法，迭代结果明显依赖于初始猜测的选取，容易陷入局部极值，很难捕获到满意的全局最优解。

目前地面探地雷达理论模型及小数据量雷达剖面的全波形反演研究已经初有成效，但是由于该技术计算效率上的局限性以及实际资料的复杂性，仍局限于实验室阶段。受计算成本大、目标函数非线性强、对初始模型的依赖性强以及实测数据子波未知等因素的影响，全波形反演精度和效率达不到实际应用的要求。因此，寻求高效、简洁、实用的GPR

正反演方法，就成了当前计算地球物理学领域研究的迫切任务。本书将重点介绍探地雷达正演模拟及全波形反演新算法，可为今后开展高效率、高精度的三维 GPR 反演技术以及资料解释奠定扎实基础。

1.2 探地雷达正演模拟的研究现状及趋势

GPR 正演模拟是通过已知地下介质或物体内部参数的分布，运用数学手段模拟电磁波在其中的传播规律或特征。从电磁学角度而言，GPR 正演模拟属于计算电磁学的一种应用方向。它作为一种深入认知地球内部或人工构筑物的手段，得到了迅速发展。下面从时间域和频率域分别介绍 GPR 正演研究现状。

1.2.1 时间域正演模拟方法

1. FDTD 研究现状

在时间域模拟方法中，FDTD 具有直接时域计算、思路清晰、编程简单等特点，得到了广泛的应用。1966 年，Yee（1966）首次提出电场、磁场分量在时间空间上交错采样计算方法，并成功地模拟了电磁脉冲与理想导体作用的电磁问题；Taflove（1980）于 1980 年采用该技术实现了三维金属腔的电磁入射模拟，并首次给出了 FDTD 的缩写，并于 1995 年出版专著详细地介绍了 FDTD 算法（Taflove，1995），国内王长清和祝西里（1994）、高本庆（1995）及葛德彪和闫玉波（2005）分别出版了电磁波 FDTD 算法原理介绍与应用研究的专著。FDTD 也是 GPR 模拟中应用最广泛的一种方法，国内外有不少研究成果。研究方法主要集中于算法实现、复杂介质建模、吸收边界、天线特性和实际应用模型分析等方面。其中算法实现上：冯德山（2003）采用 C 语言编制了二维 FDTD 的探地雷达程序，并给出了所有源代码；Giannopoulos（2005）编制了 GPR 二、三维正演模拟软件“gprMax”，可进行规则雷达模型正演；Irving 和 Knight（2006）采用 Matlab 语言开发了基于卷积完全匹配层的二维 GPR 正演程序，使用 TM/TE 模式分别模拟了地面 GPR 数据和钻孔雷达数据；Warren 等（2016，2019）采用 Python 语言开发了开源的 gprMax3.0 版本，并采用 CUDA 对 FDTD 算法进行加速；冯德山等（2017）采用 Matlab 语言开发了二、三维 FDTD 算法 GPR 正演程序。针对复杂介质：Xu 和 McMechan（1997）、方广有等（1998）运用 2.5 维的 FDTD 算法对 Debye 型色散介质的地电模型进行了脉冲 GPR 的模拟计算；Bergmann 等（1998）采用时间 2 阶空间 4 阶 FDTD 算法实现了二维色散、衰减介质的 GPR 正演模拟；Teixeira 等（1998）开展了三维洛伦兹色散介质 GPR 的 FDTD 正演模拟；Cassidy 和 Millington（2009）应用 FDTD 算法实现了三维磁损耗介质的 GPR 正演模拟；刘四新和曾昭发（2007）用含传导电流项的 Maxwell 方程开展三维 Debye 型频散介质的 GPR 正演；Giannakis 和 Giannopoulos（2014）提出了一种基于 FDTD 的色散介质分段线性递归卷积方法；Jiang 等（2013）、郭士礼（2013）、李静（2014）采用 FDTD 算法分析了随机介质模型中 GPR 信号的响应特征。吸收边界条件中：岳建华和何兵寿（1999）实现了基于 Mur

吸收边界的 FDTD GPR 正演模拟；刘四新等（2005）将 Berenger PML 边界条件（Berenger，1994）应用到了 FDTD 算法的 GPR 模拟中；Giannopoulos（2008）提出了一种改进的 FDTD 复频移 PML（complex frequency shifted PML，CFS-PML）实现方法；冯德山等（2010）、李静等（2010）分别将各向异性 PML（uniaxial anisotropy PML，UPML）边界条件（Gedney，1996）应用到 GPR 数值模拟中；Li 等（2012）采用基于 CFS-PML 边界条件的高阶 FDTD 算法进行了三维 GPR 数值模拟；Giannopoulos（2018）提出了一种基于多极完美匹配层有限差分时域电磁建模算法；Zhang B 等（2019）提出了一种新的非分裂域卷积完全匹配层方案，该方法采用优化项和调整因子来寻求最优本构系数。天线性能分析中：Jiao 等（2000）、Kwan 等（2004）、刘立业等（2006）、Shaari 等（2010）采用 FDTD 法开展了 GPR 天线特性分析研究；冯晅等（2011）应用 FDTD 算法研究了全极化 GPR 模型对不同目标的响应特征；Warren 和 Giannopoulos（2011）应用 Taguchi 优化方法建立了商用探地雷达天线 FDTD 模型；王芳芳和张业荣（2010）应用 FDTD 算法开展了超宽带（ultra wide band，UWB）雷达的数值模拟；田钢等（2011）使用三维 FDTD 算法分析了地面以上物体对 GPR 信号的反射干扰特征；Diamanti 等（2008）用 FDTD 数值模拟和试验验证了 GPR 在砖混拱桥中环形分离的可行性；杨峰等（2008）、张鸿飞等（2009）、刘新荣等（2010）、肖建平等（2017）基于 FDTD 算法建立了衬砌病害模型，分析了衬砌病害的 GPR 响应特征；Scheers 等（2000）、Giannakis 等（2015）通过 FDTD 算法构建了 GPR 正演模拟算法并应用于地雷探测问题。

2. FETD 研究现状

鉴于 FDTD 拟合复杂、不规则物性分界面效果较差，一些学者将 FETD 算法引入 GPR 正演模拟中。算法实现上：沈飚（1994）通过使用雷达波波动方程代替弹性波波动方程，推导了二维 GPR 有限元半离散方程，并成功实现了简单模型的正演模拟；底青云和王妙月（1999）、Di 和 Wang（2004）推导了含衰减项的 GPR 波 FETD 半离散方程，实现了复杂地电结构的正演模拟；谢辉等（2003）基于二十节点等参单元开展了三层路面模型的 GPR 正演模拟；陈承申（2011）详细推导了 FETD 算法用于 GPR 正演的模拟公式，介绍了正演的各个步骤，并针对典型地电模型进行了建模计算；戴前伟等（2012a）、杜华坤等（2015）、冯德山等（2017）开展了基于非结构化三角单元 FETD 的 GPR 正演；戴前伟等（2012b）实现了基于双二次插值单元的 FETD GPR 正演，提高了模拟精度；冯德山和王珣（2017b）采用 FETD 算法开展了起伏地形条件下的 GPR 数值模拟，其空间离散采用不规则四边形，时间离散方式采用隐式 Newmark-Beta 法；王洪华（2015）采用节点有限元实现了三维 GPR 正演计算；冯德山等（2017）实现了基于矢量基函数的 FETD 三维 GPR 正演模拟，并给出了源代码。在对特殊介质的研究中：谢源（2012）、赵超等（2013）、王洪华和戴前伟（2014）、王洪华（2015）、Liu H 等（2019）利用 FETD 开展了 Debye 频散介质的 GPR 正演研究；王洪华等（2018）采用 FETD 算法开展了 Cole-Cole 频散介质的 GPR 正演模拟；王洪华（2015）、石明等（2016）实现了各向异性介质中 GPR FETD 正演模拟，分析了介质的各向异性对雷达波传播的影响；王洪华（2015）采用 FETD 算法分析了随机介质模型中 GPR 信号的响应特征。在人工截断边界条件处理上：底青云和王妙月

(1999) 实现了基于傍轴近似边界条件的 FETD GPR 正演模拟；冯德山等 (2013) 提出了一种结合透射吸收边界条件和 Sarma 吸收边界条件的混合吸收边界条件并用于 GPR 正演；王洪华和戴前伟 (2013) 实现了基于 UPML 吸收边界条件的 GPR FETD 正演模拟；冯德山和王珣 (2017b) 将卷积完全匹配层 (convolutional perfectly matched layer，CPML) 应用于 GPR 正演的 FETD 算法中，给出了最佳 PML 参数的选取方法；王洪华等 (2019)、Zhang Z 等 (2019) 通过引入辅助变量实现了非分裂 PML 边界条件的 GPR FETD 正演模拟。

3. 其他时间域模拟方法

近年来，随着 GPR 正演模拟的不断深入，除了 FDTD 与 FETD 外，一些新的时间域 (时域) 算法研究也相继出现。图 1-1 展示了这些新 GPR 时域算法的研究方向。为了改善 FDTD 算法的时间、空间离散限制，提高 FDTD 算法的模拟精度，李展辉等 (2009) 开展了基于 Yee 氏网格的错格时域伪谱法 (pseudospectral time domain，PSTD) GPR 正演模拟研究，解决了 PSTD 的 Gibbs 现象；冯德山等人 (冯德山，2006；冯德山等，2007) 将 Krumpholz 等 (1996，1997) 提出的时域多分辨分析 (multiresolution time domain，MRTD) 算法引入 GPR 正演中；冯德山等 (2016b) 实现了基于四阶龙格库塔时间积分的插值小波尺度法探地雷达正演模拟，该方法采用插值小波的导数近似空间微分算子，弱化了 CFL 条件；王珣 (2016)、冯德山和王珣 (2018b) 提出了具有自适应多尺度的第二代小波配点法，并将其应用于探地雷达数值模拟中，该方法能根据波场变化自适应地配置节点分布，提高了正演模拟速度；Diamanti 和 Giannopoulos (2009，2011)、冯德山和谢源 (2011)、Feng 和 Dai (2011) 将具有无条件稳定性的交替方向隐式时域有限差分 (alternating direction implicit finite difference time domain，ADI-FDTD) 算法应用于 GPR 正演中，改进了传统 FDTD 算法的时间离散限制；张彬 (2016)、Zhang 等 (2015) 开展了基于旋转交错网格 (rotated staggered grid，RSG) FDTD 算法的 GPR 正演算法研究，与标准 FDTD 相比，RSG 在更大的时间步长下可获取与标准算法同等的计算精度；Wei 等 (2017) 提出了一种超越 Courant 稳定性限制的子网格 FDTD GPR 正演算法；Fang 和 Lin (2012)、Fang 等 (2012)、方宏远和林皋 (2013) 将 Hamilton 系统的保结构辛分块龙格库塔方法应用于 GPR 正演模拟中，并研究了道路结构层中雷达波的传播特征。

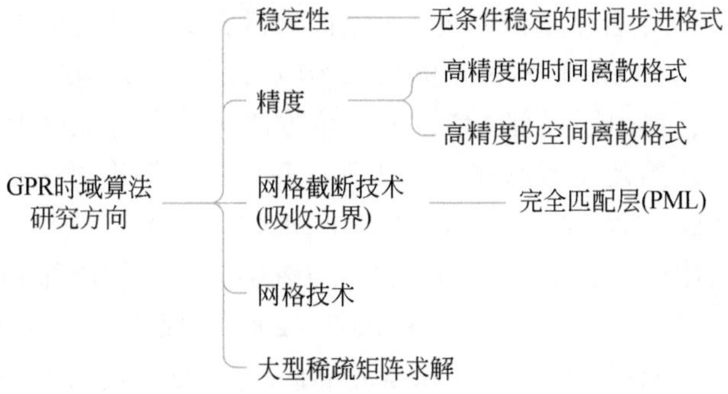

图 1-1　GPR 时域算法研究方向

为了提高 FETD 算法的求解精度，冯德山等（2013）、戴前伟和王洪华（2013）、Wang 等（2014）将无网格 Galerkin 算法应用于 GPR 正演中；Zarei 等（2016）、Morency（2019）实现了高阶谱元法的非均匀介质 GPR 正演建模；冯德山等（2016a）采用 Daubechies 小波基函数的时域小波有限元算法求解 GPR 波动方程；冯德山和王珣（2017a）、Feng 等（2019d）采用区间 B 样条小波基函数的时域小波有限元算法求解了二维随机介质的 GPR 方程，分析了不同随机介质对雷达波的响应特征。为了进一步结合 FDTD 与 FETD 两种算法的优缺点，Feng 等（2018）提出了 FETD 与 FDTD 的混合算法，充分利用 FETD 算法剖分精度高、FDTD 显式递推快速计算辅助场的特点，并分析了典型衬砌病害模型的 GPR 正演响应特征。表 1-1 总结了与 FDTD、FETD 研究方向相关的新算法，这些新算法在某一方面具有较强的优势，但对于复杂的大梯度、奇异性雷达波场求解问题仍存在一定局限性。

表 1-1　与 FDTD、FETD 研究方向相关的新算法

研究方向	FDTD	FETD
无条件稳定的时间步进格式	交替方向隐式差分（ADI） 局部一维（LOD）	Newmark-β
高精度的时间离散格式	高阶时间差分、龙格库塔算法、辛算法	龙格库塔算法
高精度的空间离散格式	高阶差分、伪谱法小波多分辨等	高阶插值基函数、小波插值函数
完全匹配层	PML、CFS-PML	CFS-PML
网格技术	亚网格、共形非规则网格	完全非结构化网格

4. DGTD 研究现状

十多年来，DGTD 方法获得迅速的发展和应用，成为电磁学计算中最具应用前景的一种新方法（Descombes et al.，2013；Angulo et al.，2015；葛德彪和魏兵，2019）。从发展历程上看，间断伽辽金（discontinuous Galerkin，DG）方法最早应用于求解中子运输方程（Reed and Hill，1973）；随后 Lasint 和 Raviart（1974）对该方法进行了理论研究，并给出了这一问题的误差分析；Cockburn 和 Shu（1991）首次对非线性双曲方程提出 TVD Runge-Kutta 时间离散方法，它结合了离散 Galerkin 空间离散方式与显式 TVD 时间离散格式，有效提高了计算精度；Cockburn 和 Shu（1998，2001）将离散 Galerkin 有限元与 Runge-Kutta 时间离散格式相结合，提出了局部 DG 方法，该方法具有高阶准确度及高度可并行化特点，可以轻松处理复杂的几何形态和边界条件，并用于求解不可压缩的 Navier-Stokes 方程、Hamilton-Jacobilike 方程；Warburton 和 Karniadakis（1999）采用 DG 算法求解二维和三维非定常黏性磁流体动力学方程；Yan 和 Shu（2002）又将该局部 DG 算法应用到二阶、四阶、五阶的 KDV 方程求解中；Dawson 和 Proft（2002）提出了一种耦合的连续和不连续 Galerkin 方法求解运输问题；Hesthaven 和 Warburton（2002）提出了一种基于迎风型通量的 DG 算法求解 Maxwell 方程，计算中采用了完全非结构化的空间离散及高阶节点基函数，这是第一篇将 DGTD（时域间断伽辽金）算法应用于计算电磁学领域的文献。此后，计算电磁学中竞相推出了各种改进的DGTD算法：Cockburn等（2004）开发了无局部散度的间断Galerkin方法，用于数值求解Maxwell方程组；Kabakian等（2004）开发了一种并行、非结构化的DGTD算法进行宽带电磁仿真；Fezoui等（2005）实现了非结构网格上3D Maxwell方程的DGTD方法，并验证了该算法的收敛性和稳定性；Chung和Engquist（2006）发展了一种保能量的显式格式DGTD方法求解TE模式的Maxwell方程，它对非结构网格也是稳定的，能达到最优收敛速度。为了提高DGTD算法的精度和计算效率，Cohen等（2006）提出了一种局部时间步方案；Montseny等（2008）在局部时间步方案的基础上提出了多级局部时间步方案；Garcia等（2008）提出了一种DGTD与经典FDTD相结合的混合算法；Dolean等（2010）在非结构化网格的基础上研究了显隐式混合的DGTD算法；Chen等人（Chen et al.，2011；Chen and Liu，2012）改进了时间步处理方法，在子域内采用高斯赛德尔迭代，其他区域采用龙格库塔迭代方案。截断边界条件处理上，Lu等（2004）将辅助微分方程（auxiliary differential equation，ADE）方法的UPML理论引入到了DGTD算法中；Xiao和Liu（2005）实现了基于PML吸收边界条件的三维DGTD算法；Gedney和Zhao（2009）采用ADE方法进行了多级CFS-PML的理论推导，并将该方法应用于DGTD算法中；Dosopoulos和Lee（2010）将共形UPML理论应用于DGTD算法中；Lu等（2004）、Ainsworth等（2006）、Ji等（2007，2008）、Wang等（2010）、Huang等（2011）、Gedney等（2012）相继利用DGTD开展了频散介质的Maxwell方程求解研究；Bernacki等（2006a，2006b）、Klöckner等（2009）开展了基于并行计算的高效DGTD算法研究；国外Dosopoulos（2012）、Waters（2013）、Álvarez（2014）、Ren等（2015），国内汪波（2011）、寇龙泽（2012）、彭达（2013）、龚俊儒（2014）、李林茜（2017）、杨谦（2018）、买文鼎（2019）的硕博士论文中，在数值通量、插值基函数、时间步策略、吸收边界、区域分解、高效并行计算以及不同电磁问题应用等方面，对计算电磁学中的DGTD算法进行了详细的研究。表1-2总结了离散偏微分方程最广泛使用的方法（FDM，FVM，FEM和DG-FEM）的通用性质对比。表中√代表成功，×表示该方法的缺点，（√）表示该方法经过修改后能够解决此类问题，但仍然不是很自然的选择。

表1-2 DG算法与常规算法的对比（Hesthaven and Warburton，2011）

方法	复杂模型	高阶精度和hp自适应	半离散形式	守恒定律	椭圆问题
FDM	×	√	√	√	√
FVM	√	×	√	√	(√)
FEM	√	√	×	(√)	√
DG-FEM	√	√	√	√	(√)

在地球物理正演中，DGTD方法在地震波场的数值模拟领域研究较多，Käser和Dumbser（2006）、Puente等（2007）、Dumbser等（2010）、Käser等（2010）、Dumbser和Käser（2010）连载了5篇“一种用于弹性波数值模拟的非结构网格任意高阶间断Galerkin方法”系列文章，系统开展了DGTD用于二、三维各向同性、黏弹性衰减、非均质各向异性弹性波介质、局部时间步长及p型自适应研究，将高阶间断有限元引入到了计算地球物

理学当中；Etienne 等（2010）将 hp 型自适应 DGTD 应用于三维弹性波方程模拟，模拟中采用结构化四面体网格与卷积完全匹配层边界条件，有效吸收了边界处的反射波能量，降低了计算成本；Bernacki 等（2006a）开展了非均匀介质复杂三维地震波 DGTD 模拟，选取了中心数值通量，空间网格离散采用非结构四面体、时间离散为显式的蛙跳（leap-frog，LF）格式；国内廉西猛和张睿璇（2013）提出了一种空间上使用局部间断有限元、时间上采用显式蛙跳格式的时空离散组合方式，开展了起伏高陡构造的地震波动方程数值模拟；薛昭等（2014）将复频移拉伸坐标变换最佳匹配层与 DG 算法结合，由于采用了自适应三角剖分网格，对起伏地表地震波传播模拟具有较高的精度；贺茜君等人（贺茜君等，2014；贺茜君，2015）从理论推导与数值分析的角度探讨了 Runge-Kutta 间断有限元方法的数值频散问题；何洋洋和朱振宇（2015）研究了旋转交错网格 FEM 与任意高阶 DGTD 在非均匀弹性介质中波场模拟的精度与计算效率；何洋洋等（2016）将非分裂完全匹配层应用于任意高阶 DGTD 的地震波数值模拟中，截断边界处的吸收效果有较大提升；王向宇（2019）实现了基于 PML 的任意高阶 DGTD 算法声波方程的正演模拟。在 GPR 正演领域，DGTD 相关研究成果目前较少：Lu 等（2005）率先应用 DGTD 进行 Debye 型色散介质中的 GPR 数值模拟，其中空间离散采用分段高阶多项式，时间积分计算引入 Runge-Kutta 方法；Angulo 等（2011）将 DGTD 算法应用于三维 GPR 的正演模拟中，使用解析解对该方法进行了验证，证明了该方法与传统 FDTD 相比具有更高的精度，在计算机要求方面优于后者；郃晓勇（2013）开展了基于 DGTD 的探地雷达正演尝试，但网格离散采用了矩形结构化网格剖分，没有充分发挥出间断有限元算法的优越性；杨军（2016）、Yang 等（2017）将高阶、并行的 DGTD 算法应用于 GPR 和瞬变电磁法的三维正演模拟中。

1.2.2 频率域正演模拟方法

目前 GPR 频率域数值模拟方法的研究较少，在其他地球物理电磁问题如大地电磁（magnetotelluric，MT）、可控源音频大地电磁法（controlled source audio-frequency magnetotelluric，CSAMT）、可控源电磁法（controlled source electromagnetic，CSEM）和瞬变电磁法（transient electromagnetic methods，TEM）中，频率域正演方法应用广泛。虽然 GPR 的频带范围与其他地球电磁问题不同，但是求解方程基本相同。这些地球物理方法的频率域正演对 GPR 频率域正演研究具有借鉴意义。

1. 频率域电磁法正演研究现状

目前频率域电磁正演模拟算法主要包括 FDM、有限体积法（finite volume method，FVM）和 FEM。FDM 是最早被应用到数值模拟中的算法，由于理论简单、网格离散简洁明了、实现极为方便，得到了广泛的应用。如 Mackie 等（1994）、Smith（1996）、谭捍东等（2003）、李焱等（2012）、董浩等（2014）采用 FDM 算法开展了三维 MT 正演研究；Hou 等（2006）、张烨等（2012）采用 FDM 算法开展了井中 CSEM 三维正演；Newman 和 Alumbaugh（1995）开展了交错有限差分的航空电磁法正演研究；沈金松（2003）、张双狮（2013）、殷长春等（2014）、陈辉等（2016）使用FDM方法开展了三维CSEM的正演。相对于FDM算法，FVM的主要优点在于可以利用更复杂和灵活的非规则结构化网格进行建模，Haber和Ascher（2001）、杨波等（2012）、Weiss（2013）、Haber和Ruthotto（2014）、周建美等（2014）、韩波等（2015a，2015b）、Du等（2016）和彭荣华等（2016，2018）相继采用FVM对频率域地球电磁问题展开了正演建模研究。FEM相对FDM和FVM来说，具有能够模拟任意复杂介质和起伏地形的能力，此外可以根据求解精度的要求，选取不同的基函数进行插值离散，其适用性更加广泛。Coggon等（1971）最早将有限单元法应用到电磁问题的求解中；随后Reddy等（1977）、Pridmore等（1981）、Wannamaker等（1986）、Unsworth（1993）、徐世浙（1994）、Mitsuhata（2000）、陈小斌和胡文宝（2002）、Key和Weiss（2006）、底青云和王若（2008）、张继锋等（2009）、李勇等（2015）、张林成等（2017）采用节点有限元法开展了二、三维地电模型的电磁问题研究。节点有限元法进行三维电磁场求解时会遇到三个问题：①电场不满足法向连续条件；②电磁场散度为零的条件得不到保证；③方程中旋度算子的处理和边界条件的施加较为麻烦（Jin，2014）。因此节点有限元法主要应用于二维电磁正演问题。为了解决上述问题，国内外学者如Schwarzbach等（2011）、Silva等（2012）、Ren等（2013）、Cai等（2014）、杨军等（2015）、李建慧等（2016）、陈辉等（2016）、殷长春等（2017）、皇祥宇（2016）、曹晓月等（2018）、Xiao等（2018）、周峰（2019）采用了矢量有限元（vector finite element method，VFEM）技术对三维频率域电磁法正演问题开展了大量研究。

2. 频率域GPR正演研究现状

在GPR正演方法中，时域正演方法应用更为广泛，然而在时域公式体系中对色散特性的处理由于涉及卷积项，需要存储波场的历史，因此对于色散介质建模的时域正演方法较为烦琐。频率域正演自然地以一种简单而直接的方式考虑了色散项，从而避免了存储过去的波历史记录的复杂计算。虽然频率域正演技术需要更多内存进行方程组的求解，但它能更有效地解决涉及大量源的建模问题。Ellefsen等（2009）采用有限差分法进行了2.5维频率域雷达波正演模拟；Bouajaji等（2011）采用DG算法进行了二维频率域电磁波建模研究；Lavoué（2014）在博士学位论文中采用9点混合网格模板频率域有限差分（finite difference frequency domain，FDFD）方案（Hustedt et al.，2004）实现了二维地面GPR正演建模；Watson（2016a）提出了一种非结构化矢量有限元和边界积分的混合算法，并采用该算法研究了雷达探测问题的三维GPR正演响应；Layek和Sengupta（2019）实现了基于非交错网格FDFD算法的二维GPR正演，对比了不同空间离散方案和PML方法对模拟精度的影响；Feng等（2019b）提出了一种基于精确完美匹配层（exact perfect matching layer，EPML）边界条件的频率域非结构化网格自适应有限元方法用于GPR模拟中。

根据前文介绍，GPR常用正演方法分类如图1-2所示。根据正演算法的精度、效率以及适应复杂媒质的能力，本书拟采用时域间断伽辽金算法实现二维时间域GPR正演，采用节点有限元法实现二维频率域GPR正演，采用矢量有限元法实现三维频率域GPR正演。

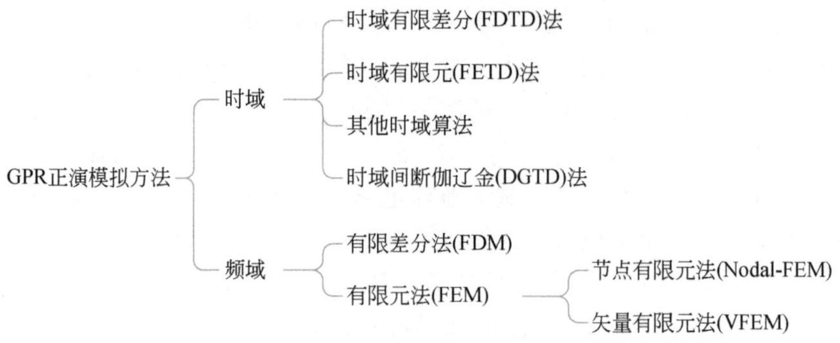

图 1-2　探地雷达常用正演方法分类

1.3　探地雷达反演成像的研究现状及趋势

GPR 反演是通过接收的雷达波信息定量估计目标介质的电性特征——主要是介电常数和电导率。目前，GPR 定量成像手段主要包括速度分析（Fisher et al.，1992）、幅度与偏移研究（Deeds and Bradford，2002；Deparis and Garambois，2008）、旅行时间和幅度层析成像（Cai et al.，1996；Holliger et al.，2001；Gloaguen et al.，2005；Musil et al.，2006；Hinz and Bradford，2010）以及全波形反演。前面三种方法利用了波形中部分数据信息，与此相反，FWI 利用了整个记录信号中的信息，是定量构建地下高分辨率图像最有希望的技术之一。全波形反演方法起源于时域地震成像（Lailly and Bednar，1983；Tarantola，1984），后来发展了频率域全波形反演方法（Pratt and Worthington，1990；Pratt et al.，1998），目前该方法在合成和实际地震应用中已经取得了成功（Virieux and Operto，2009）。地震 FWI 仍然是一个动态的研究领域，这些发展对 GPR 数据的 FWI 具有重要的启发作用。

1.3.1　探地雷达全波形反演研究现状

1. 钻孔雷达反演研究现状

基于波动方程的 GPR 反演，早已引起国内外学者的普遍重视。早期 Moghaddam 等（1991）对小目标体介电常数波形反演成像做了一些尝试研究；近代的电磁计算国际会议都将电磁场反问题列为一个重要方向，反问题最权威的期刊 *Inverse Problems* 创办了 4 期“电磁场反问题”专题，Ramm（1998，2000）、Ramm 和 Shcheprov（1997）连载了 3 篇 GPR 理论系列文章，建立了地下介质参数电导率和介电常数的反演模型及方法理论。GPR 数据的 FWI 研究起步较晚，然而十多年来 GPR 数据的 FWI 方法获得了迅速的发展和应用。目前全波形反演已在钻孔雷达成像中得到广泛关注与研究：Jia 等（2002）、Ernst 等（2005，2007a）、Kuroda 等（2005，2007）三个小组首先独立地开发了时域全波形反演层析成像方案，并在合成雷达数据上对其进行了测试，均能够确定弱导电介质中亚波长体的位置和相对介电常数；其中 Kuroda 等（2007）仅针对相对介电常数进行了反演；而 Ernst

等（2007b）使用了一个联级交替反演方案，即先将电导率分布固定更新介电常数分布，然后再将介电常数固定更新电导率分布，且成功将其算法应用于实测数据（Ernst et al., 2007a）；Gloaguen 等（2007）提出了随机层析成像和全波形建模相结合的拟全波形反演方法，能以合理的计算成本更好地选择接近参考场的介电常数分布；Zhou 等（2007）采用反褶积方法进行数据预处理，将 3D 偶极天线发送和接收的测量数据转换成 2D 理想电偶极激发和接收的等效数据，然后通过二维 FWI 方法重构介电常数和电导率分布；Meles 等（2010）对 Ernst 等人的算法进行了改进，使用电场矢量（垂直和水平分量）计算反演参数的梯度，并且在同一个迭代中进行了介电常数和电导率的模型更新，提高了反演的效率；为了解决高对比度介质中 FWI 的强非线性问题，Meles 等（2012a）在此反演框架内提出了一种基于频域-时域分析的改进全波形新算法，并使用 FDTD 伴随方法进行了 GPR 全波形反演中的灵敏度和分辨率分析（Meles et al., 2012b）；此后，Klotzsche 等（2010, 2012, 2013, 2014, 2018, 2019）、Yang 等（2013）、Gueting 等（2015, 2017）、Keskinen 等（2017）将钻孔雷达 FWI 方法应用于不同井间数据集的介电属性反演中，开展了渗流区成像的研究；Belina 等（2012a, 2012b）开展了二维时间域钻孔雷达 FWI 中初始子波的选择对源子波估计的影响程度分析；Cordua 等（2012）在时域 FWI 中考虑地下的粗略表示，采用全局优化方法来探索参数空间并评估了反演参数的不确定性；与此同时，一些学者开发了频率域的钻孔雷达 FWI 方案，其中 Ellefsen 等（2011）提出了基于相位和幅度反演的 2. 5D 频率域钻孔雷达 FWI 方法；Yang 等（2012）改编了 Meles 等（2010）的算法，将频率域 FWI 方法应用于钻孔雷达的反演成像中。

国内以刘四新教授领衔的研究团队在钻孔雷达 FWI 领域取得了不菲的成绩，如：吴俊军等人（吴俊军，2012；吴俊军等，2014）开展了跨孔雷达数据的 FWI 方法研究，对反演步骤中涉及的细节内容进行了详尽的讨论；孟旭（2016）对时间域和频率域的钻孔雷达波形反演进行了比较研究，提出了对数目标函数的跨孔雷达频率域波形反演（孟旭等, 2016），为了获得较好的时域 FWI 的初始模型，实现了基于拉普拉斯域的钻孔雷达 FWI 算法（Meng et al., 2019）；刘四新等（2016）提出了一种基于褶积波场的新型目标函数，令反演过程不再依赖源子波；Liu S X 等（2018）研究了 FWI 的实际应用，并成功地在中国岫岩玉矿应用了时域 FWI 算法；刘新彤等（2018）在低频缺失情况下开展了包络波形的跨孔雷达反演，包络波形反演方法较全波形反演对频率成分更加稳定，对低频信息缺失的数据能够取得更好的反演结果。李尧（2017）开发了基于不等式约束的跨孔雷达全波形反演方法，并将该方法应用于隧道超前探测中和实际的检测案例中，结果表明不等式约束的引入在一定程度上可以约束反演过程，提高反演稳定性和精度（Liu B et al., 2019b）。胡周文（2018）针对 GPR 混凝土无损检测技术利用透射雷达数据开展了全波形反演成像算法应用研究。

2. 地面探地雷达 FWI 研究现状

与钻孔 GPR 相比，地面 GPR 全波形反演受测量方式制约，反演的不适定性更显著（Meles et al., 2012a），计算量大，反演效率过低、易受初始模型约束，成像效果仍不甚理想。为了提高地面 GPR 全波形反演精度，众多学者开展了深入研究，取得了一系列成果：Wang 和 Oristaglio（2000）应用广义拉冬变换和并矢格林函数的几何光学近似，提出了可分别重构地下介电常数和电导率图像的成像方案；Hansen 和 Johansen（2000）利用 Born 近似和并矢格林函数的平面波展开式求解地空界面问题，推导了考虑平面空气-土壤界面的三维衍射层析成像反演方案；Meincke（2001）采用相同的正演方案研究了有损耗土壤介质中线性补偿的 GPR 反演；Liu 等（2004）应用了小波 Galerkin 算法求解正演积分方程进行 GPR 成像；Cui 等（2004）利用高阶 Born 近似研究了地下目标体反演技术；Rucker 和 Ferre（2005）用模拟退火法进行 GPR 资料的非线性反演，但算法的效率过低、成像效果不甚理想。之后国外一些学者对地面探地雷达波形反演的实际应用做了研究：Lambot 等（2006）、Minet 等（2010）采用 GPR 波形反演方法对土壤表层含水量进行了估算；Patriarca 等（2011）利用雷达全波形反演方法对混凝土分层结构中亚波长裂缝和介质介电属性进行重构；Bouajaji 等（2011）采用非结构网格 DG 方法实现了二维介电常数单参数的频率域 FWI；Kalogeropoulos 等（2011，2013）基于多层正演模型在混凝土分层结构中采用 FWI 方法估计介电常数和电导率，并基于反演结果进行了混凝土中氯化物变化规律和分布的评估；Busch 等（2012，2014）开发了一种通过地面 GPR 多偏移距数据估计地下分层模型的介电常数和电导率值的 FWI 方案；Lavoué 等（2014，2015）采用频率域的拟牛顿法对多偏移距 GPR 数据进行了二维介电常数和电导率的全波形反演研究，详细讨论了参数尺度和频率采样对反演的影响；Pinard 等（2015）采用截断牛顿法进行了频率域全波形反演；Watson（2016b）提出了一种基于全变差正则化和新的 Hessian 近似的三维频率域 GPR 多偏移距数据 FWI 方案，该方案能有效地反演地下介质的介电常数分布；Jazayeri 等（2018）、Liu T 等（2018）利用探地雷达全波形反演对等固定偏移距数据进行地下圆柱形目标体的直径和填充材料的电性参数信息反演；此后，Jazayeri 等（2019）将该成像方法推广到混凝土钢筋直径估计中；Giannakis 等（2019）采用基于机器学习架构的 GPR 正演方法对混凝土中钢筋的位置和直径进行了全波形反演研究。

国内，文海玉（2003）利用 GASA① 混合全局优化算法来反演地下介质参数；Di 等（2006）基于有限元法进行正演，在时间域中实现了考虑介质衰减的二维探地雷达反演；王兆磊等（2007）推导了二维 GPR 反演公式，在具有粗糙地表情况下，用共轭梯度法迭代反演得到了模型的介电常数分布；毛立峰（2007）利用改进的非线性共轭梯度反演方法和改进的有限内存 BFGS 拟牛顿约束反演方法，对超宽带雷达数据进行了双参数反演；成艳和张建中（2008）等应用 GPR 线性逆散射进行了地下目标体重构；李壮和韩波（2008）将大范围收敛的同伦方法引入到地下介质参数识别的反演过程中，构造了基于同伦反演的系列算法；俞燕浓和方广有（2009）提出了一种基于 MUSIC② 谱估计的地下介质参数反演算法，通过对 LFMCW③ GPR 回波信号的时延和幅度估计，计算出精确的介质参数与地下介质结构；丁亮等（2009，2012）将小波多尺度方法结合正则-高斯-牛顿迭代法，得到了 Maxwell 方程反演的最优解；秦瑶等（2011）通过对电磁波在多层介质中频谱传输函数的推导，得出回波频谱的正演计算模型，采用阻尼最小二乘法进行参数反演，可以对薄层

---

① GA（genetic algorithm），遗传算法；SA（simulated annealing algorithm），模拟退火算法。

② multiple signal classification，多重信号分类

③ linear frequency modulated continuous wave，线性调频连续波

进行很好的识别；陈兴东等（2012）利用压缩传感理论与探地雷达联合反演目标成像，该算法所需数据量少，成像效果好，目标旁瓣小；黄忠来和张建中（2013）提出了一种利用GPR频谱属性同时估算地下层状介质的几何参数与电性参数的全局分步优化反演方法，提高了反演效率和反演结果的可靠性；Zhou和Li（2013）通过离散傅里叶变换数据压缩的方法对雷达数据波形反演进行了研究，降低了FWI的存储需求；周辉等（2014）提出了一种不需提取激发脉冲的GPR全波形反演方法，从而避免从实际雷达资料提取激发脉冲的难题，给出了一种GPR反演的新思路；李静（2014）采用有限带宽阻抗反演和Monte Carlo反演实现地面雷达和井中雷达随机介质目标反演和参数估计；王洪华（2015）实现了层状介质的GPR阻尼最小二乘法全波形反演，算法能够有效用于实测数据的反演；任乾慈（2017）、Ren（2018）采用交叉梯度结构约束交替反演介电常数和电导率模型，纠正了参数模型的结构，提高了电导率模型的准确性；Nilot等（2018）通过模型平均值对参数进行变换，使用归一化因子在无记忆拟牛顿方法的框架中同步更新介电常数和电导率；俞海龙等人（俞海龙等，2018；俞海龙，2019）分别开展了电导率和介电常数的单参数反演以及双参数同时反演的研究，并且对比了不同局部寻优算法对反演收敛性的影响；冯德山和王珣（2018a）基于GPU（graphics processing unit，图形处理单元）并行加速的维度提升反演策略，采用优化的共轭梯度法，在普通计算机上实现了时间域全波形二维GPR介电常数和电导率的双参数快速反演，并全面分析了观测方式、梯度优化及天线频率等因素对雷达全波形反演的影响；在此基础上，Feng等（2019a）开发了基于全变差正则化的GPR多尺度全波形全变差双参数反演，详细讨论了多尺度、参数调节因子和正则化等因素对反演的影响，并采用非结构化网格FETD正演算法对常见衬砌病害模型进行了反演成像研究，表明该算法能够有效重构隧道衬砌病害的大小、形态、空间位置，有利于对隧道衬砌病害进行判定，提高衬砌病害雷达资料的解释精度（Feng et al.，2019c）；Huai等（2019）结合震源编码策略提出了一种新的基于模型及步进反演序列的层剥离FWI方法，该方法能准确地重构相对介电常数模型，避免了FWI的局部最小问题；刘新彤（2019）提出了一种GPR相位波形反演策略，该反演策略通过对GPR数据和子波积分处理减弱目标函数的非线性，能有效地实现对介电常数和电导率参数的单独反演成像。张崇民等（2019）建立了隧道掌子面不良地质体模型，并采用FWI方法对GPR数据进行介电常数反演，重构结果能够有效提高不良地质体的判断准确率；Zhang F K等（2019）基于波场积分与子波滤波处理提出了一种改进的全波形反演方法，并将该算法应用于衬砌病害雷达数据的介电常数反演，结合逆时偏移算法能有效改善成像质量；Liu B等（2019a）基于深度学习算法开发了GPRInvNet软件，该软件能实现对隧道衬砌雷达数据的介电常数反演，能有效重构复杂隧道衬砌缺陷的介电常数分布。

1.3.2 探地雷达全波形反演存在问题及研究趋势

从近些年来的FWI研究进展可以看出，目前FWI主要问题集中于：如何解决局部极值与周波跳跃问题，如何提高计算效率以及如何降低计算量和存储量。图1-3展示了FWI研究中存在的主要问题以及相关研究方向。

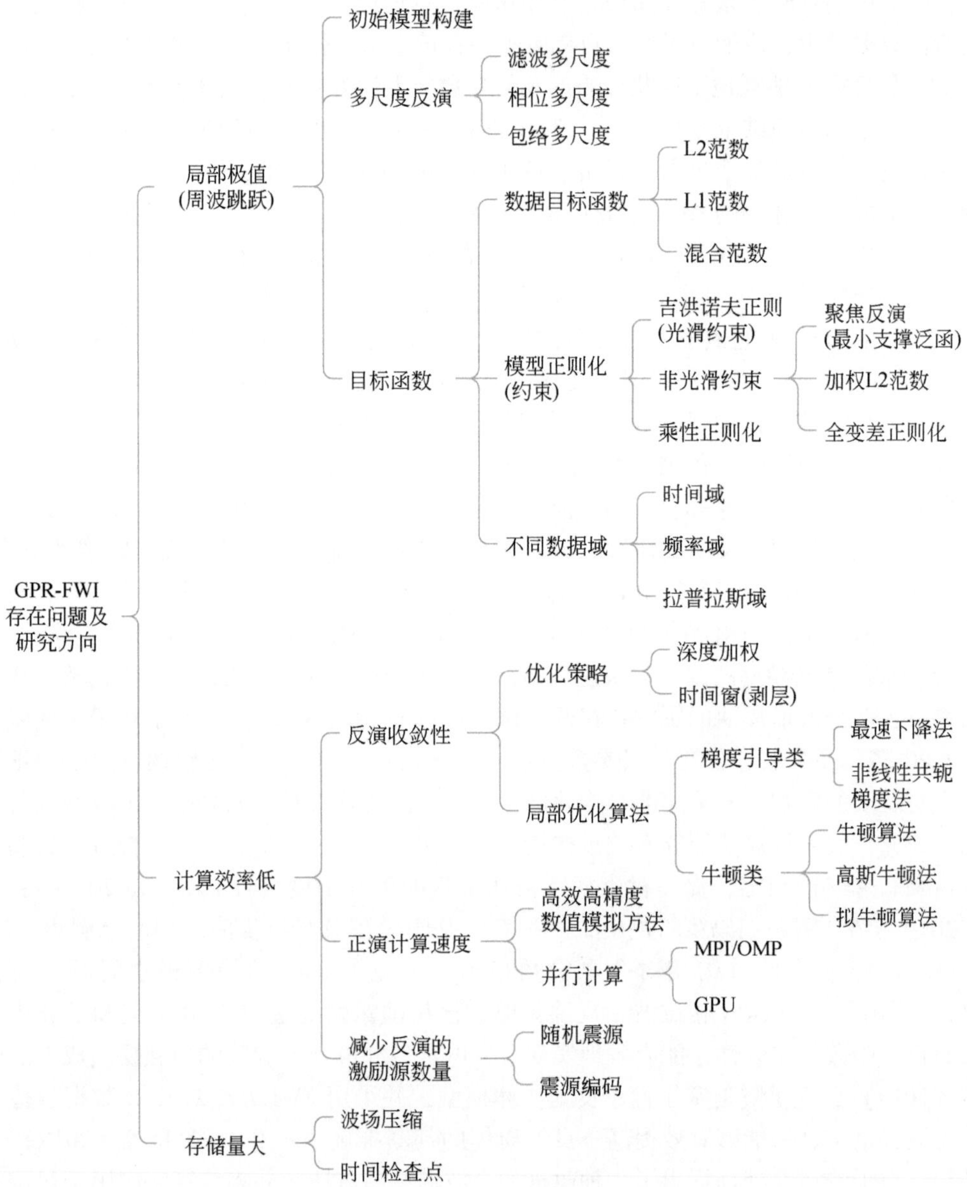

图 1-3　全波形反演存在问题及研究趋势

GPR 全波形反演关注的问题及发展方向如下：

（1）GPR-FWI 是一个高度非线性问题，对初始模型具有很高的依赖性，易陷入局部极小值，出现周波跳跃现象。多尺度策略能有效地避免反演结果陷入局部极小值，它将反演分解为多个不同尺度，采用若干个低频带到高频带的逐频带反演，根据不同尺度上的反演目标函数的特征去求解反演问题，从而逐步搜索到全局极值点，因此本书拟在时间域开展多尺度策略、在频率域开展频率采样策略及频率加权策略，改善 GPR-FWI 的易陷入局部极值的问题。

（2）GPR-FWI 可以在时间域、频率域或拉普拉斯域求解。不同数据域的 FWI 各有其优缺点，为了分析地面 GPR 时间域全波形反演（TD-FWI）与频率域全波形反演（FD-FWI）的各自特点，本书主要介绍时间域和频率域地面 GPR 数据的全波形反演研究。

（3）GPR-FWI 问题是病态的、不稳定的。模型正则化可以减少反问题的不适定性，使其具有更好的稳定性。本书拟开展多参数的全变差（total variation，TV）正则化模型约束，以改善目标函数的性态，提高反演的稳定性。

（4）介电常数和电导率在雷达数据的定量解释和近地表地质解释中都扮演着重要角色，在全波形反演中获取可靠的电导率参数已成为迫切需求。然而多参数全波形反演会存在参数间的串扰，使反演问题的性态变差，增加了多参数全波形反演的非线性程度，多参数反演策略对提高反演的准确性至关重要。本书拟开展地面 GPR-FWI 的多参数反演策略研究。

（5）GPR-FWI 中，激励源子波和模型参数不准确都会导致模拟数据和观测数据不匹配。因此为了避免源子波对反演结果的影响，拟开展不依赖子波 GPR-FWI 研究。

（6）三维电磁波的散射比二维更为复杂，因此观测数据与模型参数之间具有更强非线性。再加上正演和反演过程中需要考虑更多的参数，导致更高的计算成本和更大的存储需求。目前的 GPR-FWI 多集中于二维领域，然而对于三维变化的探测对象，二维成像方法限制了 FWI 的适用性和准确性。因此，为了更好地重构复杂的三维地下结构，本书拟开展三维 GPR-FWI 研究。

总结上述 GPR 全波形反演的发展过程可以发现，反演所针对的介质维度由低到高，介质类型由不考虑衰减的、各向同性介质逐渐到含衰减项的、各向异性介质，从合成模型数据到考虑实际粗糙表面、空气层边界以及子波估计等更接近实际 GPR 应用问题发展，如图 1-4 所示。

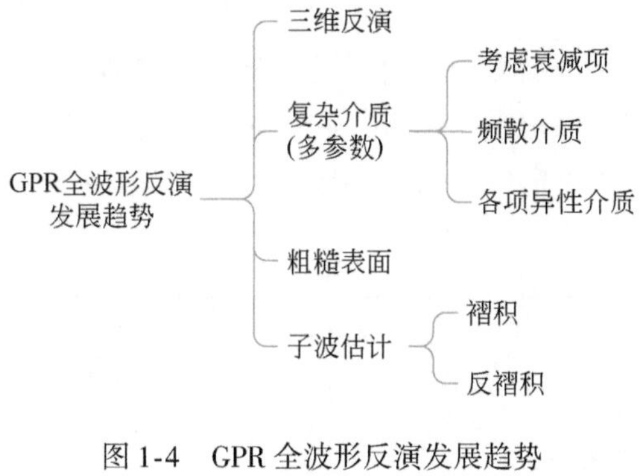

图 1-4 GPR 全波形反演发展趋势

第 2 章　探地雷达正反演基本理论

本章主要介绍探地雷达的基本理论，它是后续章节中探地雷达正反演的基础。首先，介绍 GPR 基本原理及观测方式；阐述 Maxwell 方程组和本构关系，推导电磁场频率域矢量波动方程，并根据二维 Maxwell 方程的解耦形式（TE 波及 TM 波），导出基于 FETD 的二维标量波动方程及基于 FDTD 的散度方程展开形式。然后，重点介绍单轴各向异性完全匹配层边界条件的理论及 GPR 正演中参数设置方法；最后，从反问题的不适定性和非线性出发，阐述全波形反演迭代中局部优化的梯度引导类及牛顿类解法。

2.1　探地雷达基本理论

2.1.1　探地雷达简介

探地雷达是一种基于电磁波传播的无损勘探技术，它利用发射天线向地面发射电磁信号，用接收天线记录雷达波在地下介质传播后的电磁波场。由于电磁波在传播过程中随地下介质的电性特征发生变化，通过分析该信号能得到关于地下结构物性的信息。工程勘探中 GPR 的勘探深度主要由天线的中心频率和媒介的电导率决定，频率越低，勘探深度越大，频率越高，分辨率越高，通常 GPR 天线的中心频率在 10MHz 到几吉赫兹之间。

探地雷达设备通常由一个或多个发射天线以及一个或多个接收天线组成，这些天线可以放置在地面上或钻孔中。探地雷达测量分为反射和透射两类，如图 2-1 所示。大多数探地雷达系统使用脉冲信号，反射信号由采样接收器记录在时域内。

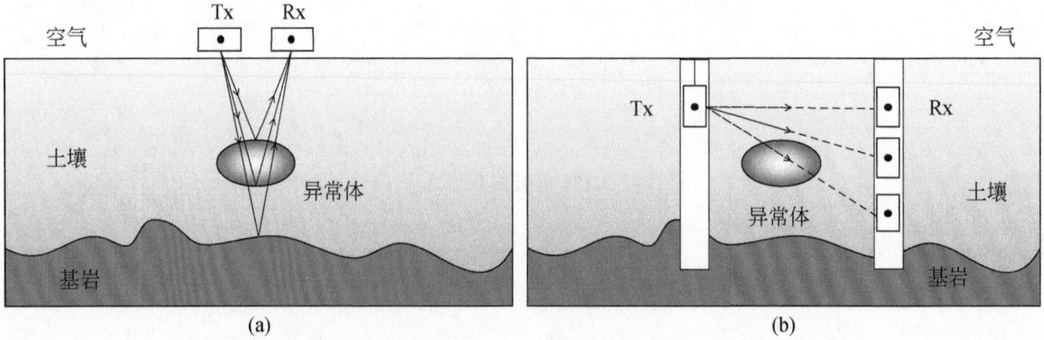

图 2-1　探地雷达工作原理示意图，常见两种测量模式：反射（a）和透射（b）

Tx 为发射天线，Rx 为接收天线，下同本书研究主要针对地面 GPR 系统。目前，常见的地面探地雷达观测方式主要有三种：共偏移距剖面（common-offset profile，COP）测量、共中心点（common midpoint，CMP）测量以及宽角反射折射（wide-angle reflection and refraction，WARR）测量，其中 COP 是最常见的探地雷达观测方式，CMP 与 WARR 均为多偏移距测量方法，较为耗时。

COP 使用一个包含发射天线和接收天线的仪器在一个剖面上获取数据，其偏移距较小，相对于探测深度而言接近零偏移距装置，如图 2-2（a）所示。采集系统实时显示相应的 GPR 剖面称为雷达图或 B-scan，剖面记录信号沿时间的振幅形成了图 2-2（b）所示的埋藏结构定性图像。对于起伏较小的界面，剖面中的反射波形走向可以在一定程度上反映地下界面的形态。然而大多数情况下，该图像显示的反射波形状与实际模型界面存在偏差，特别是陡倾角构造会使得剖面中产生一些人工伪像，这些伪像会造成误解释。在 30～40ns 左右可见的类双曲线的情况是由椭圆形异常体形成。此外，在剖面图中，其垂直轴以记录时间表示，为了使该剖面能代表地下介质的几何形状，需要进行时深转换，而此时必须知道介质中电磁波传播速度。

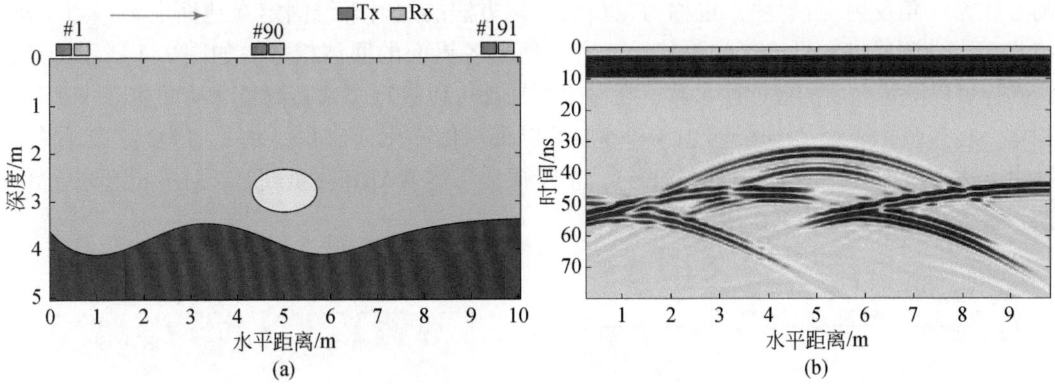

图 2-2　剖面法观测示意图（a）及对应的雷达剖面（b）

图 2-2 模型所对应的情况相对简单，其上层为均匀介质，其波速可以通过介电常数求得，也可以对图中的类双曲线进行双曲线拟合，近似求得该速度。然而，并不是所有的 B-scan 中均存在由反射引起的双曲线，因此在一般情况下，COP 测量方式并不是一种稳健的获得地下介质定量信息的方法。

CMP 方法是更系统的估算介质速度的测量方法。该方法发射天线与接收天线在被测物同一面由零收发距开始向测线两端等间距移动，通过改变天线间距和测量双向旅行时间的变化，来估计雷达信号在地面上的速度和深度；通过拟合 CMP 道集中对应的主要反射时距曲线，可以得到对应介质的波速。如图 2-3 中空气直达波对应的黑色直线 Aw，地面直达波对应的黑色直线 Gw，以及界面反射波对应的白色双曲线 R1。因为 CMP 大大增加了测量的持续时间，降低了 GPR 勘探效率。但 CMP 能够提供更多的定量信息，在速度分析获取介电常数、振幅随偏移距的变化（amplitude versus offset，AVO）分析估算电导率方面，仍得到了较多的应用（Deeds and Bradford，2002；Deparis and Garambois，2008）。

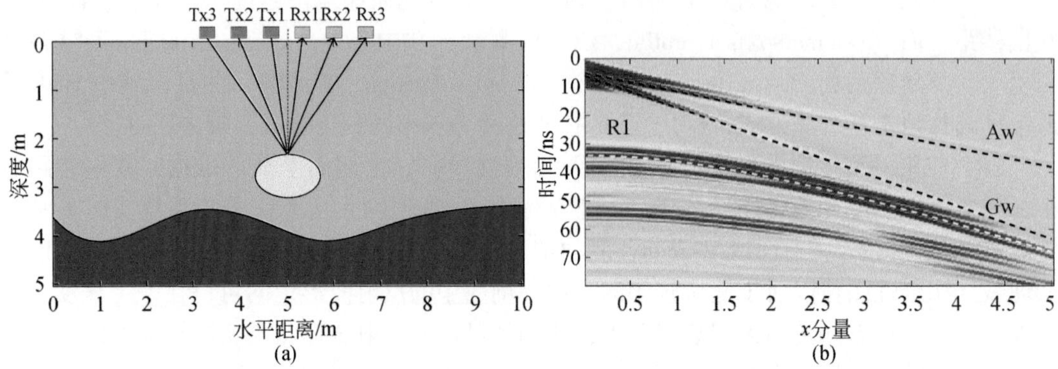

图 2-3　CMP 测量方式（a）和 CMP 道集（b），CMP 道集中对应的主要反射事件：空气直达波 Aw，地面直达波 Gw 和界面反射波 R1

实际上，CMP 观测方式是多偏移距观测方式的一种。另一种常见的多偏移距 GPR 观测方式为广角反射/折射法，也称为宽角法。该方法的发射天线固定在地面上某一点不动，接收天线沿测线方向进行等间隔移动，记录地下各界面的回波信号，如图 2-4 所示。该方法同样可以测定介质的层速度参数。在每个测站都可以进行多偏移测量，从而实现多次反射测量，它有两个好处：一是通过 CMP 叠加可以提高信噪比（Fisher et al.，1992）；二是能推导出全速度截面（Greaves et al.，1996）。由于探地雷达 WARR 测量耗时长且分析起来比较复杂，很少在工程实际中被采用。

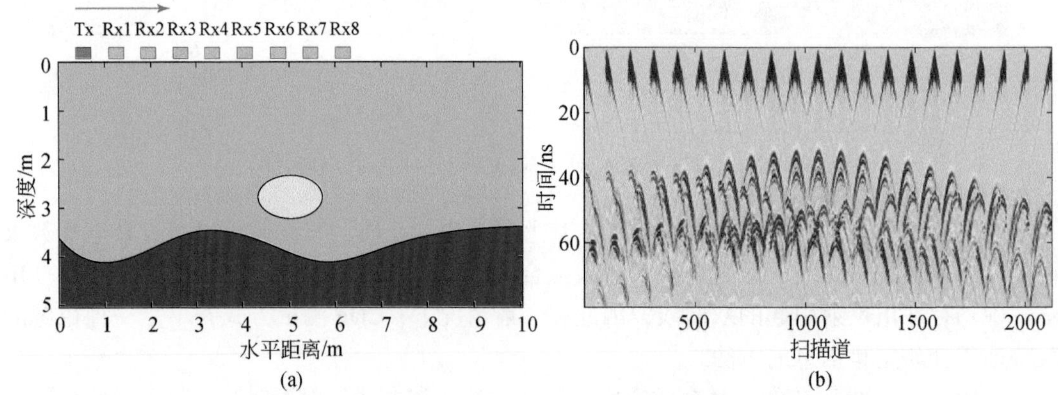

图 2-4　宽角法观测示意图（a）和多偏移距道集（b）

2.1.2　探地雷达信号与成像

探地雷达与地震反射波勘探具有较好的相似性，地震勘探数据处理方法的发展对 GPR 数据处理的研究起到了一定的促进作用（Yilmaz，2001）。经典的 GPR 处理流程包括数据滤波和/或反卷积、通过相似性分析或双曲线拟合以及偏移、对 CMP 道集进行速度分析

(Cassidy，2009)、信号属性分析 (Cassidy，2009)。

然而，由于 GPR 的电磁背景，GPR 还具有自身特性。Cassidy (2009) 指出了以下要素：

(1) 天然材料中的非均匀性的大小与入射波长更接近，因此电磁波通常比地震波具有更大程度的散射和干扰。

(2) 衰减和色散效应在 GPR 中比在地震中更为明显，不能忽视。这是大多数 GPR 反演方案中考虑电导率的原因，而地震反演通常可以进行无衰减近似。根据 Turner 和 Siggings (1994) 的研究，由于探地雷达信号的衰减和色散效应，大多数地震勘测中使用的基于静止相原理的反褶积方法对雷达数据没有效果。

(3) 时域脉冲 GPR 系统的激励源子波与其辐射能量的空间分布比石油工业中使用的地震子波更复杂。其源特征和辐射方向图很大程度上取决于天线的类型 (Arcone，1995)，同时也取决于天线-地面耦合，并且可能会随着天线的不同而变化 (Lampe and Holliger，2003)。

(4) 在界面转换期间可能发生去极化效应 (Lutz et al.，2003)，在这种情况下，2D 采集和传播的常见近似值不再有效。

这些要点对精确的建模模拟具有重要影响。从应用的角度来看，探地雷达数据处理可能比地震解释更依赖于数据测量的地点 (Cassidy，2009)。

在 GPR 的资料解释方法中，偏移处理应引起额外关注。众所周知，偏移处理它将散射能量重新聚焦在介质中的局部反射点上，它的成像效果依赖于成像条件，这些条件始终遵循 Claerbout (1971) 所阐述的上下波时间重合的基本原理。

在偏移过程中，介质的速度分布对偏移至关重要。当对波速的估计较差或多次散射普遍存在时，相关性会在入射和反向传播的场之间产生非相长干涉，并且能量不会精确地聚焦在反射点上，在图像中产生相干伪影。这些人工伪像有可能被看作地下介质的额外层。作为一个例子，图 2-5 (a) 展示了使用准确速度偏移得到的偏移结果。在这偏移剖面中，椭圆异常体的底部和顶部得到了较好的归位，并且能更清晰地识别出界面的起伏。相反，在图 2-5 (b) 中存在强烈的非双曲线伪像，在上层均匀介质处产生相干伪影，下层界面与真实层位出现较大偏差。偏移图像通常只提供定性信息而不是定量信息，仅能显示物体的形状，而不能确定地下介质的物性波速。

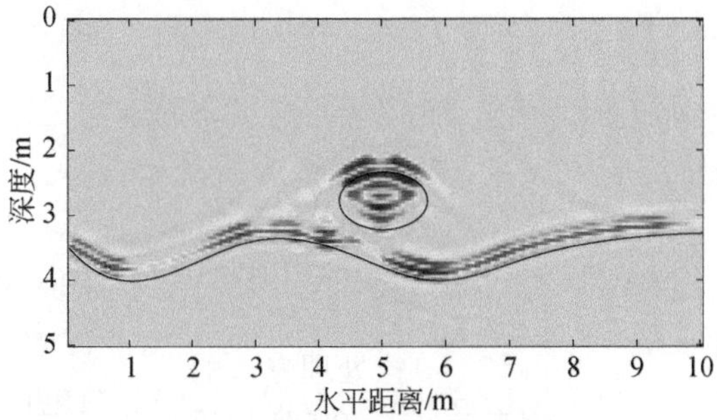

(a) 正确速度模型逆时偏移结果

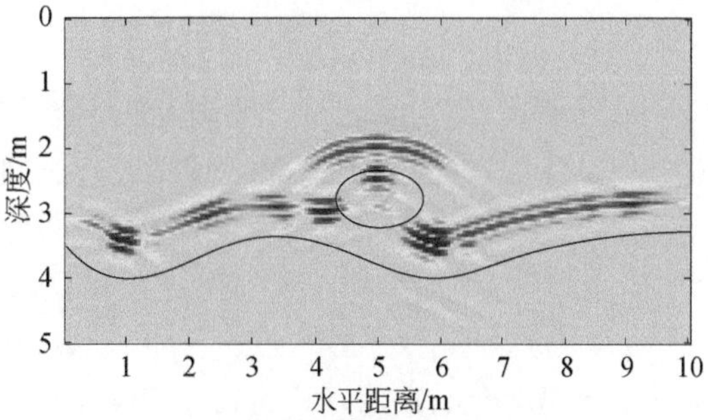

(b) 错误速度模型逆时偏移结果

图 2-5　不同速度模型 B-scan 数据 GPR 逆时偏移结果

目前基于速度分析的 GPR 成像和基于旅行时间及幅度的层析成像仅利用了波形中的部分数据，在高度异构的介质中，成像具有较大的局限性。与这些方法不同，全波形反演是一种定量成像技术，需要对记录的 GPR 数据进行反演，充分利用了雷达波形记录中的振幅、相位等完整信息，以推断出地下的介电常数和电导率，成像效果更好。

2.2 正演模拟的基本理论

本节给出了 GPR 的电磁基本理论，首先介绍了 Maxwell 方程以及介质的本构关系；然后得到电场的矢量/标量波动方程；最后，描述了正演模拟所需要的边界条件。

2.2.1 时域 Maxwell 微分方程

根据电磁波理论，电磁场的运动学和动力学规律遵循 Maxwell 方程组（Jin，2014），在具有边界 $\partial\Omega$ 的闭合域 Ω 中，时域 Maxwell 方程组的微分形式可以表示为

$$\nabla\times\boldsymbol{E}(\boldsymbol{r},t)=-\frac{\partial\boldsymbol{B}(\boldsymbol{r},t)}{\partial t}\quad（法拉第定律）\tag{2-1}$$

$$\nabla\times\boldsymbol{H}(\boldsymbol{r},t)=\frac{\partial\boldsymbol{D}(\boldsymbol{r},t)}{\partial t}+\boldsymbol{J}\quad（安培定律）\tag{2-2}$$

$$\nabla\cdot\boldsymbol{D}(\boldsymbol{r},t)=\rho(\boldsymbol{r},t)\quad（高斯电定律）\tag{2-3}$$

$$\nabla\cdot\boldsymbol{B}(\boldsymbol{r},t)=0\quad（高斯磁定律）\tag{2-4}$$

式中，$\boldsymbol{E}$ 为电场强度（V/m）；$\boldsymbol{H}$ 为磁场强度（A/m）；$\boldsymbol{D}$ 为电通量密度（$\mathrm{C/m^2}$）；$\boldsymbol{B}$ 为磁通量密度（Wb/m）；$\boldsymbol{J}$ 为电流密度（$\mathrm{A/m^2}$）；ρ 为电荷密度（$\mathrm{C/m^2}$）；$\boldsymbol{r}$ 表示空间坐标；t 表示时间。

安培定律表明电流和电场随时间的变化都会产生一个环绕它们的磁场。法拉第定律指出磁场随时间变化将产生环绕电场。高斯定律指出，电荷是电场的源或汇——电场线会从正电荷发散，向负电荷发散，并会在电荷上开始和停止。它还告诉我们 $\boldsymbol{D}$ 的散度等于该区域的净电荷量。高斯的磁性定律表明磁场强度的散度为零，场将倾向于形成闭合环路。

另一个基本方程是表示电荷守恒的连续性方程：

$$\nabla\cdot\boldsymbol{J}=-\frac{\partial\rho}{\partial t}\tag{2-5}$$

在求解 GPR 正问题时，要确定雷达波的电场与磁场值，还必须考虑媒质的本构关系（Jin，2014）。本构关系指电磁场量与电磁通量之间的关系，它描述了介质的宏观特性。对于非均匀、各向同性介质，其本构关系表示为

$$\boldsymbol{D}=\varepsilon(\boldsymbol{r})\boldsymbol{E}\tag{2-6}$$

$$\boldsymbol{B}=\mu(\boldsymbol{r})\boldsymbol{H}\tag{2-7}$$

其中，ε 表示介电常数（F/m）；μ 表示磁导率（H/m），上述变量均为正，反映媒质电性质的参数。对于更一般的各向异性介质，电性在不同方向的变化是不同的，ε 和 μ 是 3×3 的对称张量：

$$\varepsilon(\boldsymbol{r})=\begin{bmatrix}\varepsilon_{xx} & \varepsilon_{xy} & \varepsilon_{xz}\\ \varepsilon_{yx} & \varepsilon_{yy} & \varepsilon_{yz}\\ \varepsilon_{zx} & \varepsilon_{zy} & \varepsilon_{zz}\end{bmatrix},\quad \mu(\boldsymbol{r})=\begin{bmatrix}\mu_{xx} & \mu_{xy} & \mu_{xz}\\ \mu_{yx} & \mu_{yy} & \mu_{yz}\\ \mu_{zx} & \mu_{zy} & \mu_{zz}\end{bmatrix} \tag{2-8}$$

这些参数均为正。ε 和 μ 同样是频率 ω 的函数，对于非线性材料，这些参数也是电磁场的函数（例如铁电和铁磁材料）。本书中将假设所有电磁参数随 ω 的变化在感兴趣的频率范围内可忽略不计，同时不考虑非线性材料。此外，电流密度 $\boldsymbol{J}$ 可以写为外加（激励）电流 $\boldsymbol{J}_i$ 和感应（传导）电流 $\boldsymbol{J}_c$ 之和：

$$\boldsymbol{J}=\boldsymbol{J}_i+\boldsymbol{J}_c=\boldsymbol{J}_i+\sigma(\boldsymbol{r})\boldsymbol{E} \tag{2-9}$$

上式为欧姆定律，式中 σ 为电导率（S/m），与介电常数类似，对于各向同性介质为标量，对于各向异性介质为3×3的对称张量。

考虑二维 Maxwell 方程，设所有物理量均与 y 坐标无关，则 $\partial/\partial y=0$，因此会产生两种解耦系统，分别为横电（TE）模式和横磁（TM）模式。根据 Maxwell 方程［式（2-1）、式（2-2）］与本构关系式（2-6）、式（2-7）和式（2-9），二维时域 TE 模式和 TM 模式的解耦方程如下所示：

$$\left.\begin{aligned}&\frac{\partial H_y}{\partial z}=\varepsilon\frac{\partial E_x}{\partial t}+\sigma E_x+J_x\\ &-\frac{\partial H_y}{\partial x}=\varepsilon\frac{\partial E_z}{\partial t}+\sigma E_z+J_z\\ &\mu\frac{\partial H_y}{\partial t}=\frac{\partial E_x}{\partial z}-\frac{\partial E_z}{\partial x}\end{aligned}\right\}\text{TE 模式} \tag{2-10}$$

$$\left.\begin{aligned}&\frac{\partial E_y}{\partial z}=-\mu\frac{\partial H_x}{\partial t}\\ &\frac{\partial E_y}{\partial x}=\mu\frac{\partial H_z}{\partial t}\\ &\varepsilon\frac{\partial E_y}{\partial t}+\sigma E_y=\frac{\partial H_z}{\partial x}-\frac{\partial H_x}{\partial z}+J_y\end{aligned}\right\}\text{TM 模式} \tag{2-11}$$

式（2-10）、式（2-11）即为二维情况下含衰减项的 GPR 时域控制方程，井间雷达通常采用 TE 模式下的电磁方程进行正演建模；地面探地雷达的天线辐射方向垂直于测量平面 xOz，通常采用 TM 模式方程进行模拟。

2.2.2　频域 Maxwell 方程与波动方程

当 Maxwell 方程组中的场量是单频率 f 的谐波振荡函数时，场被称为时谐波。假设时谐因子为 $\mathrm{e}^{\mathrm{j}\omega t}$，式（2-1）和式（2-2）可以写成简化形式：

$$\nabla\times\boldsymbol{E}(\boldsymbol{r},\omega)=-\mathrm{j}\omega\boldsymbol{B}(\boldsymbol{r},\omega) \tag{2-12}$$

$$\nabla\times\boldsymbol{H}(\boldsymbol{r},\omega)=\mathrm{j}\omega\boldsymbol{D}(\boldsymbol{r},\omega)+\boldsymbol{J}(\boldsymbol{r},\omega) \tag{2-13}$$

式中，$\omega=2\pi f$ 表示角频率（rad/s），$\mathrm{j}=\sqrt{-1}$ 表示虚数单位。同理，可以得到频率域的本构关系：

$$\boldsymbol{D}(\boldsymbol{r},\omega)=\varepsilon(\boldsymbol{r},\omega)\boldsymbol{E}(\boldsymbol{r},\omega) \tag{2-14}$$

$$\boldsymbol{B}(\boldsymbol{r},\omega)=\mu(\boldsymbol{r},\omega)\boldsymbol{H}(\boldsymbol{r},\omega) \tag{2-15}$$

$$\boldsymbol{J}(\boldsymbol{r},\omega)=\boldsymbol{J}_i(\boldsymbol{r},\omega)+\sigma(\boldsymbol{r},\omega)\boldsymbol{E}(\boldsymbol{r},\omega) \tag{2-16}$$

利用本构关系式（2-14）、式（2-15）和式（2-16）将 $\boldsymbol{H}$ 从式（2-12）和式（2-13）中消去，即可得到 $\boldsymbol{E}$ 的二阶矢量波动方程

$$\nabla\times\mu^{-1}\nabla\times\boldsymbol{E}-\omega^2\varepsilon\boldsymbol{E}+\mathrm{j}\omega\sigma\boldsymbol{E}=-\mathrm{j}\omega\boldsymbol{J}_i \tag{2-17}$$

上式是本书进行三维频率域 GPR 正演模拟的基础。

假设 Maxwell 方程在 y 方向没有变化，计算域位于 xOz 平面内，将 3D 矢量波方程化简为 2D 标量方程，TM 模式中电场分量 E_y 的标量波动方程为

$$\frac{\partial}{\partial x}\left(\frac{1}{\mu}\frac{\partial E_y}{\partial x}\right)+\frac{\partial}{\partial z}\left(\frac{1}{\mu}\frac{\partial E_y}{\partial z}\right)+(\omega^2\mu\varepsilon-\mathrm{j}\omega\mu\sigma)E_y=\mathrm{j}\omega\mu J_y \tag{2-18}$$

在 GPR 正反演计算中，通常采用相对介电常数 $\varepsilon_r=\varepsilon/\varepsilon_0$ 和相对磁导率 $\mu_r=\mu/\mu_0$，其中 $\varepsilon_0=8.854187817\times10^{-12}\mathrm{F/m}$ 和 $\mu_0=4\pi\times10^{-7}\mathrm{N/A^2}$；考虑到地下介质为非磁性的，式（2-18）可以化简成 Helmholtz 方程：

$$\nabla^2E_y+k^2E_y=\mathrm{j}\omega\mu_0J_y \tag{2-19}$$

其中 ∇^2 为拉普拉斯算子，$k^2=\omega^2\mu\varepsilon-\mathrm{j}\omega\mu\sigma$ 为波数。则上式也可改写为

$$\nabla^2u+k^2u=S \tag{2-20}$$

上式是一般形式的 Helmholtz 方程，该方程是二维频率域 GPR 正演控制方程。

2.2.3　边界条件

地球物理问题大多数是定义在复杂区域和复杂媒质上的电磁场初值/边值问题。求解时需要知道介质分界面、理想导体表面、理想磁导体表面等所满足的边界条件。如果求解区域内有介质电性突变界面，则需要考虑分界面的边界条件。如图 2-6 所示，设由媒质 1 和媒质 2 构成的突变分界面，分别用下标 1 和 2 表示相应媒质中的场量，$\boldsymbol{n}$ 表示交界面上由媒质 1 指向媒质 2 的法向单位矢量，则两种介质分界面处的边界条件为

$$\begin{cases}\boldsymbol{n}\times(\boldsymbol{E}_1-\boldsymbol{E}_2)=0\\ \boldsymbol{n}\times(\boldsymbol{H}_1-\boldsymbol{H}_2)=\boldsymbol{J}_s\\ \boldsymbol{n}\cdot(\boldsymbol{D}_1-\boldsymbol{D}_2)=\rho_s\\ \boldsymbol{n}\cdot(\boldsymbol{B}_1-\boldsymbol{B}_2)=0\end{cases} \tag{2-21}$$

其中，$\boldsymbol{J}_s$ 为交界面上的面电流密度；ρ_s 为交界面上的面电荷密度。通常，绝缘介质界面没有自由面电荷、面电流，因此上式右端项全部为零。

为了使一些问题得到简化，常常近似地将一些条件理想化。例如，当导体的导电性能

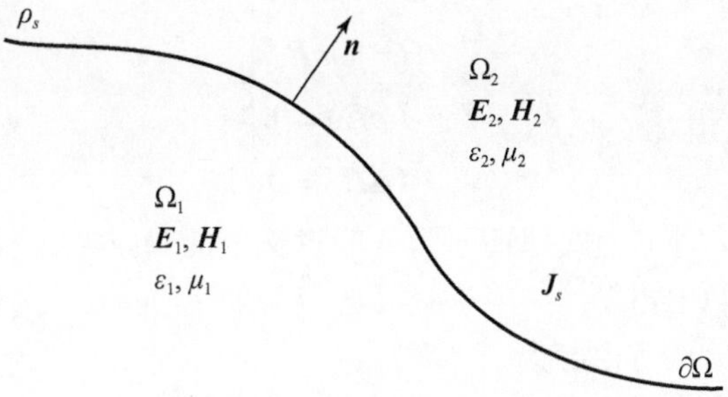

图 2-6　两种介质的分界面示意图

良好时，可将其电导率理想化为无限大，成为理想导体，在这种导体中的电磁场必须为零，如果用 $\boldsymbol{E}_1$、$\boldsymbol{H}_1$、$\boldsymbol{D}_1$ 和 $\boldsymbol{B}_1$ 表示导体外的场量，则导体表面的边界条件为

$$\begin{cases} \boldsymbol{n}\times\boldsymbol{E}_1 = 0 \\ \boldsymbol{n}\times\boldsymbol{H}_1 = \boldsymbol{J}_s \\ \boldsymbol{n}\cdot\boldsymbol{D}_1 = \rho_s \\ \boldsymbol{n}\cdot\boldsymbol{B}_1 = 0 \end{cases} \tag{2-22}$$

2.2.4　完全匹配层吸收边界

探地雷达正演模拟是对开域电磁问题计算的过程，由于计算机容量的限制，正演模拟只能在有限区域内进行，因此在计算区域的截断边界处必须给出吸收边界条件。截断边界的添加不仅能保证边界场计算的精度，而且还能大大消除非物理因素引起的反射，使得用有限的网格空间就能模拟电磁波在无限空间中的传播。为了更好地模拟电磁波在有限区域内的传播规律及特征，可在截断边界处加载完全匹配层（perfectly matched layer，PML）边界条件，使雷达波在边界处不产生人为的反射波。不同的研究者对 PML 进行了大量研究和改进，特别是 Chew 和 Weedon（1994）将 PML 解释为频域中的坐标拉伸。

1. 坐标伸缩完全匹配层

对于坐标伸缩完全匹配层，在频率域情形下，设 s_x、s_y、s_z 为坐标伸缩因子，它们是以对应坐标为自变量的函数，可表示为：$s_x = s_x(x)$，$s_y = s_y(y)$，$s_z = s_z(z)$。将常规算子∇的各直角分量对坐标 x、y、z 分别乘上伸缩因子 s_x、s_y、s_z 形成新算子∇_s。其中算子∇_s的定义为

$$\nabla_s = \hat{x}\,\frac{1}{s_x}\frac{\partial}{\partial x} + \hat{y}\,\frac{1}{s_y}\frac{\partial}{\partial y} + \hat{z}\,\frac{1}{s_z}\frac{\partial}{\partial z} \tag{2-23}$$

则可以将无源无耗介质下 Maxwell 方程组修正为如下形式（Wei et al.，2017）：

$$\left.\begin{aligned}&\nabla_s\times\boldsymbol{E}=-\mathrm{j}\omega\mu\boldsymbol{H}\\&\nabla_s\times\boldsymbol{H}=\mathrm{j}\omega\varepsilon\boldsymbol{E}\\&\nabla_s\cdot(\varepsilon\boldsymbol{E})=0\\&\nabla_s\cdot(\mu\boldsymbol{H})=0\end{aligned}\right\}\tag{2-24}$$

当伸缩因子 $s_x=s_y=s_z=1$ 时，上式即还原为一般意义上的 Maxwell 方程。满足方程的介质称为坐标伸缩介质（简称 CPML）。

设坐标伸缩介质中的平面波为

$$\begin{aligned}&\boldsymbol{E}=\boldsymbol{E}_0\exp(-\mathrm{j}\boldsymbol{k}\cdot\boldsymbol{r})=\boldsymbol{E}_0\exp[-\mathrm{j}(k_xx+k_yy+k_zz)]\\&\boldsymbol{H}=\boldsymbol{H}_0\exp(-\mathrm{j}\boldsymbol{k}\cdot\boldsymbol{r})=\boldsymbol{H}_0\exp[-\mathrm{j}(k_xx+k_yy+k_zz)]\end{aligned}\tag{2-25}$$

伸缩坐标算子∇_s对于平面波的作用可以看作以下算子对应关系：

$$\nabla_s\to-\mathrm{j}\boldsymbol{k}_s\tag{2-26}$$

其中

$$\boldsymbol{k}_s=\hat{x}\frac{k_x}{s_x}+\hat{y}\frac{k_y}{s_y}+\hat{z}\frac{k_z}{s_z}\tag{2-27}$$

因而坐标伸缩因子 Maxwell 方程式在平面波情形变为

$$\left.\begin{aligned}&\boldsymbol{k}_s\times\boldsymbol{E}=\omega\boldsymbol{H}\\&-\boldsymbol{k}_s\times\boldsymbol{H}=\mathrm{j}\omega\varepsilon\boldsymbol{E}\\&\boldsymbol{k}_s\cdot\boldsymbol{E}=0\\&\boldsymbol{k}_s\cdot\boldsymbol{H}=0\end{aligned}\right\}\tag{2-28}$$

由式（2-28）第 1、2 式可得

$$\boldsymbol{k}_s\times(\boldsymbol{k}_s\times\boldsymbol{E})=\omega^2\mu\varepsilon\boldsymbol{E}\tag{2-29}$$

由双重矢积公式可知，$\boldsymbol{k}_s\times(\boldsymbol{k}_s\times\boldsymbol{E})=(\boldsymbol{k}_s\cdot\boldsymbol{E})\boldsymbol{k}_s-(\boldsymbol{k}_s\cdot\boldsymbol{k}_s)\boldsymbol{E}$，将式（2-28）第 3 式代入得

$$(\boldsymbol{k}_s\cdot\boldsymbol{k}_s)\boldsymbol{E}=\omega^2\mu\varepsilon\boldsymbol{E}\tag{2-30}$$

由式（2-30）及式（2-27）可得

$$(\boldsymbol{k}_s\cdot\boldsymbol{k}_s)=\left(\frac{k_x}{s_x}\right)^2+\left(\frac{k_y}{s_y}\right)^2+\left(\frac{k_z}{s_z}\right)^2=\omega^2\mu\varepsilon=\kappa^2\tag{2-31}$$

由上式可得波矢量$\boldsymbol{k}$ 的各分量为

$$\left.\begin{aligned}&k_x=\kappa s_x\sin\theta\cos\varphi=k_{sx}s_x\\&k_y=\kappa s_y\sin\theta\sin\varphi=k_{sy}s_y\\&k_z=\kappa s_z\cos\theta=k_{sz}s_z\end{aligned}\right\}\tag{2-32}$$

显然，如果伸缩因子 s_x、s_y、s_z 为复数，平面波将出现衰减。由式（2-28）第 4 式可见 $\boldsymbol{H}\perp\boldsymbol{k}_s$，因此，由式（2-28）第 2 式可得 $|\boldsymbol{k}_s|\cdot\boldsymbol{H}=\omega\varepsilon|\boldsymbol{E}|$，可见波阻抗为

$$\eta=\left|\frac{\boldsymbol{E}}{\boldsymbol{H}}\right|=\frac{|\boldsymbol{k}_s|}{\omega\varepsilon}=\sqrt{\frac{\mu}{\varepsilon}}\tag{2-33}$$

因此伸缩因子不影响平面波的波阻抗。

然后考虑平面波入射到两种坐标伸缩介质分界面时的反射波和透射波。设分界面两侧介质具有不同的坐标伸缩因子，入射面为 yOz 面，如图 2-7 所示。图中 $z<0$ 区域介质参数以及伸缩因子为$(\varepsilon_1,\mu_1)s_{1x},s_{1y},s_{1z}$，$z>0$ 区域介质参数以及伸缩因子为$(\varepsilon_2,\mu_2)s_{2x},s_{2y},s_{2z}$。

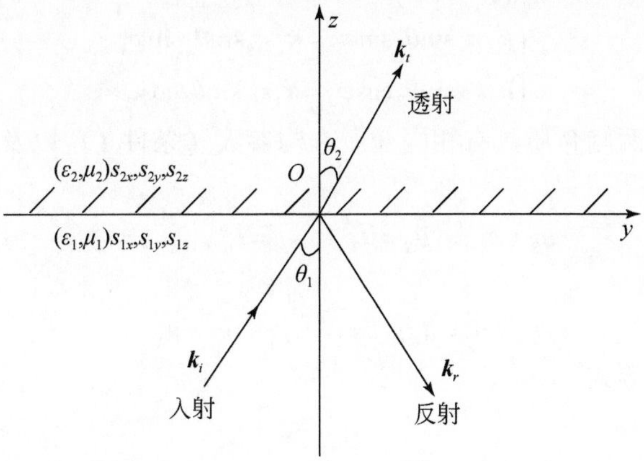

图 2-7　平面波入射到两种坐标伸缩介质分界面

对于 TE 波，入射、反射和透射波分别为

$$\left.\begin{aligned}\boldsymbol{E}^i&=\hat{x}E_0\exp(-\mathrm{j}\boldsymbol{k}^i\cdot\boldsymbol{r})=\hat{x}E_0\exp(-\mathrm{j}k_{1y}y-\mathrm{j}k_{1z}z)\\\boldsymbol{E}^r&=\hat{x}RE_0\exp(-\mathrm{j}\boldsymbol{k}^r\cdot\boldsymbol{r})=\hat{x}RE_0\exp(-\mathrm{j}k_{1y}y+\mathrm{j}k_{1z}z)\\\boldsymbol{E}^t&=\hat{x}TE_0\exp(-\mathrm{j}\boldsymbol{k}^t\cdot\boldsymbol{r})=\hat{x}TE_0\exp(-\mathrm{j}k_{2y}y-\mathrm{j}k_{2z}z)\end{aligned}\right\}\tag{2-34}$$

根据相位匹配条件，波矢量切向分量连续，即

$$k_{2y}=k_{1y}\tag{2-35}$$

由式（2-28）可得磁场为

$$\boldsymbol{H}=\frac{\boldsymbol{k}_s\times\boldsymbol{E}}{\omega\mu}=\frac{1}{\omega\mu}(\hat{y}k_{sz}E_x-\hat{z}k_{sy}E_x)\tag{2-36}$$

在界面上电场和磁场的切向分量为连续，因此由式（2-34）至式（2-36）得到

$$\begin{cases}1+R=T\\\dfrac{k_{1sz}-k_{1sz}R}{\omega\mu_1}=\dfrac{k_{2sz}T}{\omega\mu_2}\end{cases}\tag{2-37}$$

上式可以解得

$$\begin{cases}R=\dfrac{\mu_2k_{1sz}-\mu_1k_{2sz}}{\mu_2k_{1sz}+\mu_1k_{2sz}}\\[2ex]T=\dfrac{2\mu_2k_{1sz}}{\mu_2k_{1sz}+\mu_1k_{2sz}}\end{cases}\tag{2-38}$$

将式（2-32）代入可以得到 TE 波反射系数为

$$R^{\mathrm{TE}}=\frac{\mu_2k_{1z}s_{2z}-\mu_1k_{2z}s_{1z}}{\mu_2k_{1z}s_{2z}+\mu_1k_{2z}s_{1z}}\tag{2-39}$$

同样可以求得 TM 波反射系数为

$$R^{\mathrm{TM}}=\frac{\varepsilon_2 k_{1z}s_{2z}-\varepsilon_1 k_{2z}s_{1z}}{\varepsilon_2 k_{1z}s_{2z}+\varepsilon_1 k_{2z}s_{1z}} \tag{2-40}$$

将式（2-32）代入式（2-35）得

$$\begin{cases}\kappa_2 s_{2y}\sin\theta_2\sin\varphi_2=\kappa_1 s_{1y}\sin\theta_1\sin\varphi_1\\ \kappa_2 s_{2x}\sin\theta_2\cos\varphi_2=\kappa_1 s_{1x}\sin\theta_1\cos\varphi_1\end{cases} \tag{2-41}$$

如果选择分界面两侧介质具有相同介质本构参数（条件 1）以及相同的横向伸缩因子（条件 2），即：

$$\varepsilon_2=\varepsilon_1,\quad \mu_2=\mu_1,\quad s_{2x}=s_{1x},\quad s_{2y}=s_{1y} \tag{2-42}$$

则

$$\theta_2=\theta_1,\quad \varphi_2=\varphi_1,\quad \kappa_2=\kappa_1 \tag{2-43}$$

因此，可以得到如下等式

$$\frac{k_{1z}}{s_{1z}}=\frac{k_{2z}}{s_{2z}} \tag{2-44}$$

将式（2-42）与式（2-44）代入式（2-39）与式（2-40）可得

$$R^{\mathrm{TE}}=0,\quad R^{\mathrm{TM}}=0 \tag{2-45}$$

此时平面波无反射，全部透射，式（2-32）即为无反射条件。由上可知，无反射条件只要求界面两侧介质本构参数和横向伸缩因子相等，与频率、入射角以及纵向伸缩因子 s_{2z}、s_{1z}无关。

对于 GPR 正演模拟中，假设模拟区域位于 $z<0$ 区域的为常规介质，其本构参数为 ε_1、μ_1，三个方向的伸缩因子均为 1；另一侧为坐标 $k_{1z}/s_{1z}=k_{2z}/s_{2z}$伸缩介质，本构参数为：$\varepsilon_2$、$\mu_2$、$s_{2x}$、$s_{2y}$、$s_{2z}$。当波由模拟区域进入 CPML 区域，且介质分界面垂直于 z 轴时，根据无反射条件，只需令 $\varepsilon_2=\varepsilon_1$、…、$s_{2x}=s_{2y}=1$，则波在分界面处不发生反射。为了使透射波迅速衰减，可以将伸缩因子 s_{2z}设置为复数频率位移形式。本书采用坐标伸缩因子：

$$s_i=\kappa_i+\frac{\sigma_i}{\mathrm{j}\omega\varepsilon_0},\quad i=x,y,z \tag{2-46}$$

三维空间中 PML 参数定义区域如图 2-8 所示。

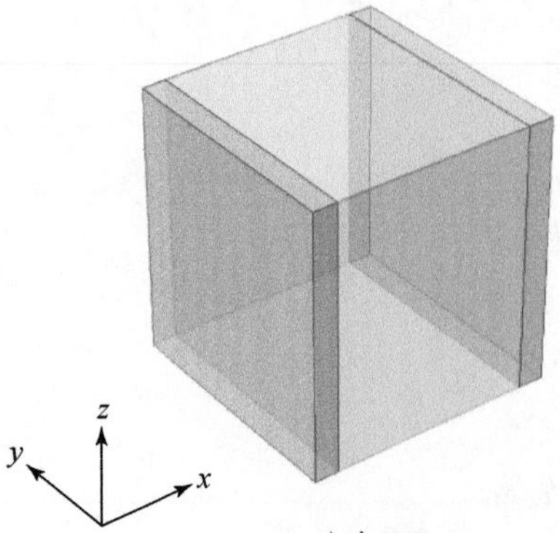

(a) x方向PML

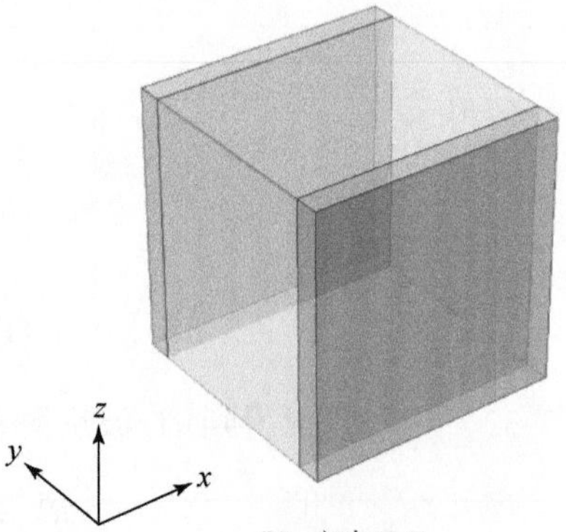

(b) y方向PML

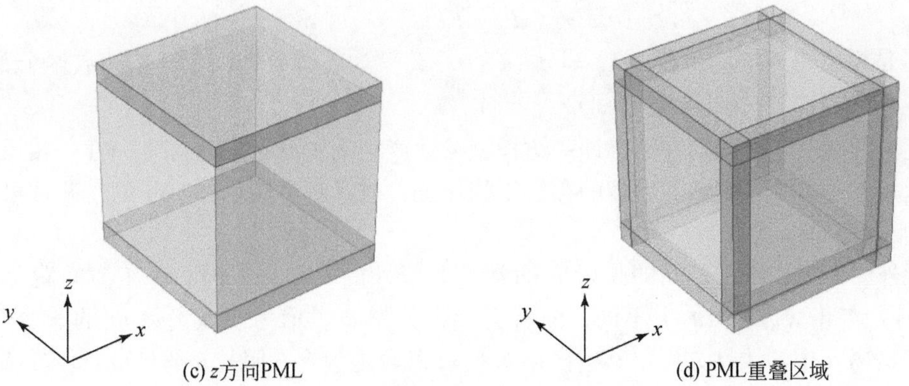

(c) z方向PML　　(d) PML重叠区域

图 2-8　三维 CPML 参数定义区域

2. 各向异性完全匹配层

为了更好地理解 PML，可以把 PML 与各向异性介质联系起来。它存在伸缩坐标 PML（CPML）和单轴各向异性 PML（UPML）（Sacks et al.，1995；Gedney，1996）两种表现形式，即式（2-24）第 1 项与第 2 项也可以表示为如下形式：

$$\nabla\times\boldsymbol{E}=-\mathrm{j}\omega\bar{\boldsymbol{\mu}}\cdot\boldsymbol{H} \tag{2-47}$$

$$\nabla\times\boldsymbol{H}=\mathrm{j}\omega\bar{\boldsymbol{\varepsilon}}\cdot\boldsymbol{E} \tag{2-48}$$

其中，$\bar{\boldsymbol{\varepsilon}}$ 和 $\bar{\boldsymbol{\mu}}$ 是对角的介电常数和磁导率张量，具有单轴各向异性介质的特征，它可表示成

$$\bar{\boldsymbol{\varepsilon}}=\varepsilon\overline{\boldsymbol{\Lambda}},\quad \bar{\boldsymbol{\mu}}=\mu\overline{\boldsymbol{\Lambda}} \tag{2-49}$$

其中

$$\overline{\boldsymbol{\Lambda}}=\left(\frac{s_y s_z}{s_x}\right)\hat{\boldsymbol{x}}\hat{\boldsymbol{x}}+\left(\frac{s_z s_x}{s_y}\right)\hat{\boldsymbol{y}}\hat{\boldsymbol{y}}+\left(\frac{s_x s_y}{s_z}\right)\hat{\boldsymbol{z}}\hat{\boldsymbol{z}} \tag{2-50}$$

与 CPML 相比，UPML 基于 Maxwell 方程组，而不用修改 Maxwell 方程组；UPML 可以延伸到非正交和非结构化的网格中使用，并且可以很容易地表示出有限元解，而不需要做很多额外的工作。因此 UPML 更加适合 DGTD 和 FEM 方法求解 GPR 正演问题。

2.3　反问题的基本理论

2.3.1　反问题

1. 反问题的定义

研究反问题的目的是从观测的数据中推断出所对应的模型参数。反问题在许多学科中广泛存在，就地球物理反演而言，数据与地球物理模型之间的联系由物理理论提供，物理理论通过正演问题将观测到的数据信息 $\boldsymbol{d}$ 与模型参数 $\boldsymbol{m}^*$ 联系起来。

$$\boldsymbol{d}_{\text{obs}}=F(\boldsymbol{m}^*) \tag{2-51}$$

其中 F 是模型正演响应函数；$\boldsymbol{d}_{\text{obs}}=[d_1,d_2,\cdots,d_N]$ 为观测数据向量，N 为数据个数；$\boldsymbol{m}=[m_1,m_2,\cdots,m_M]^{\mathrm{T}}$，为模型参数向量。

正演问题通常是确定性的，即一组模型参数产生的预测数据具有唯一性。相反，反问题通常是不适定的，即反问题解的存在不能保证，或者解可能是非唯一的，并且可能是不稳定的（Hadamard，1902）。

此外，模型和数据之间的映射 F 通常是非线性的。在这方面，将正演问题公式化为 $\boldsymbol{d}=F(\boldsymbol{m})$ 与正演方程 $\boldsymbol{Au}=\boldsymbol{s}$ 不同，前者直接将数据 $\boldsymbol{d}$ 表示为模型参数 $\boldsymbol{m}$ 的非线性函数，而后者是场 $\boldsymbol{u}$ 中的线性方程，其中模型参数 $\boldsymbol{m}$ 隐含地包含在阻抗矩阵 $\boldsymbol{A}(\boldsymbol{m})$ 中。

地球物理反演多具有不适定性和非线性，因此，反问题求解方法选取也应考虑反问题本身的属性，它对求解的稳定、精度及效率至关重要。

2. 反问题的不适定性

物理理论通常仅能提供对自然现象的有限描述，因此无法通过模拟精确地再现观测数据，对于实际问题，只能采用含有噪声的间接测量：

$$\boldsymbol{d}_{\text{obs}}=F(\boldsymbol{m}^*)+\boldsymbol{e} \tag{2-52}$$

其中 $\boldsymbol{e}$ 表示测量噪声通常能得到它的分布或标准差统计信息，它是一个确定的但未知的量。此时反问题可以描述为：给定包含噪声的测量值 $\boldsymbol{d}_{\text{obs}}$，找到符合观测数据的参数 $\boldsymbol{m}^*$。由于噪声的存在，不能直接采用 $\boldsymbol{m}^*=F^{-1}\boldsymbol{d}_{\text{obs}}$。因此，反问题（2-52）通常采用如下优化问题进行求解

$$\boldsymbol{m}^*=\operatorname{argmin}\|\boldsymbol{d}_{\text{obs}}-F(\boldsymbol{m})\| \tag{2-53}$$

上式表明在某些范数的意义上最能解释数据的模型参数 $\boldsymbol{m}^*$，该范数表示观测 $\boldsymbol{d}_{\text{obs}}$ 和计算数据 $\boldsymbol{d}_{\text{cal}}$ 之间的距离，$\boldsymbol{d}_{\text{cal}}=F(\boldsymbol{m})$ 由理论在假设模型中预测。

本书使用经典欧几里得距离的 L2 范数，因此上式可以转化为如下关于数据的目标函数：

$$\Phi_d(\boldsymbol{m})=\frac{1}{2}\|\boldsymbol{d}_{\text{obs}}-\boldsymbol{d}_{\text{cal}}\|_2^2 \tag{2-54}$$

实测数据不足以唯一地约束所有模型参数时，将会导致解的非唯一性。解的非唯一性问题与数据对模型参数的敏感性密切相关。为了弥补数据中缺乏的信息并减轻问题的不适应性，除了增加先验信息外，一个更好的选择是对模型解决方案施加一些正则化约束（Tikhonov and Arsenin，1977；Hansen，2010）。

$$\Phi(\boldsymbol{m})=\frac{1}{2}\|\boldsymbol{d}_{\text{obs}}-\boldsymbol{d}_{\text{cal}}\|_2^2+\lambda R(\boldsymbol{m}) \tag{2-55}$$

其中 $R(\boldsymbol{m})$ 表示模型约束项；λ 表示正则化参数。

3. 反问题的非线性

当函数 F 是线性时，即当观测数据线性地依赖于模型参数时，反问题被认为是线性的。在离散情况下，可以由雅可比矩阵 $\boldsymbol{J}$（或 Frechet 导数）表示其线性关系，并且能通

过查看矩阵 J 的核或通过计算其奇异值分解（singular value decomposition，SVD）结果来研究解的非唯一性的问题（Hansen，2010）。当使用 L2 范数定义误差函数时，其表现为标准的二次形问题，具有凸性和唯一最小值的良好特性。

然而大多数反问题都是非线性的，考虑到线性问题的优良特性，一个常规的做法是对非线性问题进行线性化近似。但线性化的结果导致了反演对初始模型选择的敏感性，使目标函数易陷入局部极小值，增加了反问题的非唯一性。

2.3.2　全波形反演

全波形反演（FWI）是一种反问题成像方法，可以定量地获得地下介质的物性信息，但 GPR 的 FWI 问题本身具有强烈的非线性，是不适定的，其不适定性主要体现在以下方面：①物理理论经常提供对自然现象的有限描述，即在正演建模过程中对 2D 几何的限制，电磁特性的参数化，GPR 天线的偶极子近似，导致无法通过模拟精确再现观测数据。②数据通常含有噪声，理论上无法对噪声完全解释。③不同观测方式的数据对模型参数的敏感性不同。地面 GPR 接收到地下回波，仅利用到参数的反射信息，增加了解的非唯一性，特别是在大深度区域，预期数据对所研究模型的介电常数和电导率变化不敏感。④由于参数之间的耦合，数据中的变化有时可以通过一个参数或多个参数的变化等效地解释。考虑到其不适定性产生原因，需要开发更精确、更符合实际的 GPR 正演模拟算法。而反演方面需要对激励源子波、多参数反演以及含先验信息的正则化方法展开研究。

与此同时，雷达数据的 FWI 具有强烈的非线性，主要是因为记录的电场非线性地依赖于地下的电磁特性。这种非线性具体表现为周波跳跃现象，如图 2-9 所示。在频域 FWI

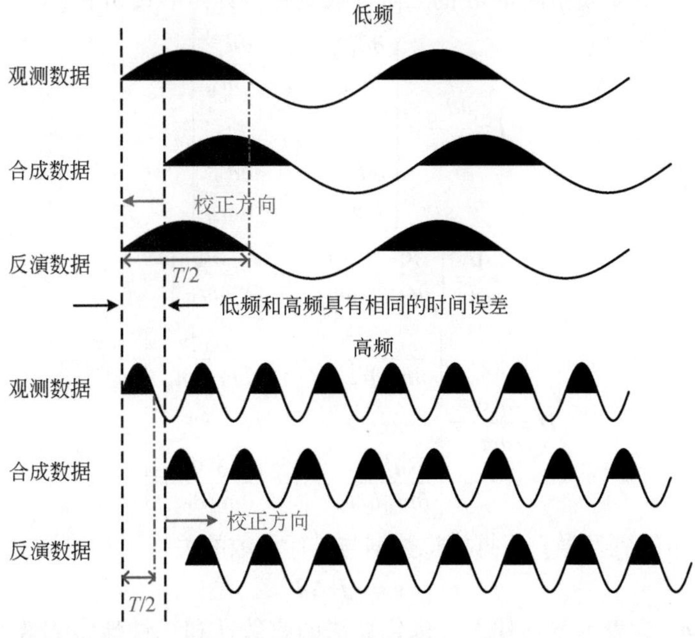

图 2-9　单频数据周波跳跃效应示意图

中，周波跳跃是由于单频数据可以被具有 2π 相位差的数据等效地匹配，其时移等于周期 T。当使用局部优化算法时，如果初始模型对应的合成记录时间偏移大于信号周期的一半，将发生周波跳跃。由于高频初始数据中的给定时移通常大于 $T/2$，该现象在高频数据中表现得更为明显。从观测数据而言，解决该问题的一个较好方法是，采用低频数据到高频数据的多尺度反演。因为数据的低频分量能够避免反演早期阶段出现的周波跳跃问题，得到大尺度的反演结果，将该结果作为高频数据反演的初始模型，然后通过反演较高频率的数据，将高分辨率细节添加到重构图像中。

从数学角度而言，FWI 属于最优化问题，可以采用全局与局部优化方法来解决目标函数的极小化问题。全局优化算法的优点是可以在全局范围内寻找最优解，避免极小值问题的出现。然而 FWI 通常解决的是高维问题，涉及的模型参数的数量太大，同时 GPR 正演计算比较耗时，难以应用全局优化算法，因此在求解 FWI 时通常使用局部优化算法。

2.3.3 局部优化算法

从初始模型 $\boldsymbol{m}_0$ 开始，局部优化方法创建一系列模型 $\boldsymbol{m}_k$，在每次迭代 k 时，

$$\boldsymbol{m}_{k+1}=\boldsymbol{m}_k+\Delta\boldsymbol{m}_k=\boldsymbol{m}_k+\alpha_k\boldsymbol{p}_k \tag{2-56}$$

其中，$\Delta\boldsymbol{m}_k$ 为模型更新量；α_k 为搜索步长；$\boldsymbol{p}_k$ 表示搜索方向。所有局部优化方法都需要建立合适的下降方向和步长，以减少目标函数直至收敛，因此局部最优化方法的核心问题是选择搜索方向 $\boldsymbol{p}_k$。

为了方便介绍，定义 $\boldsymbol{J}$ 为雅可比矩阵（灵敏度矩阵），表示正演数据 $\boldsymbol{d}_{\text{cal}}=F(\boldsymbol{m})$ 的一阶导数矩阵；$\boldsymbol{g}$ 为梯度向量，表示目标函数 Φ 对模型向量 $\boldsymbol{m}$ 的一阶导数；$\boldsymbol{H}$ 为 Hessian 矩阵，表示目标函数 Φ 对模型向量 $\boldsymbol{m}$ 的二阶导数矩阵，具体形式如下所示：

$$\boldsymbol{J}=\frac{\partial\boldsymbol{d}_{\text{cal}}}{\partial\boldsymbol{m}}=\begin{bmatrix}\dfrac{\partial d_1^{\text{cal}}}{\partial m_1} & \cdots & \dfrac{\partial d_1^{\text{cal}}}{\partial m_M}\\ \vdots & & \vdots\\ \dfrac{\partial d_N^{\text{cal}}}{\partial m_1} & \cdots & \dfrac{\partial d_N^{\text{cal}}}{\partial m_M}\end{bmatrix} \tag{2-57}$$

$$\boldsymbol{g}=\frac{\partial\Phi}{\partial\boldsymbol{m}}=\begin{bmatrix}\dfrac{\partial\Phi}{\partial m_1} & \dfrac{\partial\Phi}{\partial m_2} & \cdots & \dfrac{\partial\Phi}{\partial m_M}\end{bmatrix}^{\text{T}} \tag{2-58}$$

$$\boldsymbol{H}=\frac{\partial^2\Phi}{\partial\boldsymbol{m}^2}=\begin{bmatrix}\dfrac{\partial^2\Phi}{\partial m_1\partial m_1} & \cdots & \dfrac{\partial^2\Phi}{\partial m_1\partial m_M}\\ \vdots & & \vdots\\ \dfrac{\partial^2\Phi}{\partial m_M\partial m_1} & \cdots & \dfrac{\partial^2\Phi}{\partial m_M\partial m_M}\end{bmatrix} \tag{2-59}$$

其中，上标 T 表示转置符号。根据模拟数据与目标函数的关系，有如下关系：

$$\boldsymbol{g}=-\boldsymbol{J}^{\text{T}}\Delta\boldsymbol{d} \tag{2-60}$$

其中，$\Delta\boldsymbol{d}=\boldsymbol{d}_{\text{obs}}-\boldsymbol{d}_{\text{cal}}$，表示数据残差。优化算法的收敛性和线性搜索的效率是选择优化算法的必要因素。从最优化求解角度可分为梯度引导类与牛顿类解法。梯度引导类算法应用

较多的有最速下降法（steepest descent method，SD）和非线性共轭梯度法（nonlinear conjugate gradient method，NLCG）。

1. 最速下降法

最速下降法也被称为梯度法，它的搜索方向如下所示：

$$\boldsymbol{p}_k = -\boldsymbol{g}_k \tag{2-61}$$

其采用负梯度方向作为搜索方向，原理简单，便于实现。然而采用 SD 进行模型更新，其相邻两个搜索方向是正交的，这将导致迭代过程中所循路径是“之”字形的，且当接近极小点时，每次迭代移动的步长很小，会呈现出锯齿现象，影响收敛速率。

2. 非线性共轭梯度法

非线性共轭梯度法通过将当前最速下降方向$-\boldsymbol{g}_k$与先前下降方向相结合来改进最速下降方向，其搜索方向如下所示：

$$\boldsymbol{p}_k = \begin{cases} -\boldsymbol{g}_k, & k=0 \\ -\boldsymbol{g}_k + \beta_{k-1}\boldsymbol{p}_{k-1}, & k \geqslant 1 \end{cases} \tag{2-62}$$

其中β_k是标量因子，表示共轭梯度参数。由于仅使用梯度和先前的下降方向，相对于 SD 方法，NLCG 方法仅增加了少量的存储和计算，但是其收敛速度优于最速下降法。根据共轭梯度参数的不同定义，NLCG 方法包括多种表达形式：

Fletcher-Reeves（FR）法：

$$\beta_k^{\mathrm{FR}} = \frac{g_{k+1}^{\mathrm{T}} g_{k+1}}{g_k^{\mathrm{T}} g_k} \tag{2-63}$$

Polak-Ribière-Polyak（PRP）法：

$$\beta_k^{\mathrm{PRP}} = \frac{g_{k+1}^{\mathrm{T}} (g_{k+1} - g_k)}{g_k^{\mathrm{T}} g_k} \tag{2-64}$$

Hestenes-Stiefel（HS）法：

$$\beta_k^{\mathrm{HS}} = \frac{g_{k+1}^{\mathrm{T}} (g_{k+1} - g_k)}{p_k^{\mathrm{T}} (g_{k+1} - g_k)} \tag{2-65}$$

Dai-Yuan（DY）法：

$$\beta_k^{\mathrm{DY}} = \frac{g_{k+1}^{\mathrm{T}} g_{k+1}}{p_k^{\mathrm{T}} (g_{k+1} - g_k)} \tag{2-66}$$

3. 牛顿法（Newton method）

牛顿法也是求解无约束优化问题最早使用的经典算法之一。牛顿类算法通过利用目标函数的一阶导数$\boldsymbol{g}_k$（梯度）和二阶导数$\boldsymbol{H}_k$（Hessian 阵）进行约束，具有二阶收敛性，在理论上比梯度类算法的收敛速度更快。假设目标函数$\Phi(\boldsymbol{m})$具有二阶连续偏导数，将目标函数在$\boldsymbol{m}_k$处泰勒展开得

$$\Phi(\boldsymbol{m}_k + \Delta\boldsymbol{m}) = \Phi(\boldsymbol{m}_k) + \Delta\boldsymbol{m}^{\mathrm{T}}\boldsymbol{g}_k + \frac{1}{2}\Delta\boldsymbol{m}^{\mathrm{T}}\boldsymbol{H}_k\Delta\boldsymbol{m} + o(\|\Delta\boldsymbol{m}\|^2) \tag{2-67}$$

忽略高阶项 $o(\|\Delta \boldsymbol{m}\|^2)$ 可得

$$\Phi(\boldsymbol{m}_k+\Delta \boldsymbol{m}) \approx \Phi(\boldsymbol{m}_k)+\Delta \boldsymbol{m}^{\mathrm{T}} \boldsymbol{g}_k+\frac{1}{2} \Delta \boldsymbol{m}^{\mathrm{T}} \boldsymbol{H}_k \Delta \boldsymbol{m} \tag{2-68}$$

式（2-68）两端同时对 $\boldsymbol{m}$ 求偏导可得

$$\frac{\partial \Phi(\boldsymbol{m}_k+\Delta \boldsymbol{m})}{\partial \boldsymbol{m}}=\boldsymbol{g}_k+\boldsymbol{H}_k \Delta \boldsymbol{m} \tag{2-69}$$

假设在一次迭代中达到极小值点，那么 $\boldsymbol{m}_k+\Delta \boldsymbol{m}$ 处梯度可以为零。即求式（2-68）的稳定点：

$$\frac{\partial \Phi(\boldsymbol{m}_k+\Delta \boldsymbol{m})}{\partial \boldsymbol{m}}=\boldsymbol{g}_k+\boldsymbol{H}_k \Delta \boldsymbol{m}=0 \tag{2-70}$$

由此，可以得到牛顿类方程系统：

$$\boldsymbol{H}_k \Delta \boldsymbol{m}=-\boldsymbol{g}_k \tag{2-71}$$

如果 Hessian 矩阵 $\boldsymbol{H}_k$ 是可逆的，那么：

$$\Delta \boldsymbol{m}=-\boldsymbol{H}_k^{-1} \boldsymbol{g}_k \tag{2-72}$$

牛顿法是否收敛取决于初始模型的准确度。如果模型 $\boldsymbol{m}_k$ 与真实模型相差较大，$\boldsymbol{H}$ 可能具有负的特征值，从而使方程呈现病态，使模型沿非下降方向更新，导致算法不收敛。同时，虽然牛顿法呈平方收敛，具有较高的收敛速度，但每一次迭代都需要计算 Hessian 矩阵，同时需要求解牛顿方程。然而 Hessian 矩阵的计算非常耗时，给求解大规模问题时的计算和存储带来不便。

4. 拟牛顿法（quasi-Newton method，QN）

拟牛顿法通过计算 Hessian 矩阵的逆，能有效避免直接计算和存储 Hessian 矩阵；目前，L-BFGS（limited-memory BFGS）优化算法（Nocedal and Wright，2006）被认为是最有效的拟牛顿算法。与 BFGS（Broyden Fletcher Goldfarb Shanno）算法相比，它只需存储有限组模型差和梯度差，就可以进行更新迭代，因此可以用来处理较大数据量的反问题。拟牛顿法试图逼近方程中的逆 Hessian 矩阵，其模型更新量可表示为

$$\Delta \boldsymbol{m}=-\alpha_k \boldsymbol{B}_k \boldsymbol{g}_k \tag{2-73}$$

其中 $\boldsymbol{B}_k$ 为逆 Hessian 矩阵的近似，它不能精确地达到二次函数的最小值，并且必须使用线搜索程序确定下降步长 α_k。L-BFGS 的核心思想是利用梯度和模型来构建近似逆 Hessian 矩阵，其基本思想是：不再存储完整的矩阵 $\boldsymbol{B}_k$，而是存储计算过程中引入向量序列 $\{\boldsymbol{s}_k\}$，$\{\boldsymbol{y}_k\}$，需要矩阵 $\boldsymbol{B}_k$ 时，可利用向量序列 $\{\boldsymbol{s}_k\}$，$\{\boldsymbol{y}_k\}$ 的计算来代替。而且并不是所有的向量序列 $\{\boldsymbol{s}_k\}$，$\{\boldsymbol{y}_k\}$ 都存储，而是固定存储最新的 m 个 $\{\boldsymbol{s}_k\}$，$\{\boldsymbol{y}_k\}$，其中参数 m 可以由求解精度要求及计算机内存自行设定。每次计算 $\boldsymbol{B}_k$ 时，只利用最新的 m 个 $\{\boldsymbol{s}_k\}$ 及 m 个 $\{\boldsymbol{y}_k\}$。显然，通过这种方式，可将原来的存储大大降低。如果需要求解 $N \times N$ 的矩阵 $\boldsymbol{B}_k$，当 N 非常大时，BFGS 存储这个矩阵将变得很耗计算机资源，而 L-BFGS 算法则可将存储由原来的 $O(N^2)$ 降到 $O(mN)$。为了讨论 L-BFGS 的具体实现过程，仍列出迭代式：

$$\boldsymbol{B}_{k+1}=\left(1-\frac{\boldsymbol{s}_k \boldsymbol{y}_k^{\mathrm{T}}}{\boldsymbol{y}_k^{\mathrm{T}} \boldsymbol{s}_k}\right) \boldsymbol{B}_k\left(1-\frac{\boldsymbol{y}_k \boldsymbol{s}_k^{\mathrm{T}}}{\boldsymbol{y}_k^{\mathrm{T}} \boldsymbol{s}_k}\right)+\frac{\boldsymbol{s}_k \boldsymbol{s}_k^{\mathrm{T}}}{\boldsymbol{y}_k^{\mathrm{T}} \boldsymbol{s}_k} \tag{2-74}$$

若记 $\rho_k=1/(\boldsymbol{y}_k^{\mathrm{T}}\boldsymbol{s}_k)$，$\boldsymbol{V}_k=(\boldsymbol{I}-\rho_k\boldsymbol{y}_k\boldsymbol{s}_k^{\mathrm{T}})$，其中 $\boldsymbol{I}$ 为单位矩阵。$\boldsymbol{s}_k=\boldsymbol{m}_{k+1}-\boldsymbol{m}_k$，$\boldsymbol{y}_k=\boldsymbol{g}_{k+1}-\boldsymbol{g}_k$，则式（2-74）可简记为

$$\boldsymbol{B}_{k+1}=\boldsymbol{V}_k^{\mathrm{T}}\boldsymbol{B}_k\boldsymbol{V}_k+\rho_k\boldsymbol{s}_k\boldsymbol{s}_k^{\mathrm{T}} \tag{2-75}$$

则根据式（2-75），依次可得到：

$$\boldsymbol{B}_1=\boldsymbol{V}_0^{\mathrm{T}}\boldsymbol{B}_0^{\mathrm{T}}\boldsymbol{V}_0+\rho_0\boldsymbol{s}_0\boldsymbol{s}_0^{\mathrm{T}} \tag{2-76}$$

$$\begin{aligned}\boldsymbol{B}_2&=\boldsymbol{V}_1^{\mathrm{T}}\boldsymbol{B}_1^{\mathrm{T}}\boldsymbol{V}_1+\rho_1\boldsymbol{s}_1\boldsymbol{s}_1^{\mathrm{T}}\\&=\boldsymbol{V}_1^{\mathrm{T}}(\boldsymbol{V}_0^{\mathrm{T}}\boldsymbol{B}_0^{\mathrm{T}}\boldsymbol{V}_0+\rho_0\boldsymbol{s}_0\boldsymbol{s}_0^{\mathrm{T}})\boldsymbol{V}_1+\rho_1\boldsymbol{s}_1\boldsymbol{s}_1^{\mathrm{T}}\\&=\boldsymbol{V}_1^{\mathrm{T}}\boldsymbol{V}_0^{\mathrm{T}}\boldsymbol{B}_0^{\mathrm{T}}\boldsymbol{V}_0\boldsymbol{V}_1+\boldsymbol{V}_1^{\mathrm{T}}\rho_0\boldsymbol{s}_0\boldsymbol{s}_0^{\mathrm{T}}\boldsymbol{V}_1+\rho_1\boldsymbol{s}_1\boldsymbol{s}_1^{\mathrm{T}}\end{aligned} \tag{2-77}$$

$$\begin{aligned}\boldsymbol{B}_3&=\boldsymbol{V}_2^{\mathrm{T}}\boldsymbol{B}_2^{\mathrm{T}}\boldsymbol{V}_2+\rho_2\boldsymbol{s}_2\boldsymbol{s}_2^{\mathrm{T}}\\&=\boldsymbol{V}_2^{\mathrm{T}}(\boldsymbol{V}_1^{\mathrm{T}}\boldsymbol{V}_0^{\mathrm{T}}\boldsymbol{B}_0^{\mathrm{T}}\boldsymbol{V}_0\boldsymbol{V}_1+\boldsymbol{V}_1^{\mathrm{T}}\rho_0\boldsymbol{s}_0\boldsymbol{s}_0^{\mathrm{T}}\boldsymbol{V}_1+\rho_1\boldsymbol{s}_1\boldsymbol{s}_1^{\mathrm{T}})\boldsymbol{V}_2+\rho_2\boldsymbol{s}_2\boldsymbol{s}_2^{\mathrm{T}}\\&=\boldsymbol{V}_2^{\mathrm{T}}\boldsymbol{V}_1^{\mathrm{T}}\boldsymbol{V}_0^{\mathrm{T}}\boldsymbol{B}_0^{\mathrm{T}}\boldsymbol{V}_0\boldsymbol{V}_1\boldsymbol{V}_2+\boldsymbol{V}_2^{\mathrm{T}}\boldsymbol{V}_1^{\mathrm{T}}\rho_0\boldsymbol{s}_0\boldsymbol{s}_0^{\mathrm{T}}\boldsymbol{V}_1\boldsymbol{V}_2+\boldsymbol{V}_2^{\mathrm{T}}\rho_1\boldsymbol{s}_1\boldsymbol{s}_1^{\mathrm{T}}\boldsymbol{V}_2+\rho_2\boldsymbol{s}_2\boldsymbol{s}_2^{\mathrm{T}}\end{aligned} \tag{2-78}$$

$$\cdots$$

$$\begin{aligned}\boldsymbol{B}_{k+1}=&(\boldsymbol{V}_k^{\mathrm{T}}\boldsymbol{V}_{k-1}^{\mathrm{T}}\cdots\boldsymbol{V}_1^{\mathrm{T}}\boldsymbol{V}_0^{\mathrm{T}})\boldsymbol{B}_0^{\mathrm{T}}(\boldsymbol{V}_0\boldsymbol{V}_1\cdots\boldsymbol{V}_{k-1}\boldsymbol{V}_k)\\&+(\boldsymbol{V}_k^{\mathrm{T}}\boldsymbol{V}_{k-1}^{\mathrm{T}}\cdots\boldsymbol{V}_2^{\mathrm{T}}\boldsymbol{V}_1^{\mathrm{T}})(\rho_0\boldsymbol{s}_0\boldsymbol{s}_0^{\mathrm{T}})(\boldsymbol{V}_1\boldsymbol{V}_2\cdots\boldsymbol{V}_{k-1}\boldsymbol{V}_k)\\&+(\boldsymbol{V}_k^{\mathrm{T}}\boldsymbol{V}_{k-1}^{\mathrm{T}}\cdots\boldsymbol{V}_3^{\mathrm{T}}\boldsymbol{V}_2^{\mathrm{T}})(\rho_1\boldsymbol{s}_1\boldsymbol{s}_1^{\mathrm{T}})(\boldsymbol{V}_2\boldsymbol{V}_3\cdots\boldsymbol{V}_{k-1}\boldsymbol{V}_k)\\&+\cdots(\boldsymbol{V}_k^{\mathrm{T}}\boldsymbol{V}_{k-1}^{\mathrm{T}})(\rho_{k-2}\boldsymbol{s}_{k-2}\boldsymbol{s}_{k-2}^{\mathrm{T}})(\boldsymbol{V}_{k-1}\boldsymbol{V}_k)+\boldsymbol{V}_k^{\mathrm{T}}(\rho_{k-1}\boldsymbol{s}_{k-1}\boldsymbol{s}_{k-1}^{\mathrm{T}})\boldsymbol{V}_k+\rho_k\boldsymbol{s}_k\boldsymbol{s}_k^{\mathrm{T}}\end{aligned} \tag{2-79}$$

由式（2-79）可知，计算 $\boldsymbol{B}_{k+1}$ 需要用到向量序列 $\{\boldsymbol{s}_k，\boldsymbol{y}_i\}_{i=0}^{k}$，因此，若开始连续地存储 m 组的向量序列，只能存储到 $\boldsymbol{s}_{m-1}$，$\boldsymbol{y}_{m-1}$，亦即只能计算 $\boldsymbol{B}_1$，$\boldsymbol{B}_2$，…，直到 $\boldsymbol{B}_m$，那么 $\boldsymbol{B}_{m+1}$，$\boldsymbol{B}_{m+2}$ 该如何计算呢？自然地，如果一定要丢掉一些向量，那么肯定优先考虑去掉最早生成的向量。以计算 $\boldsymbol{B}_{k+1}$ 为例，保存 $\{\boldsymbol{s}_k，\boldsymbol{y}_i\}_{i=1}^{m}$，去掉了 $\{\boldsymbol{s}_0，\boldsymbol{y}_0\}$；以计算 $\boldsymbol{B}_{k+2}$ 为例，保存 $\{\boldsymbol{s}_k，\boldsymbol{y}_i\}_{i=2}^{m+1}$，丢掉了 $\{\boldsymbol{s}_i，\boldsymbol{y}_i\}_{i=0}^{1}$，但是舍弃掉一些向量后，就只能近似计算了。若记 $\boldsymbol{B}_k^0$ 为初始逆 Hessian 矩阵，一般取 $\boldsymbol{B}_k^0=(\boldsymbol{y}_{k-1}\boldsymbol{s}_{k-1}^{\mathrm{T}})/(\boldsymbol{y}_{k-1}^{\mathrm{T}}\boldsymbol{y}_{k-1})$。$m$ 为需保留的项数，本书中 $m=5$。依此类推，可写出如下近似逆 Hessian 矩阵的一般表示形式（Nocedal and Wright，2006）：

$$\begin{aligned}\boldsymbol{B}_k=&(\boldsymbol{V}_{k-1}^{\mathrm{T}}\cdots\boldsymbol{V}_{k-m}^{\mathrm{T}})\boldsymbol{B}_k^0(V_{k-m}\cdots V_{k-1})\\&+\rho_{k-m}(\boldsymbol{V}_{k-1}^{\mathrm{T}}\cdots\boldsymbol{V}_{k-m+1}^{\mathrm{T}})\boldsymbol{s}_{k-m}\boldsymbol{s}_{k-m}^{\mathrm{T}}(\boldsymbol{V}_{k-m+1}\cdots\boldsymbol{V}_{k-1})\\&+\rho_{k-m+1}(\boldsymbol{V}_{k-1}^{\mathrm{T}}\cdots\boldsymbol{V}_{k-m+2}^{\mathrm{T}})\boldsymbol{s}_{k-m+1}\boldsymbol{s}_{k-m+1}^{\mathrm{T}}(\boldsymbol{V}_{k-m+1}\cdots\boldsymbol{V}_{k-12})\\&+\cdots+\rho_{k-1}\boldsymbol{s}_{k-1}\boldsymbol{s}_{k-1}^{\mathrm{T}}\end{aligned} \tag{2-80}$$

上式可以用两个循环递归算法进行计算（Nocedal and Wright，2006）。

算法 1　L-BFGS 双循环递归

$\boldsymbol{q}=\boldsymbol{g}_k$；

for　$i=k-1，k-2，\cdots，k-m$

　　$\boldsymbol{\alpha}_i=\rho_i\boldsymbol{s}_i^{\mathrm{T}}\boldsymbol{q}$；

　　$\boldsymbol{q}=\boldsymbol{q}-\boldsymbol{\alpha}_i\boldsymbol{y}_i$；

end

$z = B_k^0 q$;

for $i = k-m, k-m+1, \cdots, k-1$

$\beta_i = \rho_i y_i^{\mathrm{T}} z$;

$z = z + s_i (\alpha_i - \beta_i)$;

end

Stop with result $B_k g_k = z$

根据上面的方向计算，L-BFGS 算法的流程如下（Nocedal and Wright，2006）：

算法 2 L-BFGS

选择一个初始模型 m_0，选择收敛判断条件 tol>0，以及常量 $m=5$；

$k=0$;

while $\| g_k \| >$tol

选择 B_k^0，例如 $B_k^0 = (y_{k-1} s_{k-1}^{\mathrm{T}})/(y_{k-1}^{\mathrm{T}} y_{k-1})$；

通过算法 1 计算 $p_k = -B_k g_k$；

通过线搜索策略计算步长 α_k；

更新模型 $m_{k+1} = m_k + \alpha_k p_k$；

if $k>m$

删除向量对 $\{s_{k-m}, y_{k-m}\}$；

end

$s_k = m_{k+1} - m_k$;

$y_k = g_{k+1} - g_k$;

$k = k+1$;

end

5. 线搜索方法

通过不同的优化方法可以得到每次迭代的方向 p_k，除此之外，还需要一个标量步长 α_k 来确定沿着每个下行方向 p_k 走多远以更新模型向量 m_{k+1}。因此迭代步长 α_k 的选取是 FWI 中非常关键的参数。本书采取基于强 Wolfe 准则的非精确线搜索方法，它需要满足以下两个条件：

$$\phi(\alpha) \leqslant \phi(0) + c_1 \alpha \phi'(0) \tag{2-81}$$

$$|\phi'(\alpha)| \leqslant c_2 |\phi'(0)| \tag{2-82}$$

其中 $\phi(\alpha) = \Phi(m_k + \alpha p_k)$，式中 $0<c_1<c_2<1$，对于牛顿法和拟牛顿法取 $c_1 = 10^{-4}$，$c_2 = 0.9$，对于非线性共轭梯度法取 $c_2 = 0.1$。

式（2-81）为充分减少条件，该条件主要用来保证 m_{k+1} 点的函数值小于 m_k 点的函数值，满足该条件后，才有全局收敛的可能性；式（2-82）条件为曲率条件，该条件主要用于保证梯度$\nabla\Phi(\boldsymbol{m}_k+\alpha_k\boldsymbol{p}_k)$小于$\Phi(\boldsymbol{m}_k)$，其目的是将步长限制在一个极小值的邻域中。

本书采用 Nocedal 和 Wright（2006）给出的线搜索算法，该算法首先需找到一个包含可接受步长α的区间$[\alpha_1, \alpha_2]$，然后在这些点之间进行插值。算法流程如下所示：

算法 3　线搜索算法

$\alpha_0=0$，选择一个$\alpha_{\max}>0$，选择初始步长$\alpha_1\in(0,\alpha_{\max})$；

$i=1$；

loop

计算$\phi(\alpha_i)$；

if　$\phi(\alpha_i)>\phi(0)+c_1\alpha_i\phi'(0)\ \|\ [\phi(\alpha_i)\geqslant\phi(\alpha_{i-1})\&i>1]$

　　$\alpha_*\leftarrow\mathrm{zoom}(\alpha_{i-1},\alpha_i)$；

　　返回α_*；

end

计算$\phi'(\alpha_i)$；

if　$|\phi'(\alpha_i)|\leqslant-c_2\phi'(0)$

　　$\alpha_*=\alpha_i$；

　　返回α_*；

end

if　$\phi'(\alpha_i)>0$

　　$\alpha_*\leftarrow\mathrm{zoom}(\alpha_{i-1},\alpha_i)$；

　　返回α_*；

end

选择$\alpha_{i+1}\in(\alpha_i,\alpha_{\max})$；

$i=i+1$；

end

如果满足以下三个条件之一，算法 3 将停止：

（1）α_i不满足充分下降条件，或$\phi(\alpha_i)>\phi(\alpha_{i-1})$；

（2）α_i满足强 Wolfe 准则；

（3）$\phi(\alpha_i)\geqslant0$。

第一种和第三种情况，得到一个包含可接受步长α_*的区间$[\alpha_1, \alpha_2]$，然后通过 zoom 函数找到满足强 Wolfe 准则的步长α_*。该算法的最后一步进行外推找到下一个试探步长α_{i+1}，可以使用插值算法，也可以简单地令α_{i+1}为α_i的某个常数倍。无论使用哪种策略，重要的是快速达到上限$\alpha_{\max}$。

算法 4 展示了 zoom 函数的计算流程。在α_{lo}和α_{hi}之间选择新的步长α_j。如果该步长满足强 Wolfe 条件则返回该步长；如果不满足，则在α_j和α_{lo}之间选择一个新的步长。并将α_j和α_{lo}之间更高函数值的步长重新命名为α_{hi}，另一个重命名为α_{lo}，用于下一次迭代。

算法 4　zoom 函数

输入 α_{lo}，α_{hi}；

loop

在 α_{lo}和 α_{hi}之间插值 ϕ，选择一个试探步长 α_j；

计算 $\phi(\alpha_j)$；

if　$\phi(\alpha_j)>\phi(0)+c_1\alpha_i\phi'(0)\ \|\ \phi(\alpha_j)\geqslant\phi(\alpha_{lo})$

　　$\alpha_{hi}=\alpha_j$；

else

　计算 $\phi'(\alpha_j)$；

　if $|\phi'(\alpha_j)|\leqslant -c_2\phi'(0)$

　　　$\alpha_*=\alpha_j$；

　　　返回 α_*；

　　end

　if　$\phi'(\alpha_j)(\alpha_{hi}-\alpha_{lo})\geqslant 0$

　　　$\alpha_{hi}=\alpha_{lo}$；

　　end

　　$\alpha_{lo}=\alpha_j$；

end

end

注意到，在每次迭代中 $\phi(\alpha_{lo})$、$\phi'(\alpha_{lo})$ 和 $c\phi'(\alpha_{lo})$ 的值是已知信息，构建一个二次插值多项式来拟合 $\phi(\alpha)$ 并得到试探步长：

$$\alpha_q=-\frac{b}{2a} \tag{2-83}$$

其中

$$\begin{bmatrix}\alpha_{lo}^2 & \alpha_{lo} & 1\\ \alpha_{hi}^2 & \alpha_{hi} & 1\\ 2\alpha_{lo} & 1 & 0\end{bmatrix}\begin{bmatrix}a\\ b\\ c\end{bmatrix}=\begin{bmatrix}\phi(\alpha_{lo})\\ \phi(\alpha_{hi})\\ \phi'(\alpha_{lo})\end{bmatrix} \tag{2-84}$$

如果在每次迭代中 $\phi(\alpha_{lo})$、$\phi'(\alpha_{lo})$、$\phi(\alpha_{hi})$ 和 $\phi'(\alpha_{hi})$ 的值是已知信息，可以使用三次函数来插值 $\phi(\alpha_{lo})$、$\phi(\alpha_{hi})$、$\phi'(\alpha_{lo})$ 和 $\phi'(\alpha_{hi})$，该三次函数总是存在而且是唯一的，例如参见 Stoer 和 Bulirsch（2013）。三次曲线的最小值是在一个端点上或者在内部，试探步长表示为

$$\alpha_q=\alpha_{hi}-(\alpha_{hi}-\alpha_{lo})\left[\frac{\phi'(\alpha_{hi})+d_2-d_1}{\phi'(\alpha_{hi})-\phi'(\alpha_{lo})+2d_2}\right] \tag{2-85}$$

其中

$$d_1=\phi'(\alpha_{lo})+\phi'(\alpha_{hi})-3\,\frac{\phi(\alpha_{lo})-\phi(\alpha_{hi})}{\alpha_{lo}-\alpha_{hi}} \tag{2-86}$$

$$d_2=\operatorname{sign}(\alpha_{hi}-\alpha_{lo})\left[d_1^2-\phi'(\alpha_{lo})\phi'(\alpha_{hi})\right]^{1/2} \tag{2-87}$$

为了确保试探步长离 α_j 和 α_{lo} 足够远：

$$\alpha_j=\begin{cases}\dfrac{\alpha_{lo}+\alpha_{hi}}{2}, & \text{如果满足}\begin{cases}\alpha_q<\min(\alpha_{lo},\alpha_{hi})+\delta\\ \alpha_q>\max(\alpha_{lo},\alpha_{hi})-\delta\\ |\alpha_q-\alpha_{hi}|<|\alpha_q-\alpha_{lo}|\end{cases}\\ \alpha_q, & \text{否则}\end{cases} \tag{2-88}$$

其中，$\delta>0$ 是一个用户自定义小数（取 0.01）。

对于 L-BFGS 算法，线搜索算法中初始步长 $\alpha_0=1$ 应首先被尝试，因为该步长使得 L-BFGS 算法具有超线性收敛的速度（Nocedal and Wright，2006）。在前几步的迭代中，由于 Hessian 近似可能很差，所以下降方向的缩放比例很小。选择

$$\alpha_0=\begin{cases}\dfrac{S_k}{\gamma\phi'(0)}, & k=1\\ \dfrac{2(S_k-S_{k-1})}{\phi'(0)}, & k>1\end{cases} \tag{2-89}$$

γ 为一个调节因子，本书取 $\gamma=2$。因此可以调整为

$$\alpha_0=\min(1,\alpha_0) \tag{2-90}$$

本节中描述的线搜索算法在计算上看起来是复杂耗时的，但是实际的计算成本将取决于是否具有良好的下降方向 $\boldsymbol{p}_k$，并且可以通过二次函数或三次函数来近似 $\phi(\alpha)$。实际上精确的线搜索总是需要一两次额外的正演求解来计算一个步长 α。在强 Wolfe 准则的非精确线搜索方法中，如果初始步长被接受，则没有额外的成本。如果不满足条件，算法 4 对这个步长进行插值，类似于计算线性化的步长，以得到合适的步长选取。

GPR 全波形反演是一种高度非线性、不适定问题，求解此类问题时计算量巨大。最速下降法直接用目标函数梯度的反方向作为搜索方向，简单易实施，但其收敛速度慢。共轭梯度法采用共轭方向代替梯度反方向作为反演的搜索方向，每次迭代所需的共轭方向由当前梯度方向与上次迭代的共轭方向组合产生，然而，该算法对于双参数反演而言收敛效果仍不理想。牛顿类算法是通过利用目标函数的一阶偏导的梯度算子和二阶偏导的 Hessian 矩阵进行约束，具有二阶性，理论上比梯度类算法的收敛速度更快，但是 Hessian 矩阵的存储和求取的空间复杂度较高。L-BFGS 不需要显式形成 Hessian 矩阵及其逆矩阵，仅需要提供 Hessian 逆矩阵的一个初始近似矩阵，通过保存部分梯度算子和模型修正量的信息求取为 Hessian 矩阵，大大减小了存储量和运算量，同时对多参数反演中参数反演精度具有一定的调节功能。因此，本书中后续的 FWI 均采用 L-BFGS 算法求解。

第 3 章　二维时间域 DGTD 正演及全波形反演

本章主要介绍二维时间域 GPR 正反演算法。首先阐述了基于非结构化网格的 DGTD 算法的 GPR 正演模拟实现；然后以 DGTD 为正演基础，应用基于多尺度策略的双参数正则化全波形反演方法，探讨了不同因素对 GPR 全波形反演结果的影响；为了更好地反演复杂模型，提高反演的稳定性和精度，开展了非结构化网格及 TV 正则化等内容的研究，提出了基于 MTV 正则化的时间域全波形反演算法；最后采用褶积型数据目标函数，实现了不依赖子波的 B-san 雷达数据的 TD-FWI 方法，并对雷达实测数据进行了反演测试，反演结果表明，本书中介绍的不依赖子波的 TD-FWI 算法对实测数据具有较好的适应性。

3.1　二维高阶 DGTD GPR 正演模拟

3.1.1　DGTD 算法空间离散

1. 控制方程与弱形式

由电磁波传播理论可知（Taflove and Brodwin，1975），雷达波在有耗媒介中的传播遵循 Maxwell 方程组。考虑二维 xOz 平面的 $\mathrm{TM}(E_y, H_x, H_z)$ 情形：

$$\begin{cases} \varepsilon \dfrac{\partial E_y}{\partial t} = \dfrac{\partial H_z}{\partial x} - \dfrac{\partial H_x}{\partial z} - \sigma E_y - J_y \\ \mu \dfrac{\partial H_x}{\partial t} = -\dfrac{\partial E_y}{\partial z} \\ \mu \dfrac{\partial H_y}{\partial t} = \dfrac{\partial E_y}{\partial x} \end{cases} \tag{3-1}$$

为简化记号，将方程改写为

$$Q \frac{\partial \boldsymbol{U}}{\partial t} + \nabla \cdot F(\boldsymbol{U}) + \boldsymbol{S} = 0 \tag{3-2}$$

其中

$$Q = \begin{bmatrix} \varepsilon & 0 & 0 \\ 0 & \mu & 0 \\ 0 & 0 & \mu \end{bmatrix}, \quad \boldsymbol{U} = \begin{bmatrix} E_y \\ H_x \\ H_z \end{bmatrix}, \quad F(\boldsymbol{U}) = \begin{bmatrix} H_z & -H_x \\ 0 & E_y \\ -E_y & 0 \end{bmatrix}, \quad \boldsymbol{S} = \begin{bmatrix} \sigma E_y + J_y \\ 0 \\ 0 \end{bmatrix} \tag{3-3}$$

首先，从空间离散方面来推导 DG 算法的基本框架和构造公式。下面从弱形式推导、数值通量计算、三角形节点映射、基函数及插值节点和数值积分几个方面进行详细说明。

采用 Galerkin 法推导 DGTD 二维 GPR 控制方程，首先需要对模拟区域进行单元剖分。

由于非结构化网格易于离散几何特征不规则、轮廓复杂的地电模型，且网格单元的大小、形状和网格节点的位置较结构化网格更灵活，本书采用非结构化网格进行剖分，首先将整个区域 Ω 划分为 M 个三角单元 Ω_m，如图 3-1 所示，截断边界处采用 PML 吸收边界条件。整体解 $\boldsymbol{U}$ 用分片式局部解 $\boldsymbol{U}_m$ 逼近。

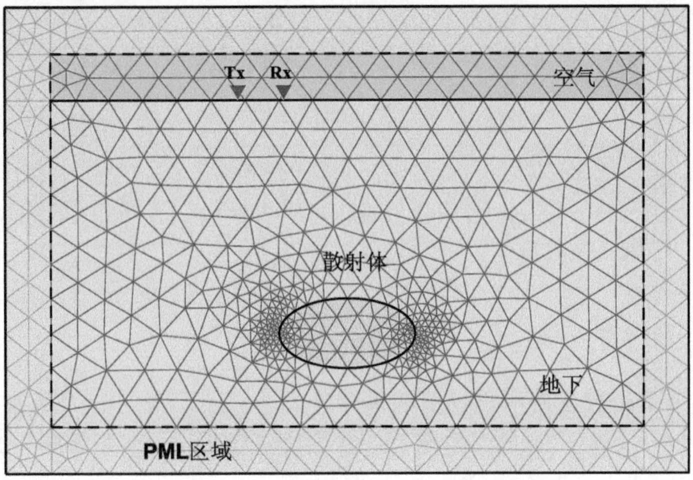

图 3-1　二维 GPR 标量波动方程计算域剖分示意图

在第 m 个三角单元 Ω_m 中，将式（3-2）乘以试函数 φ 并在单元内部积分，可以得到

$$\iint_{\Omega_m}\left(Q\frac{\partial \boldsymbol{U}_m}{\partial t}+\nabla\cdot F(\boldsymbol{U}_m)+\boldsymbol{S}_m\right)\varphi\,\mathrm{d}\Omega_m=0 \tag{3-4}$$

经过分部积分得到

$$\iint_{\Omega_m}\left(Q\frac{\partial \boldsymbol{U}_m}{\partial t}\varphi-F(\boldsymbol{U}_m)\,\nabla\varphi+\boldsymbol{S}_m\varphi\right)\mathrm{d}\Omega_m=-\int_{\partial\Omega_m}\boldsymbol{n}_m\cdot F(\boldsymbol{U}_m)\varphi\,\mathrm{d}\Omega_m \tag{3-5}$$

其中，$\partial\Omega_m$ 指的是第 m 个单元 Ω_m 的边界，$\boldsymbol{n}_m=(n_x^m,n_z^m)$ 是 Ω_m 边界处的外法向向量在 x，z 方向上的投影。

2. 数值通量

DGTD 方法中每个单元相邻边界处的场值并不相同，需要选取一种正确的局部解将两个相邻单元的边界值统一起来，把这个解记作 $[F(\boldsymbol{U}_m)]^*$，称为数值通量。定义迎风数值通量为

$$\boldsymbol{h}_m=\boldsymbol{n}_m\cdot[F(\boldsymbol{U})]^*\big|_{\partial\Omega_m}=\begin{cases}\boldsymbol{n}_m\times\dfrac{(Y\boldsymbol{E}-\boldsymbol{n}_m\times\boldsymbol{H})^-+(Y\boldsymbol{E}+\boldsymbol{n}_m\times\boldsymbol{H})^+}{Y^-+Y^+}\\[2ex]-\boldsymbol{n}_m\times\dfrac{(Z\boldsymbol{H}+\boldsymbol{n}_m\times\boldsymbol{E})^-+(Z\boldsymbol{H}-\boldsymbol{n}_m\times\boldsymbol{E})^+}{Z^-+Z^+}\end{cases} \tag{3-6}$$

其中，上标+、−分别表示单元边界处内部的值和外部的值。$Z^{\pm}$、$Y^{\pm}$ 分别表示局部阻抗和局部导纳，表达式为

$$Z^{\pm}=\frac{1}{Y^{\pm}}=\sqrt{\frac{\mu_r^{\pm}}{\varepsilon_r^{\pm}}} \tag{3-7}$$

式中，ε_r 为介质的相对介电常数；μ_r 为相对磁导率。

在 TM 模式下，边界处的迎风通量可以写为

$$\begin{cases} h_{E_y}=-\dfrac{[Z(n_xH_z-n_zH_x)-E_y]^{-}+[Z(n_xH_z-n_yH_x)-E_y]^{+}}{Z^{-}+Z^{+}} \\ h_{H_x}=n_z\dfrac{[YE_y+(n_xH_z-n_zH_x)]^{-}+[YE_y+(n_xH_z-n_zH_x)]^{+}}{Y^{-}+Y^{+}} \\ h_{H_z}=-n_x\dfrac{[YE_y+(n_xH_z-n_zH_x)]^{-}+[YE_y+(n_xH_z-n_zH_x)]^{+}}{Y^{-}+Y^{+}} \end{cases} \tag{3-8}$$

3. 基函数及插值节点

高阶的简单项基函数会使所求场值的条件数变差，导致错误的计算结果。因此，本书采用正交的 Legendre 多项式。二维情况下，在标准三角形 I（直角等腰三角形）内定义 N 阶的基函数为（Hesthaven and Warburton，2011）

$$\varphi(\xi,\eta)=\sqrt{2}P_i(a)P_j^{(2i+1,0)}(b)(1-b)^i,(i,j)\geqslant 0,i+j\leqslant N \tag{3-9}$$

$$a=2\frac{1+\xi}{1-\eta}-1 \quad b=\eta \tag{3-10}$$

其中，ξ 和 η 分别为标准三角形 I 内的节点横纵坐标。$P_n^{(\alpha,\beta)}$（x）为 n 阶 Jacobi 多项式，当 $\alpha=\beta=0$ 时为 Legendre 多项式。基函数的阶数是 N，局部展开式有 N_p 项，这跟下面的节点设置是对应的。

当选用的基函数阶数较大时，等距节点会导致基函数的行列式较大，致使插值不准确。所以，本书采用 Legendre-Guass-Lobatto（LGL）节点。二维基函数其实是将一维情况下的 Legendre 多项式扩张成两个变量的正交多项式，因此直接引用 LGL 节点可能会导致病态算子。为了避免这种情况，定义如下扭曲函数将等间距的节点映射到更合适的插值节点上（Hesthaven and Warburton，2011）：

$$\omega(r)=\frac{\sum_{i=1}^{N_p}(r_i^{\mathrm{LGL}}-r_i^e)\varphi_i^e(r)}{1-r^2} \tag{3-11}$$

其中，$N_p=(N+1)(N+2)/2$，表示节点的个数；r_i^{LGL} 为第 i 个 LGL 节点；r_i^m 为第 m 个三角单元的第 i 个等距节点；$\varphi_i^m(r)$ 为 N 阶 Legendre 多项式。各条边的扭曲函数作用如图 3-2 所示。图 3-3 为等边三角形上优化后的节点分布图，对应基函数的阶数分别为 $N=4$，6，8，10，12，14。

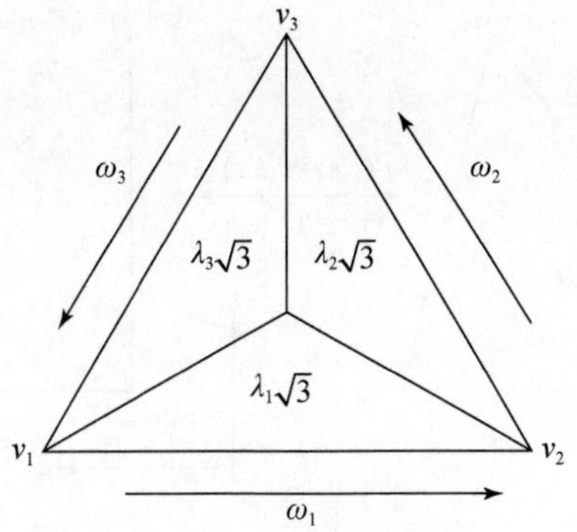

图 3-2　扭曲函数作用图

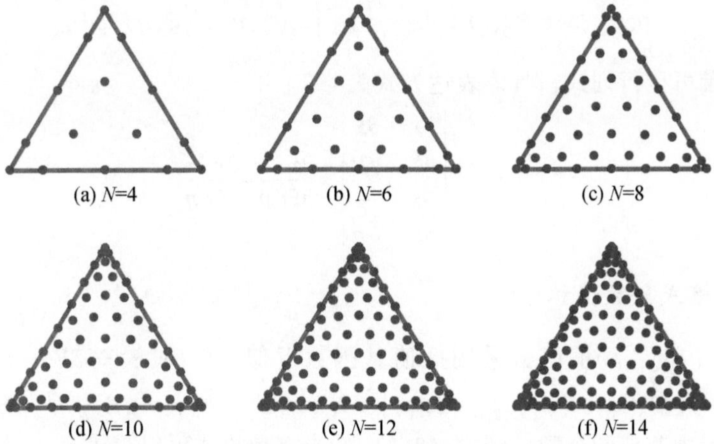

图 3-3　等边三角形上优化后的节点分布图

4. 三角形映射关系

基函数是建立在标准三角形（等边直角三角形）上的，而实际待求解区域一般会被剖分成任意三角形，并非标准三角形。所以，需要将一般三角形映射到标准三角形上，如图 3-4 所示。一般三角形 $\boldsymbol{D}$ 中的任意一点（x, z）可以表示为（Hesthaven and Warburton，2011）：

$$\begin{cases} x = -\dfrac{\eta+\xi}{2}P_{1,x} + \dfrac{\xi+1}{2}P_{2,x} + \dfrac{\eta+1}{2}P_{3,x} \\ z = -\dfrac{\eta+\xi}{2}P_{1,z} + \dfrac{\xi+1}{2}P_{2,z} + \dfrac{\eta+1}{2}P_{3,z} \end{cases} \tag{3-12}$$

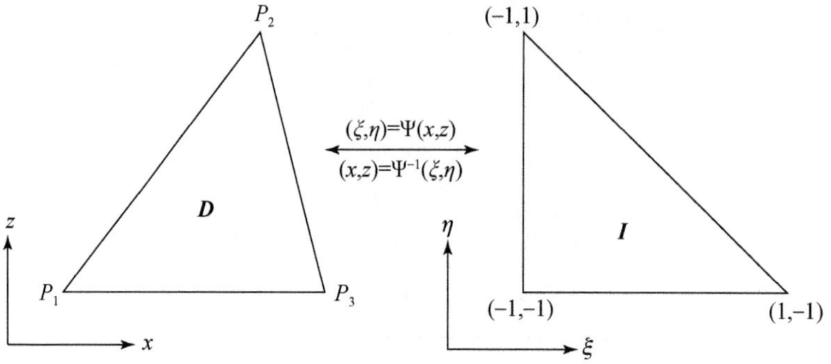

图 3-4　两个三角形之间的映射

在一般三角形$\boldsymbol{D}$上的积分可以做如下的变换：

$$\int_D \varphi_i(x,z)\varphi_j(x,z)\mathrm{d}x\mathrm{d}z = |J|\int_I \varphi_i(\xi,\eta)\varphi_j(\xi,\eta)\mathrm{d}\xi\mathrm{d}\eta \tag{3-13}$$

其中，$|J|$为雅可比行列式，具体表达方式为

$$|J| = \begin{vmatrix} \dfrac{\partial x}{\partial \xi} & \dfrac{\partial x}{\partial \eta} \\ \dfrac{\partial z}{\partial \xi} & \dfrac{\partial z}{\partial \eta} \end{vmatrix} = \frac{\partial x}{\partial \xi}\frac{\partial z}{\partial \eta} - \frac{\partial x}{\partial \xi}\frac{\partial z}{\partial \eta} \tag{3-14}$$

5. 半离散格式与数值积分

在单元 Ω_m 内部，场值函数采用插值基函数近似：$E_y(x,z)=\boldsymbol{\varphi E}_y$，$H_x(x,z)=\boldsymbol{\varphi H}_x$，$H_z(x,z)=\boldsymbol{\varphi H}_z$，其中，$\boldsymbol{\varphi}=(\varphi_1,\varphi_2,\cdots,\varphi_N)^{\mathrm{T}}$，$\boldsymbol{E}_y=(E_{y,1},E_{y,2},\cdots,E_{y,N_p})^{\mathrm{T}}$，$\boldsymbol{H}_x$，$\boldsymbol{H}_z$ 依次类推。N_p为此单元内节点的个数。则式（3-2）的半离散格式可以写成

$$\begin{cases} \varepsilon \boldsymbol{M}\dfrac{\partial \boldsymbol{E}_y}{\partial t} + \sigma \boldsymbol{M}\boldsymbol{E}_y - \boldsymbol{S}_x\boldsymbol{H}_z + \boldsymbol{S}_z\boldsymbol{H}_x + \iint_{\Omega_m} \boldsymbol{J}_y\boldsymbol{\varphi}\mathrm{d}\Omega + \int_{\partial\Omega_m} \boldsymbol{h}_{E_y}\boldsymbol{\varphi}\mathrm{d}\Omega_m = 0 \\ \mu \boldsymbol{M}\dfrac{\partial \boldsymbol{H}_x}{\partial t} + \boldsymbol{S}_z\boldsymbol{E}_y + \int_{\partial\Omega_m} \boldsymbol{h}_{H_x}\boldsymbol{\varphi}\mathrm{d}\Omega_m = 0 \\ \mu \boldsymbol{M}\dfrac{\partial \boldsymbol{H}_z}{\partial t} - \boldsymbol{S}_x\boldsymbol{E}_y + \int_{\partial\Omega_m} \boldsymbol{h}_{H_z}\boldsymbol{\varphi}\mathrm{d}\Omega_m = 0 \end{cases} \tag{3-15}$$

其中，$\boldsymbol{M}$ 为单元的质量矩阵；$\boldsymbol{S}_x$ 和$\boldsymbol{S}_z$ 为单位刚度矩阵，可以表示为

$$\begin{cases} M_{i,j} = \iint_{\Omega_m} \varphi_i\varphi_j\mathrm{d}x\mathrm{d}z \\ S_{x,i,j} = \iint_{\Omega_m} \dfrac{\partial \varphi_i}{\partial x}\varphi_j\mathrm{d}x\mathrm{d}z \\ S_{z,i,i} = \iint_{\Omega_m} \dfrac{\partial \varphi_i}{\partial z}\varphi_j\mathrm{d}x\mathrm{d}z \end{cases} \tag{3-16}$$

重点说明一下式（3-15）电流源项积分的求解。GPR 一般采取延时的雷克子波作为电流源：

$$f(t) = [1 - 2\pi^2 f_m^2 (t - t_0)^2] e^{-\pi^2 f_m^2 (t-t_0)^2} \tag{3-17}$$

其中，f_m 为主频，t_0 为延迟时间，一般取 $t_0 = 1/f_m$。

如若加载线电流源 J_y，则：

$$J_y = f(t)\delta(x-x_0, z-z_0) \tag{3-18}$$

其中，δ 为狄拉克函数，(x_0, z_0) 为源点的坐标。

二维 TM 模式下，只需要求解 $\iint_{\Omega_e} J_y \varphi \mathrm{d}\Omega$ 这一项积分即可，它又可被表示为

$$\iint_{\Omega_e} J_y \boldsymbol{\varphi} \mathrm{d}\Omega = \iint_{\Omega_e} f(t)\delta(x - x_0, z - z_0)\boldsymbol{\varphi} \mathrm{d}\Omega = f(t)\boldsymbol{\varphi}(x_0, z_0) \tag{3-19}$$

因为，J_y 本身具有狄拉克函数，拥有选择性质。在源所在的单元内，将狄拉克函数与基函数相乘，则变为源在各个节点上的形函数。如此便将源加载到了源所在单元内的各个节点上，分配权重即为源在各个节点上的形函数。在其他单元上，狄拉克函数均为 0。

3.1.2　时间积分

在时间的离散上，一般采取 Runge-Kutta 方法来进行求解。为了方便理解，做以下变换：

$$\frac{\mathrm{d}\boldsymbol{U}_m}{\mathrm{d}t} = \Re_m(\boldsymbol{U}_m, t) \tag{3-20}$$

下面列出常见的集中 Runge-Kutta 方法，并给出其稳定性条件。

1）标准 4 阶 4 级显式 RK 方法（explicit Runge-Kutta，ERK）(Hesthaven and Warburton, 2011)

$$\begin{aligned}
&\boldsymbol{k}^{(1)} = \Re_m(\boldsymbol{U}_m^n, t^n), \\
&\boldsymbol{k}^{(2)} = \Re_m\left(\boldsymbol{U}_m^n + \frac{1}{2}\Delta t \boldsymbol{k}^{(1)}, t^n + \frac{1}{2}\Delta t\right), \\
&\boldsymbol{k}^{(3)} = \Re_m\left(\boldsymbol{U}_m^n + \frac{1}{2}\Delta t \boldsymbol{k}^{(2)}, t^n + \frac{1}{2}\Delta t\right), \\
&\boldsymbol{k}^{(4)} = \Re_m(\boldsymbol{U}_m^n + \Delta t \boldsymbol{k}^{(3)}, t^n + \Delta t), \\
&\boldsymbol{U}_m^{n+1} = \boldsymbol{U}_m^n + \frac{1}{6}\Delta t(\boldsymbol{k}^{(1)} + 2\boldsymbol{k}^{(2)} + 2\boldsymbol{k}^{(3)} + \boldsymbol{k}^{(4)})
\end{aligned} \tag{3-21}$$

式中，$\boldsymbol{U}_m^n$ 为第 n 个时间步的场值；Δt 为时间步长。$\boldsymbol{k}^{(i)}$ 为中间变量，其稳定性条件为

$$\Delta t < \sqrt{2}\, C_N \tag{3-22}$$

其中，C_N 表示当前网格下 N 阶 DGTD 算法的稳定性条件。

2）4 阶保持强稳定的显式 RK 方法（SSPRK）（Hesthaven and Warburton, 2011）

$$\begin{aligned}
&\boldsymbol{k}^{(1)} = \boldsymbol{U}_m^n + \Delta t \Re_m(\boldsymbol{U}_m^n) \\
&\boldsymbol{k}^{(2)} = \boldsymbol{k}^{(1)} + \Delta t \Re_m(\boldsymbol{k}^{(1)}) \\
&\boldsymbol{k}^{(3)} = \boldsymbol{k}^{(2)} + \Delta t \Re_m(\boldsymbol{k}^{(2)}) \\
&\boldsymbol{U}_m^{n+1} = \frac{3}{8}\boldsymbol{U}_m^n + \frac{1}{3}\boldsymbol{k}^{(1)} + \frac{1}{4}\boldsymbol{k}^{(2)} + \frac{1}{24}\boldsymbol{k}^{(3)} + \frac{1}{24}\Re_m(\boldsymbol{k}^{(3)})
\end{aligned} \tag{3-23}$$

其稳定性条件为

$$\Delta t<\sqrt{2}\,C_N \tag{3-24}$$

3）低存储5级4阶显式 RK 方法（LSERK）（Hesthaven and Warburton，2011）

$$
\begin{aligned}
&\boldsymbol{p}^{(0)}=\boldsymbol{U}_m^n\\
&\begin{cases}\boldsymbol{k}^{(i)}=a_i\boldsymbol{k}^{(i-1)}+\Delta t\Re_m(\boldsymbol{p}^{(i-1)},t^n+c_i\Delta t) & i\in[1,2,3,4,5]\\ \boldsymbol{p}^{(i)}=\boldsymbol{p}^{(i-1)}+b_i\boldsymbol{k}^{(i)}\end{cases}\\
&\boldsymbol{U}_m^{n+1}=\boldsymbol{p}^{(5)}
\end{aligned}
\tag{3-25}
$$

式中，$\boldsymbol{p}^{(i)}$、$\boldsymbol{k}^{(i)}$为中间变量。a_i、b_i、c_i 为常数（Hesthaven and Warburton，2011），如表3-1所示。其稳定性条件为

$$\Delta t<\frac{5C_N}{3} \tag{3-26}$$

对比不同 RK 方法可以发现，ERK 与 SSPRK 算法均需要多存储4个中间变量，进行4级迭代；而 LSERK 算法需要多存储2个中间变量，进行5级迭代。LSERK 算法对内存的需求更小，虽然需要更多的内部迭代，然而其允许更大的时间步长，因此 LSERK 算法具有更大的吸引力。因此，本书采用该算法进行时间离散。

表3-1　低存储五级四阶 ERK 方法（LSERK）的系数（Hesthaven and Warburton，2011）

i	a_i	b_i	c_i
1	0	$\frac{1432997174477}{9575080441755}$	0
2	$-\frac{567301805773}{1357537059087}$	$\frac{5161836677717}{13612068292357}$	$\frac{1432997174477}{9575080441755}$
3	$-\frac{2404267990393}{2016746695238}$	$\frac{1720146321549}{2090206949498}$	$\frac{2526269341429}{6820363962896}$
4	$-\frac{3550918686646}{2091501179385}$	$\frac{3134564353537}{4481467310338}$	$\frac{2006345519317}{3224310063776}$
5	$-\frac{1275806237668}{842570457699}$	$\frac{2277821191437}{14882151754819}$	$\frac{2802321613138}{2924317926251}$

3.1.3　UPML 吸收边界条件

时谐场的 UPML 吸收边界的 Maxwell 方程表示为

$$\begin{cases}\mathrm{j}\omega\varepsilon\boldsymbol{\Lambda}\cdot\boldsymbol{E}=\nabla\times\boldsymbol{H}\\ -\mathrm{j}\omega\mu\boldsymbol{\Lambda}\cdot\boldsymbol{H}=\nabla\times\boldsymbol{E}\end{cases}\tag{3-27}$$

其中，$\mathrm{j}=\sqrt{-1}$为虚数单位；ω 为角频率（rad/s）；$\boldsymbol{\Lambda}$ 为 PML 参数对角矩阵，表达式如下：

$$\boldsymbol{\Lambda}=\begin{bmatrix}\frac{s_y s_z}{s_x} & 0 & 0\\ 0 & \frac{s_x s_z}{s_y} & 0\\ 0 & 0 & \frac{s_y s_x}{s_z}\end{bmatrix}, s_i=\kappa_i+\frac{\sigma_i}{\mathrm{j}\omega\varepsilon_0}, i=x,y,z \tag{3-28}$$

式中，κ_i 是为了改善 PML 对表面波的吸收；σ_i 是 PML 层内 i 方向的电导率，控制波在 PML 区域的衰减；ε_0 是真空中的介电常数。

在 UPML 区域引入辅助场 $\boldsymbol{P}$、$\boldsymbol{Q}$，则式（3-27）在时间域上表示为（Gedney et al., 2008）：

$$\begin{cases}\frac{\partial}{\partial t}\varepsilon\boldsymbol{a}\cdot\boldsymbol{E}=-\varepsilon\boldsymbol{b}\cdot\boldsymbol{E}-\varepsilon\boldsymbol{c}\cdot\boldsymbol{P}+\nabla\times\boldsymbol{H}\\ -\frac{\partial}{\partial t}\mu\boldsymbol{a}\cdot\boldsymbol{H}=\mu\boldsymbol{b}\cdot\boldsymbol{H}+\mu c\cdot\boldsymbol{Q}+\nabla\times\boldsymbol{E}\end{cases} \tag{3-29}$$

辅助场 $\boldsymbol{P}$、$\boldsymbol{Q}$ 可以通过以下微分方程计算得到

$$\begin{cases}\frac{\partial}{\partial t}\boldsymbol{P}=\boldsymbol{\kappa}^{-1}\cdot\boldsymbol{E}-\boldsymbol{d}\cdot\boldsymbol{P}\\ \frac{\partial}{\partial t}\boldsymbol{Q}=\boldsymbol{\kappa}^{-1}\cdot\boldsymbol{H}-\boldsymbol{d}\cdot\boldsymbol{Q}\end{cases} \tag{3-30}$$

其中，上角标（−1）表示为逆运算；$\boldsymbol{a}$、$\boldsymbol{b}$、$\boldsymbol{c}$、$\boldsymbol{d}$、$\boldsymbol{\kappa}$ 均为对角张量，它们的具体形式如下：

$$a_{xx}=\frac{\kappa_y\kappa_z}{\kappa_x},\quad a_{yy}=\frac{\kappa_x\kappa_z}{\kappa_y},\quad a_{zz}=\frac{\kappa_x\kappa_z}{\kappa_y} \tag{3-31}$$

$$\begin{gathered}b_{xx}=\frac{(\sigma_y\kappa_z+\sigma_z\kappa_y-a_{xx}\sigma_x)}{\kappa_x\varepsilon_0}\\ b_{yy}=\frac{(\sigma_x\kappa_z+\sigma_z\kappa_x-a_{yy}\sigma_y)}{\kappa_y\varepsilon_0}\\ b_{zz}=\frac{(\sigma_y\kappa_x+\sigma_x\kappa_y-a_{zz}\sigma_z)}{\kappa_z\varepsilon_0}\end{gathered} \tag{3-32}$$

$$c_{xx}=\frac{\sigma_y\sigma_z}{\varepsilon_0^2}-b_{xx}\frac{\sigma_x}{\varepsilon_0},\quad c_{yy}=\frac{\sigma_x\sigma_z}{\varepsilon_0^2}-b_{yy}\frac{\sigma_y}{\varepsilon_0},\quad c_{zz}=\frac{\sigma_x\sigma_y}{\varepsilon_0^2}-b_{zz}\frac{\sigma_z}{\varepsilon_0} \tag{3-33}$$

$$d_{xx}=\frac{\sigma_x}{\kappa_x\varepsilon_0},\quad d_{yy}=\frac{\sigma_y}{\kappa_y\varepsilon_0},\quad d_{zz}=\frac{\sigma_z}{\kappa_z\varepsilon_0} \tag{3-34}$$

$$\boldsymbol{\kappa}=\mathrm{diag}(\kappa_x,\kappa_y,\kappa_z) \tag{3-35}$$

在二维 TM 模式下，只有 E_y、H_x、H_z这三个分量，并且 $\sigma_y=0$，$\kappa_z=1$。矢量辅助场 $\boldsymbol{P}$、$\boldsymbol{Q}$ 也可进行对应的简化，式（3-29）在 TM 模式下的分量方程为

$$\begin{cases}\varepsilon a_{yy}\dfrac{\partial E_y}{\partial t}+\varepsilon b_{yy}E_y+\varepsilon c_{yy}P_y-\dfrac{\partial H_z}{\partial x}+\dfrac{\partial H_x}{\partial z}=0\\ \mu a_{xx}\dfrac{\partial H_x}{\partial t}+\mu b_{xx}H_x+\mu c_{xx}Q_x+\dfrac{\partial E_y}{\partial z}=0\\ \mu a_{zz}\dfrac{\partial H_z}{\partial t}+\mu b_{zz}H_z+\mu c_{zz}Q_z-\dfrac{\partial E_y}{\partial x}=0\end{cases} \tag{3-36}$$

TM 模式下式（3-30）可以表示为

$$\begin{cases}\dfrac{\partial P_y}{\partial t}-E_y=0\\ \dfrac{\partial Q_x}{\partial t}+d_{xx}Q_x-\dfrac{1}{\kappa_x}H_x=0\\ \dfrac{\partial Q_z}{\partial t}+d_{zz}Q_z-\dfrac{1}{\kappa_z}H_z=0\end{cases} \tag{3-37}$$

采用 DGTD 算法对式（3-36）进行空间离散，得到如下半离散格式：

$$\begin{cases}\varepsilon a_{yy}\boldsymbol{M}\dfrac{\partial \boldsymbol{E}_y}{\partial t}+\varepsilon b_{yy}\boldsymbol{ME}_y+\varepsilon c_{yy}\boldsymbol{MP}_y-\boldsymbol{S}_x\boldsymbol{H}_z+\boldsymbol{S}_z\boldsymbol{H}_x-\oint_{\Gamma_e}\boldsymbol{h}_{E_y}\boldsymbol{\varphi}\mathrm{d}\Gamma=0\\ \mu a_{xx}\boldsymbol{M}\dfrac{\partial \boldsymbol{H}_x}{\partial t}+\mu b_{xx}\boldsymbol{MH}_x+\mu c_{xx}\boldsymbol{MQ}_x+\boldsymbol{S}_z\boldsymbol{E}_y-\oint_{\Gamma_e}\boldsymbol{h}_{H_x}\boldsymbol{\varphi}\mathrm{d}\Gamma=0\\ \mu a_{zz}\boldsymbol{M}\dfrac{\partial \boldsymbol{H}_z}{\partial t}+\mu b_{zz}\boldsymbol{MH}_z+\mu c_{zz}\boldsymbol{MQ}_z-\boldsymbol{S}_x\boldsymbol{E}_y-\oint_{\Gamma_e}\boldsymbol{h}_{H_z}\boldsymbol{\varphi}\mathrm{d}\Gamma=0\end{cases} \tag{3-38}$$

在时间离散上，同样采取 LSERK 来进行求解，而对于辅助方程式（3-37）的求解，无需进行加权积分，先空间离散，同样有 $P_y(x,z)=\boldsymbol{\varphi}\boldsymbol{P}_y$，$Q_x$、$Q_z$、$E_y$、$H_x$、$H_z$ 可类似推导。所以，半离散格式的辅助方程与上式的表达方程几乎一样。在时间离散上，同样采取 LSERK 方式进行求解。

3.1.4　DGTD 算法验证与分析

1. DGTD 算法与 FETD 对比

为了更好地说明 DGTD 算法相对于 FETD 算法有更好的精度，对网格的依赖性低的优点，将两者均与 FDTD 算法进行对比。建立一个 1m×1m 的均匀介质模型，其相对介电常数 $\varepsilon_r=6$，电导率 $\sigma=6\text{mS/m}$，相对磁导率 $\mu_r=1$。采用主频为 900MHz 的雷克子波作为激励源，其位置处于正中心，坐标为（0m，0m）；接收点的位置为（0.2m，0.2m），如图 3-5 所示。蓝色的三角形代表激发点的位置，黄色的圆形代表接收点的位置。时间步长为 0.01ns，模拟时间为 10ns。DGTD 使用粗网格来进行模拟，单元个数为 3200，节点数为

1681。粗网格的 FETD 的网格剖分与 DGTD 算法相同。使用细网格的 FETD 模拟时，单元数为 20000，节点数为 40401。

单道信号的对比如图 3-6 所示，表 3-2 给出了不同方法所用的计算时间。DGTD 算法的单道信号与解析解基本重合，证明 DGTD 模拟精度高。当用同样的粗网格来进行模拟时，FETD 模拟信号出现较大的误差，且波动较大，这种现象是网格太稀疏所致。当使用细网格来进行 FETD 模拟时，其单道信号与 FDTD 算法基本重合，由此可见，DGTD 算法对网格的依赖程度比 FETD 算法低。再比较计算效率，DGTD 算法与细网格的 FETD 算法消耗时间少，且 DGTD 算法的精度要比 FETD 算法略高。因此，整体上来说，DGTD 算法优于 FETD 算法。

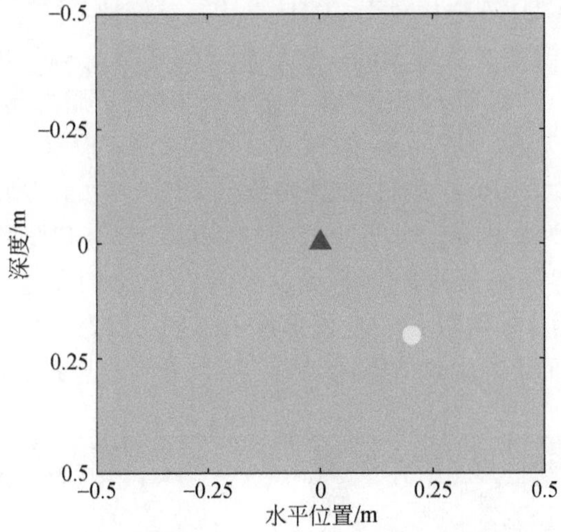

图 3-5　激发点与接收点示意图

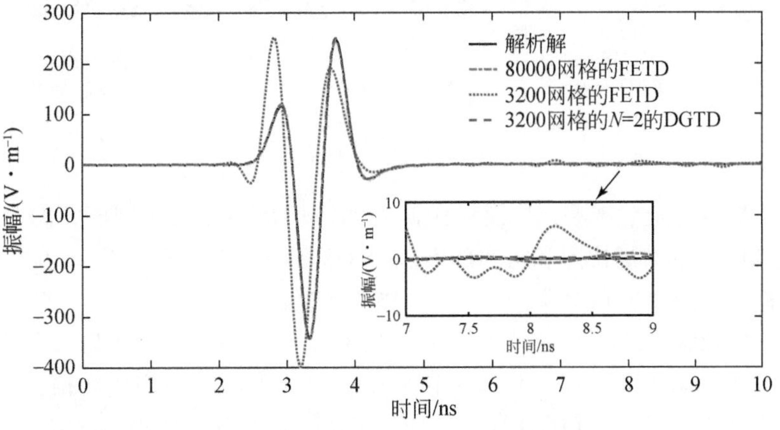

图 3-6　均匀介质模型单道信号对比示意图

表 3-2　不同算法的参数

算法	DGTD	粗网格 FETD	细网格 FETD
时间/s	20. 58	3. 02	120. 53
网格数	3200	3200	80000
自由度	19200	1681	40401
误差	3.16×10^{-6}	1.1×10^{-3}	2.9×10^{-5}

2. DGTD 算法与 FDTD 算法对比

为了更好地说明 DGTD 算法相对于 FDTD 算法能更好地与非结构网格结合，建立一个具有倾斜界面的模型。模型大小为 20m×10m，相对磁导率 $\mu_r=1$，电导率 $\sigma=0$，上半部分的相对介电常数 $\varepsilon_r=3$，下半部分的相对介电常数 $\varepsilon_r=9$。采用主频为 200MHz 的雷克子波在顶界面的中心处进行激发，在 0. 2m 的深度处每隔 0. 2m 设置一个接收天线，总共接收 100 道数据，模拟时间为 120ns。FDTD 的网格剖分如图 3-7（a）所示，模拟区域的网格数为 200×400，空间步长为 0. 05m，时间步长为 0. 08ns。因为 FDTD 剖分网格是结构化的，所以分界线与原起伏界面不能很好地拟合，会有锯齿状的误差；DGTD 的网格剖分如图 3-7（b）所示，基函数的阶数 $N=3$，模拟区域总单元数为 7490，节点数为 3847，时间步长为 0. 04ns。DGTD 采用的为非结构化网格，所以分界线与界面相吻合。

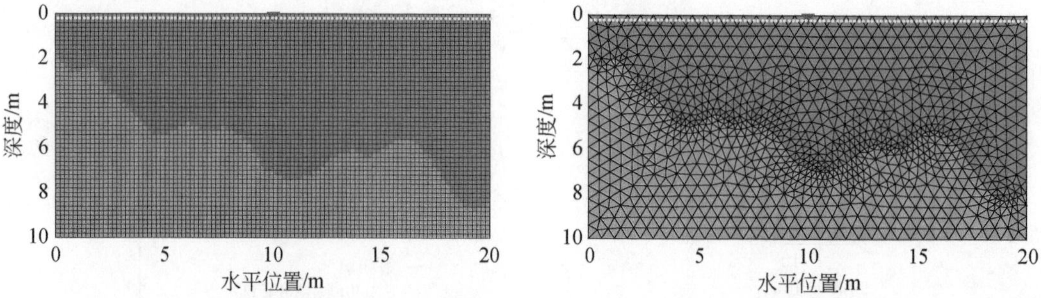

(a) FDTD网格　　(b) DGTD网格

图 3-7　网格剖分图

为了更好地对比两个算法，分别对比两者的波场快照和雷达剖面。图 3-8（a）（c）（e）（g）为 FDTD 的波场快照和雷达剖面。图 3-8（b）（d）（f）（h）为 DGTD 的波场快照和雷达剖面。在图 3-8（c）和（e）中，被黑色椭圆包围的部分是 FDTD 直交网格引起的毛刺小波，导致整个波面振荡。在图 3-8（g）中，箭头所指处可以看到由结构网格引起的多次波。在 DGTD 雷达剖面和波场快照中，由于采用非结构化网格，波形平滑无杂波。算例对比可知，相对比 FDTD 算法，DGTD 算法能够与非结构化网格相结合，对于复杂模型拟合更好，模拟精度更高。

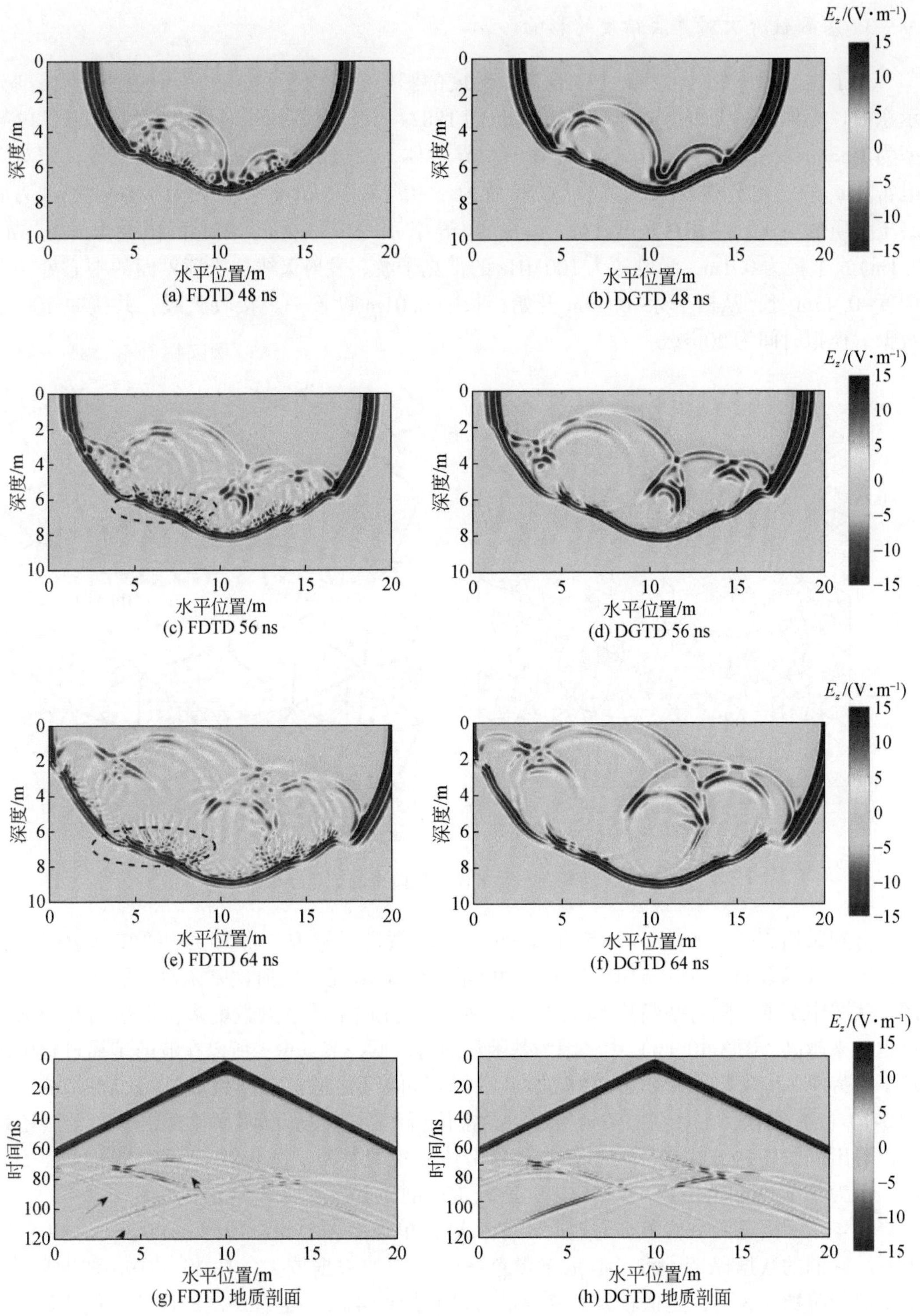

图 3-8　FDTD、DGTD 波场快照和雷达剖面

3. 基函数阶次对算法精度的影响

为了说明基函数的阶数对 DGTD 算法精度的影响，建立了图 3-9 所示的模型网格剖分示意图。模拟区域大小为 1m×1m，单元数为 1882。背景介质的相对介电常数 $\varepsilon_r=9$，电导率为 1mS/m，相对磁导率 $\mu_r=1$；存在两个异常体，左边的空洞中，介质为空气，相对介电常数 $\varepsilon_r=1$，电导率 $\sigma=0$，其圆心的位置为（−0.25m，0.1m），半径为 0.1m；右边为混凝土介质的空洞，其相对介电常数 $\varepsilon_r=6$，电导率 $\sigma=10^{-5}$ mS/m，圆心的位置为（0.25m，0.1m），半径为 0.1m。激励源为 100MHz 的雷克子波。发射天线位于顶界面的中心处，在深度−0.45m 处，从横坐标−0.49m 开始，每隔 0.01m 设置一个接收天线，共接收 100 道数据。模拟时间为 20ns。

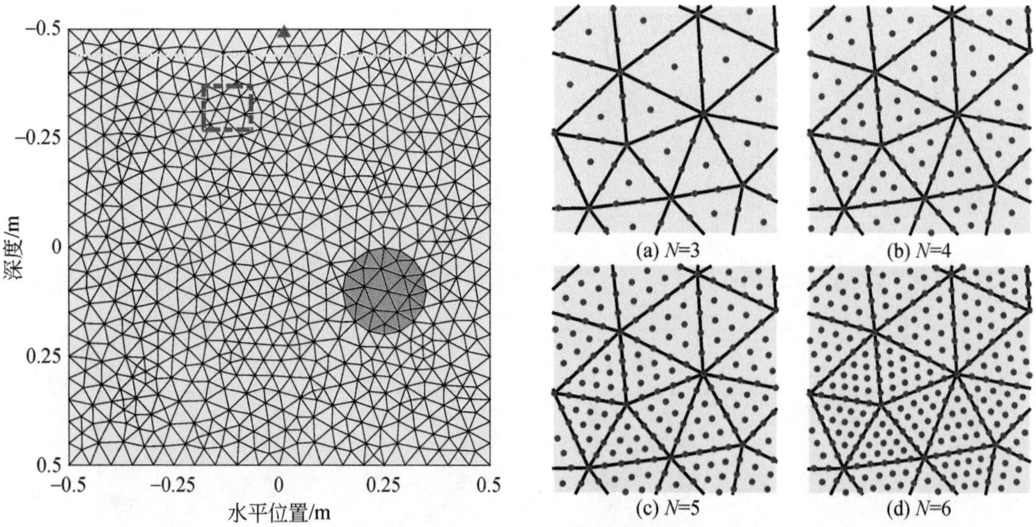

图 3-9　网格剖分示意图不同阶次的节点分布图

分别采用 $N=3$、$N=4$、$N=5$ 和 $N=6$ 的基函数进行模拟。将图 3-9 的红色虚框内放大，不同基函数的节点分布如图 3-9 右侧所示。图 3-10 是不同阶次基函数的雷达正演剖面图。从图中可见，随着基函数的阶次提高，每个单元内部的节点数增多，雷达剖面的信噪比也越来越高。图 3-10（a）中，因为基函数的阶次低，节点少，所以在波的传播过程中出现了振荡现象，虽然能看出异常体的存在，但是信噪比低，杂波很多。图 3-10（b）与图 3-10（a）相比，雷达剖面清晰很多，异常体所产生的波形也明显显现出来。虽然还是可以看出细微的杂波存在，但不影响对异常体位置的判断。图 3-10（c）与图 3-10（d）中，因为基函数的阶次高，节点数多，所以雷达剖面更为清晰，信噪比更高。

将 4 个不同基函数的中心道抽取出来，进行单道数据对比，如图 3-11 所示。从整体上看，它们的数据保持一致，但是将黑色虚线框中的数据放大，在 40～60ns 的时间内，基函数的阶数为 3 时，起伏较大，有一定的误差；$N=4$ 时，也有一定的起伏，但相对 $N=3$ 时较小；$N=5$、$N=6$ 的线条基本没有起伏，符合实际情况，这也反映出同一网格下，基函数的阶次越高，精度越高。

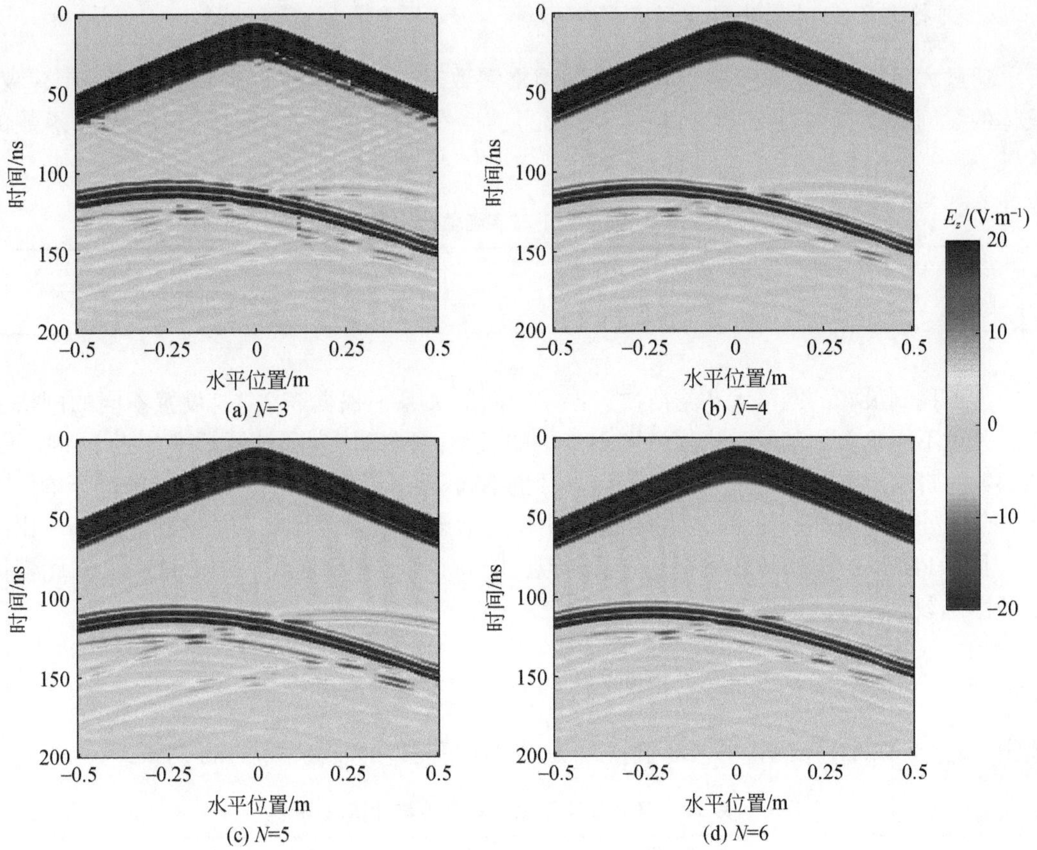

图 3-10　不同阶次基函数的雷达正演剖面图

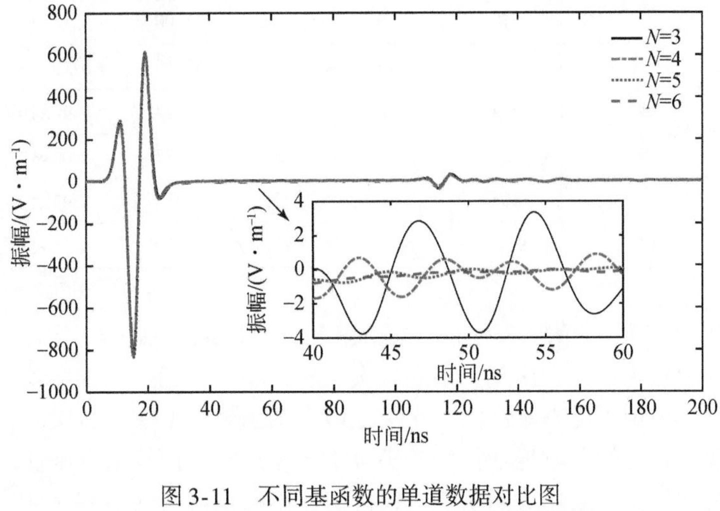

图 3-11　不同基函数的单道数据对比图

4. 网格与阶次对算法效率的影响

通过大量的实验，表 3-3 给出了不同网格大致对应的基函数阶次，这只是一个建议，具体的案例需要具体的分析。其中，λ 为当前频率下的电磁场的波长，N 为基函数的阶数。

表 3-3　网格大小与基函数阶次的关系

网格大小 λ	1/14	1/7	1/5	1/4	1/3	2/5	1/2	3/5
阶次 N	1	2	3	4	5	6	7	8

为了找到最好的网格大小与阶次、误差之间的关系，根据表 3-3，设置不同的网格大小，采用不同阶次的基函数来模拟图 3-9 中的模型，网格信息和计算效率如表 3-4 所示。基函数的阶次不同，每个单元内的节点数目也不同。在计算过程中，需要算出每个单元内所有节点处的场值，这便是计算自由度，由单元数乘以单元内部节点数得到。为了对比误差，利用 FDTD 的 400×400 网格来进行模拟，即 ds(离散网格间距)= 0. 0025m，以此模拟信号作为参考信号。则误差的表达式为

$$\text{error} = \frac{\sum \| u_{\text{test}} - u_{\text{ref}} \|^2}{\sum \| u_{\text{ref}} \|^2} \tag{3-39}$$

式中，u_{test}为 DGTD 所测得的波场值；u_{ref}为 FDTD 所测得的波场值；error 为误差。

表 3-4　不同阶次下的计算条件与计算时间

基函数阶次 N	单元内部节点	单元数	总节点数	棱边数	自由度	误差	计算时间/s
1	3	67210	33888	101097	201630	6.47×10^{-5}	2898. 92
2	6	16508	8397	24904	99048	5.46×10^{-5}	879. 54
3	10	7310	3750	11059	73100	5.84×10^{-5}	458. 09
4	15	4084	2115	6198	61260	6.18×10^{-5}	367. 44
5	21	2594	1356	3949	54474	5.98×10^{-5}	299. 78
6	28	1724	911	2634	48272	6.00×10^{-5}	282. 2
7	36	1306	696	2001	47016	5.93×10^{-5}	272. 82
8	45	954	512	1465	42930	4.76×10^{-5}	268. 8

图 3-12 给出了不同基函数阶次下的自由度和计算时间。从图中可见，红色的方块点为误差，黑色的圆点为计算自由度。不同阶次下的误差相差无几，都在 $4\times10^{-5}\sim6\times10^{-5}$这个区间，证明整体模拟精度基本在同一水平。但当基函数为 1 次或 2 次时，因为计算自由度大很多，导致计算时间急剧增加；当基函数阶次提高时，计算自由度逐渐减小，计算效率显著提高。由此可见，采用大网格高阶次模拟比小网格低阶次更好一些。以图 3-9 的模型为例，当网格剖分过大时，可能会将圆剖分为多边形，损失边角的信息。所以在选择剖分时，应该根据所要求的精度选取适当的网格大小，再选择合适的基函数阶次。

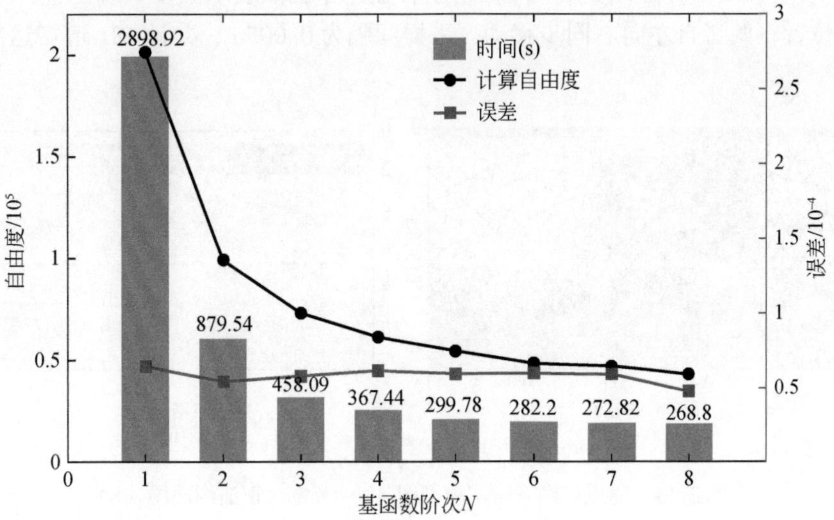

图3-12 不同计算条件下的计算时间

3.1.5 DGTD算法在隧道衬砌检测的应用

应用DGTD算法对衬砌不密实模型、隧道渗漏水模型、衬砌脱空模型、钢筋网干扰下的衬砌裂缝及脱空模型进行正演计算，以指导实测衬砌病害模型的探地雷达资料解释。隧道衬砌模型常见介质的电性参数如表3-5所示。所有算例中基函数的阶数均设为$N=3$。

表3-5 衬砌模型介质电性参数

介质类型	相对介电常数	电导率/(mS·m^{-1})
空气	1	0
围岩	9	1
混凝土	6	0.01
水	81	10
钢筋	1	1×10^6

1. 不密实模型

在隧道施工过程中，地质条件复杂、施工环境恶劣、施工工艺等问题，导致衬砌中形成不密实部位。衬砌中的不密实部位会降低衬砌强度，容易造成衬砌结构破坏。衬砌不密实模型如图3-13（a）所示。模型的长与宽分别为1.0m×0.5m，采用非结构化网格对该模型内部区域进行离散，离散时的内部三角单元数为147019个，节点个数为70890个；地表上方设置0.1m的空气层。介质的电性参数如表3-4所示。激励源采用900MHz的零相位Ricker子波，时间步长为0.005ns，时窗长度为12ns。收发天线距地表0.01m，收发距为0.1m，收发天线位置如图3-13（a）所示，蓝色小圆点表示激发天线位置，红色叉表示接收天线位置，两者自左向右同步移动，采样间隔为0.005m，共计181道雷达数据。

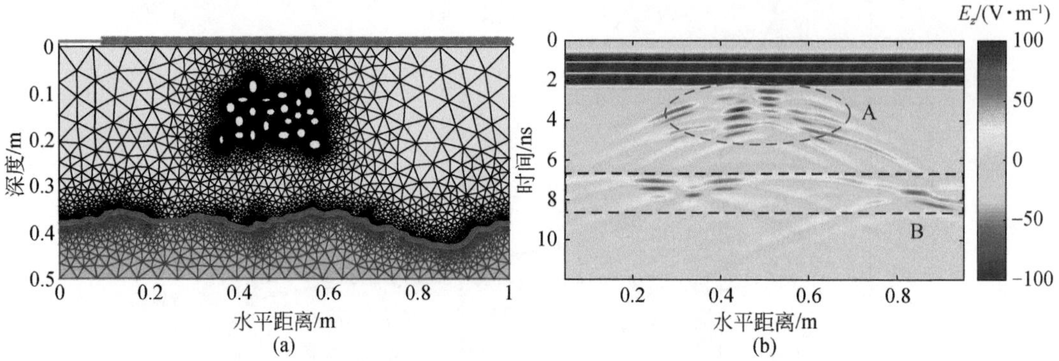

图3-13　隧道衬砌不密实模型图（a）及雷达正演剖面图（b）

图3-13（a）中的灰色介质为混凝土衬砌，黄色介质为围岩，黑色点状区域为不密实部位，黄点表示小空洞，内部充填空气。衬砌不密实模型的DGTD耦合算法雷达正演剖面如图3-13（b）所示，由于不密实部位存在大量小空洞，区域A出现大量不规则抛物线状反射信号叠加，是电磁波信号发生多次反射叠加形成的，不密实部位的强反射同相轴发生错乱、不连续甚至断开；区域B为雷达探测到的围岩分界面，信号强度较弱。

2. 脱空模型

隧道在施工时超挖未回填密实导致隧道围岩与衬砌之间存在脱空区。衬砌中的脱空会降低衬砌强度，使衬砌结构受力不均，应力集中，容易造成衬砌结构破坏。为了更好地认识衬砌脱空模型的雷达剖面特征，建立图3-14（a）所示的衬砌空洞（脱空）模型。模型的长与宽分别为1.0m×0.5m，离散时的内部非结构化三角单元数为210074个，节点个数为105425个，激励源采用900MHz的零相位Ricker子波，时间步长为0.01ns，时窗长度为20ns。天线位置与隧道衬砌不密实模型相同。其中左侧黄色区域为无水空洞，右下方蓝色区域为富水衬砌脱空区，相关介质的电性参数如表3-5所示。

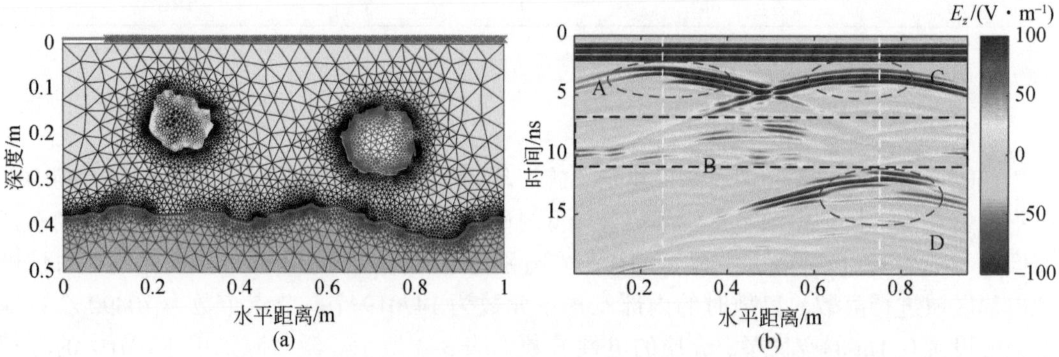

图3-14　隧道衬砌脱空模型图（a）及雷达正演剖面图（b）

衬砌脱空模型的雷达正演剖面如图 3-14（b）所示，从图中可见，电磁波遇到空洞后产生强反射，区域 A 电磁波强反射同相轴为抛物线，由空洞而引起；区域 B 为雷达探测到的围岩分界面，信号强度较弱；区域 C 电磁波强反射同相轴为抛物线，结合围岩分界面位置和深度信息，可以推断为衬砌含水脱空区，该衬砌脱空与区域的雷达图像上表现为下界面的反射波更强，且相位发生了反转。区域 D 为含水脱空的下界面反射波。

为了区分雷达剖面图 3-14（b）中含水脱空与无水空洞，方便对异常体进行定性，对无水空洞和含水脱空分别进行短时傅里叶分析，得到频谱对比图 3-15（c）~（d），分析图 3-15（a）~（b）可知，空洞与含水脱空的上界面反射信号相位相反，上界面反射波主频与直达波主频基本相同。图 3-15（c）中 10ns 处的反射异常系多反射波叠加，空洞下界面反射波无法分辨，对应主频在 1200MHz 左右；图 3-15（d）中含水脱空界面反射波（12ns）的主频位于 600MHz 左右，含水通道的反射波主频明显降低。

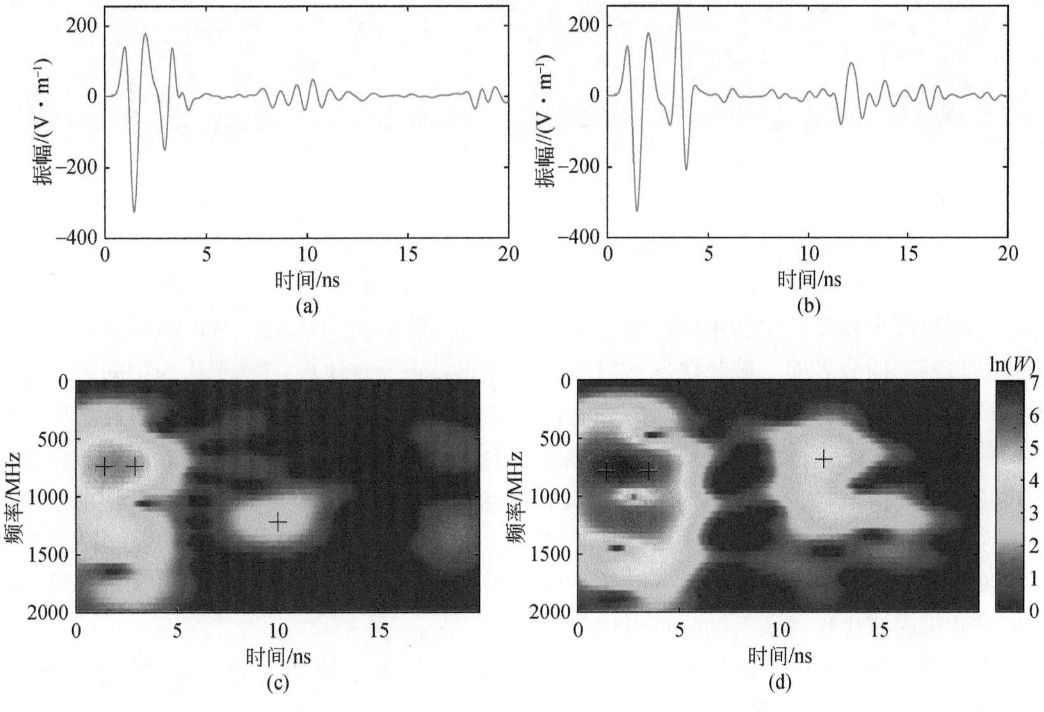

图 3-15　无水空洞、含水脱空短时傅里叶分析

3. 渗漏水模型

衬砌周围岩石破碎，存在导水通道，水通过衬砌中的缝隙渗漏出，衬砌渗漏水能够使混凝土衬砌风化剥蚀、腐蚀破坏衬砌中的钢筋，对衬砌结构造成破坏；在冬季寒冷地区，渗漏水会造成衬砌挂冰，衬砌中的空洞、裂缝成为储水空间，使衬砌由于冻胀而发生破坏。为了更好地认识衬砌渗漏水模型的雷达剖面特征，建立图 3-16 所示的衬砌渗漏水模型。模型的长与宽分别为 5.0m×2.5m，采用非结构化网格对该模型内部区域进行离散，离散时的内部三角单元数为 613293 个，节点个数为 307451 个，介质的电性参数如表 3-5

所示。模拟的时间步长为0.025ns，时窗长度为70ns。激励源采用400MHz的零相位Ricker子波，收发天线距地表0.025m，收发距为0.1m，自左向右同步移动，采样间隔为0.025m，共记录196道雷达数据。

图3-16（a）隧道衬砌漏水模型图中的灰色介质为混凝土衬砌，黄色介质为围岩，中间蓝色区域为围岩破碎带，右侧蓝色分叉区域为围岩裂隙、破碎带和裂隙构成的导水通道，内部充水，左侧黄色区域为围岩裂隙、破碎带构成的无水裂隙。相关介质的电性参数如表3-5所示。

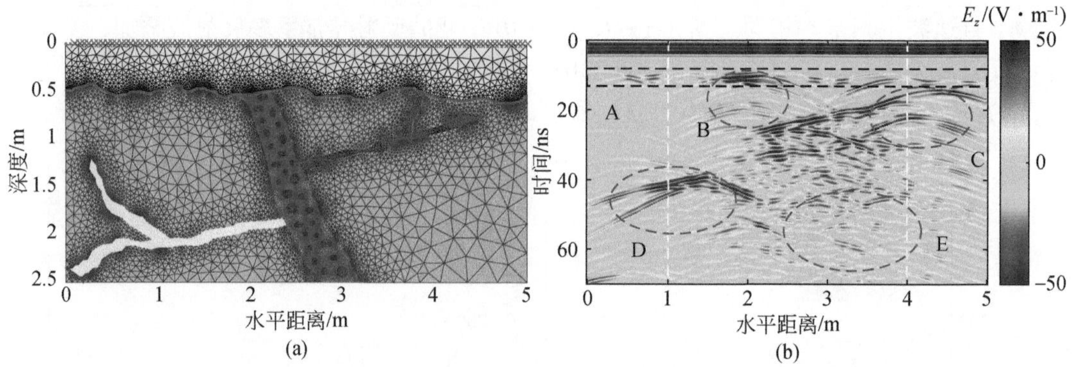

图3-16　隧道衬砌渗漏水模型图（a）及雷达正演剖面图（b）

衬砌渗漏水模型的雷达正演剖面如图3-16（b）所示，图3-16（b）中标注的区域A为衬砌与围岩的分界面，该起伏不平界面的形状能得到大致体现；区域B为中间破碎带上界面产生的反射波，由于水与围岩的介电常数之差较大，电磁波遇到含水通道后产生很强的反射振幅，电磁波反射信号同相轴的形态能大致反映围岩破碎带、裂缝的形态，但倾角变得更平缓；区域C与区域D分别为含水裂隙与无水裂隙的端点处的绕射波及裂隙通道的反射波，由于水的介电常数与围岩的差异较大，则含水裂隙端点处的绕射波及裂隙通道的反射波能量更强，对比两者的电磁波反射信号相位发生了180°反转；区域E为电磁波遇到围岩破碎带时产生比较杂乱的强反射信号。

为了进一步对不同裂隙进行定性，对无水通道和含水通道分别进行短时傅里叶分析，得到图3-17（c）~（d）所示的频谱对比图，图中可见，两者直达波主频基本相同，都在400MHz左右，图3-17（a）与图3-17（c）中无水通道上下界面反射波（40ns处）基本叠加在一起，其对应位置主频在600MHz左右；图3-17（b）与图3-17（d）中含水通道上界面反射波的主频在400MHz左右（20ns），含水通道的下界面反射波（36ns）主频明显降低，这是由于水对高频电磁波的衰减较大，高频反射波能量较低。

4. 含钢筋网的衬砌裂缝及脱空模型

衬砌病害常常不是孤立存在的，多与钢筋网共存，给衬砌病害雷达探测造成强干扰，提高了雷达探测与解释的难度。钢筋网干扰下的衬砌裂缝及脱空模型如图3-18（a）所示。模型图中灰色介质为混凝土衬砌，黄色介质为围岩，红色的小圆圈为钢筋网，左边黄色区

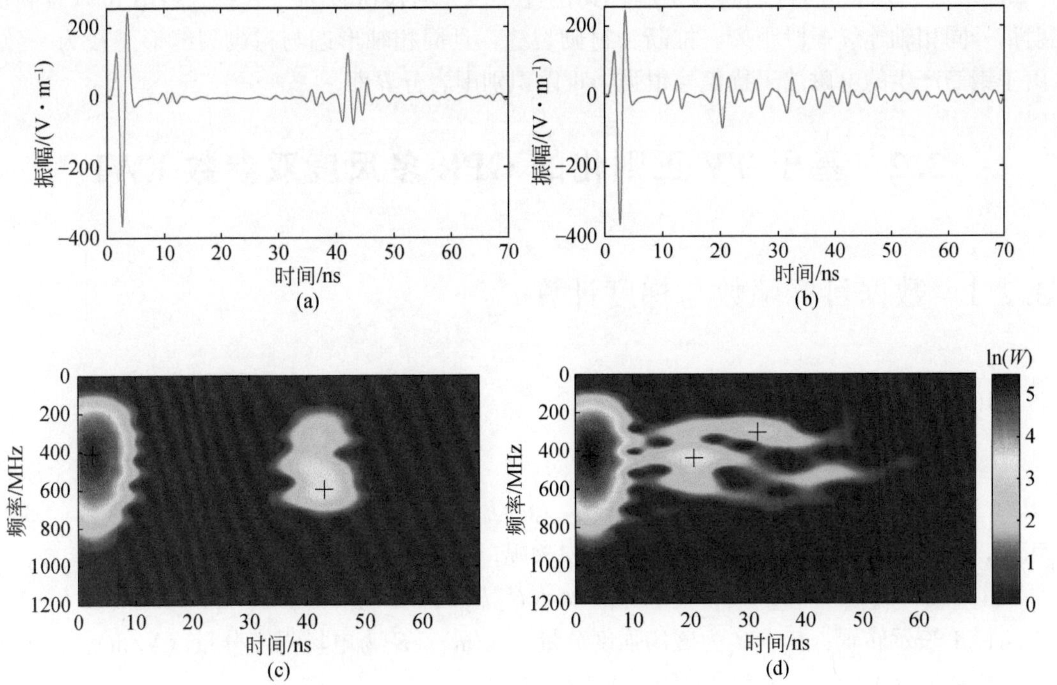

图 3-17　无水裂隙、含水裂隙频谱对比

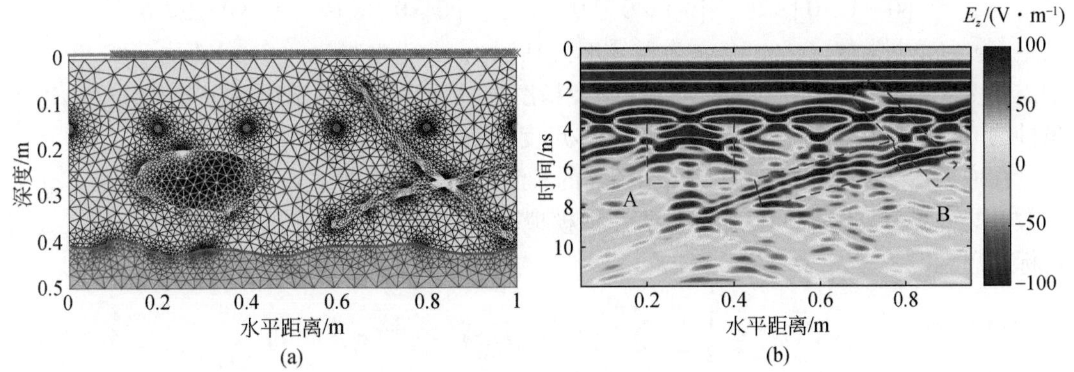

图 3-18　钢筋网干扰下的衬砌裂缝及脱空模型图（a）及雷达正演剖面图（b）

域为衬砌脱空，右侧黄线交叉线条为裂隙，模型的长与宽分别为 1.0m 和 0.5m。离散时的内部非结构化三角单元数为 95583 个，节点个数为 48373 个，激励源采用 900MHz 的零相位 Ricker 子波，时间步长为 0.005ns，时窗长度为 12ns。天线位置与隧道衬砌不密实模型相同，介质的电性参数如表 3-5 所示。

钢筋网干扰下的衬砌裂缝及脱空模型的雷达正演剖面如图 3-18（b）所示。从图中可见，钢筋为金属材质，对电磁波信号表现为全反射，钢筋产生了很强的抛物线状绕射信号，钢筋的强反射干扰导致钢筋下层区域探测效果较差，但仍可以看到一处强反射信号

(如区域 A 所示),可以判断为空洞,其位置及尺寸与模型较为一致;区域 B 可以看到反射信号同相轴连续一段距离,推断为衬砌裂缝,且同相轴形态与衬砌裂缝形态较为一致;由于钢筋产生的电磁波干扰信号很强,难以识别围岩分界面。

3.2 基于 TV 正则化的 GPR 多尺度双参数 FWI

3.2.1 数据目标函数与梯度计算

1. 数据目标函数

二维 GPR 波满足的 Maxwell 方程可表示为

$$\boldsymbol{L}\boldsymbol{u}=\boldsymbol{j} \tag{3-40}$$

式中,$\boldsymbol{L}$ 为正演算子;$\boldsymbol{u}$ 为波场向量;$\boldsymbol{j}$ 为场源:

$$\boldsymbol{L}\equiv\boldsymbol{A}\partial_x+\boldsymbol{B}\partial_z-\boldsymbol{C}\partial_t-\boldsymbol{D},\quad \boldsymbol{u}=(H_x\ H_z\ E_y)^{\mathrm{T}},\quad \boldsymbol{j}=(0\quad 0\quad J_y)^{\mathrm{T}} \tag{3-41}$$

上角标 T 表示转置;H_x,H_z为磁场强度分量(A/m);E_y为电场强度分量(V/m);J_y为电流密度分量(A/m^2)。系数矩阵 $\boldsymbol{A}$,$\boldsymbol{B}$,$\boldsymbol{C}$,$\boldsymbol{D}$ 为

$$\boldsymbol{A}=\begin{bmatrix}0&0&0\\0&0&1\\0&1&0\end{bmatrix},\quad \boldsymbol{B}=\begin{bmatrix}0&0&-1\\0&0&0\\-1&0&0\end{bmatrix},\quad \boldsymbol{C}=\begin{bmatrix}\mu&0&0\\0&\mu&0\\0&0&\varepsilon\end{bmatrix},\quad \boldsymbol{D}=\begin{bmatrix}0&0&0\\0&0&0\\0&0&\sigma\end{bmatrix} \tag{3-42}$$

其中,ε 为介电常数(F/m);μ 为磁导率(H/m);σ 为电导率(S/m)。由于 GPR 反演中需要多次调用 GPR 正演,正演的效率及精度至关重要,本书选用基于 UPML 吸收边界条件的 DGTD 算法进行 GPR 正演,它在多尺度反演中具有天然的优势。

探地雷达全波形反演实质是利用已知的实测数据来重构地下介质中的模型参数:介电常数 ε 与电导率 σ 的空间分布。根据正演模拟数据与实测数据之间的拟合最优,定义数据目标函数为

$$S(\boldsymbol{m})=\frac{1}{2}\sum_{i=1}^{M}\sum_{j=1}^{N}\int_{0}^{T}[E_i(\boldsymbol{m},\boldsymbol{r}_j,t)-E_i^{\mathrm{obs}}(\boldsymbol{r}_j,t)]^2\mathrm{d}t \tag{3-43}$$

式中,M 为源的个数;N 为每个源的接收器个数;$\boldsymbol{r}_j$是第 j 个接收器空间坐标向量;$E_i^{\mathrm{obs}}(\boldsymbol{r}_j,t)$ 是第 i 个源激发在 $\boldsymbol{r}_j$处接收到的观测数据;$E_i(\boldsymbol{m},\boldsymbol{r}_j,t)$ 是第 i 个源对猜测模型正演计算的模拟数据,模型介质参数向量 $\boldsymbol{m}$ 为

$$\boldsymbol{m}=(\varepsilon(\boldsymbol{r}),\sigma(\boldsymbol{r}))^{\mathrm{T}} \tag{3-44}$$

2. 梯度计算

全波形反演就是寻求目标函数 $S(\boldsymbol{m})$ 极小值的模型介质参数向量 $\boldsymbol{m}$。由于全波形反演计算量太大,为了减少计算量,本书采用局部优化算法对式(3-43)进行求解,反演迭代过程中需要多次求解目标函数的导数。目标函数(3-43)的 Fréchet 导数为

$$S'_m\delta\boldsymbol{m} = \sum_{i=1}^{M}\sum_{j=1}^{N}\int_0^T v_i^{\mathrm{T}}(\boldsymbol{m},\boldsymbol{r}_j,t)\delta E_i(\boldsymbol{m},\boldsymbol{r}_j,t)\,\mathrm{d}t \tag{3-45}$$

其中，$\boldsymbol{m}$ 的变分 $\delta\boldsymbol{m}$ 与残差 $v_i(m,\boldsymbol{r}_j,t)$ 分别为

$$\delta\boldsymbol{m} = (\delta\varepsilon(\boldsymbol{r}),\delta\sigma(\boldsymbol{r}))^{\mathrm{T}} \quad v_i(\boldsymbol{m},\boldsymbol{r}_j,t) = E_i(\boldsymbol{m},\boldsymbol{r}_j,t) - E_i^{\mathrm{obs}}(\boldsymbol{r}_j,t) \tag{3-46}$$

$\delta E_i(\boldsymbol{m},\boldsymbol{r}_j,t)$ 是式（3-41）中 $\delta\boldsymbol{u}_i$ 位于 $\boldsymbol{r}=\boldsymbol{r}_j$ 的第三项，$\delta\boldsymbol{u}_i$ 是第 i 个源的场向量 $\boldsymbol{u}_i$ 的变分：

$$\delta\boldsymbol{u}_i(\boldsymbol{m},\boldsymbol{r},t) = \boldsymbol{u}'_{mi}\delta\boldsymbol{m} \tag{3-47}$$

因为在 $t=0$ 时刻电磁波尚未传播，初始条件 $\delta\boldsymbol{u}_i(\boldsymbol{m},\boldsymbol{r},0)=0$。

下面推导 $\delta\boldsymbol{u}(\boldsymbol{m},\boldsymbol{r},t)$ 与 $\boldsymbol{u}(\boldsymbol{m},\boldsymbol{r},t)$ 的关系，$\delta\boldsymbol{u}$ 是 $\delta\boldsymbol{m}$ 引起 $\boldsymbol{u}$ 的变化量，根据式（3-40）有

$$\boldsymbol{A}\partial_x\boldsymbol{u}+\boldsymbol{B}\partial_z\boldsymbol{u}-\boldsymbol{C}\partial_t\boldsymbol{u}-\boldsymbol{D}\boldsymbol{u}=j \tag{3-48}$$

$$\boldsymbol{A}\partial_x(\boldsymbol{u}+\delta\boldsymbol{u})+\boldsymbol{B}\partial_z(\boldsymbol{u}+\delta\boldsymbol{u})-(\boldsymbol{C}+\delta\boldsymbol{C})\partial_t(\boldsymbol{u}+\delta\boldsymbol{u})-(\boldsymbol{D}+\delta\boldsymbol{D})(\boldsymbol{u}+\delta\boldsymbol{u})=\boldsymbol{j} \tag{3-49}$$

联立式（3-48）与式（3-49）整理可得

$$\boldsymbol{A}\partial_x\delta\boldsymbol{u}+\boldsymbol{B}\partial_z\delta\boldsymbol{u}-\boldsymbol{C}\partial_t\delta\boldsymbol{u}-\boldsymbol{D}\delta\boldsymbol{u}=\delta\boldsymbol{C}\partial_t\boldsymbol{u}+\delta\boldsymbol{D}\boldsymbol{u}+\delta\boldsymbol{C}\partial_t\delta\boldsymbol{u}+\delta\boldsymbol{D}\delta\boldsymbol{u} \tag{3-50}$$

其中，$\delta\boldsymbol{C}$ 和 $\delta\boldsymbol{D}$ 分别为 $\boldsymbol{C}$ 和 $\boldsymbol{D}$ 的变分

$$\delta\boldsymbol{C}=\begin{bmatrix}\mu & 0 & 0\\ 0 & \mu & 0\\ 0 & 0 & \delta\varepsilon\end{bmatrix},\quad \delta\boldsymbol{D}=\begin{bmatrix}0 & 0 & 0\\ 0 & 0 & 0\\ 0 & 0 & \delta\sigma\end{bmatrix} \tag{3-51}$$

忽略高阶项 $\delta\boldsymbol{C}\partial_t\delta\boldsymbol{u}$，$\delta\boldsymbol{D}\delta\boldsymbol{u}$，上式可化为

$$\boldsymbol{L}\delta\boldsymbol{u}=\delta\boldsymbol{C}\partial_t\boldsymbol{u}+\delta\boldsymbol{D}\boldsymbol{u} \tag{3-52}$$

相应的 $\delta\boldsymbol{u}_i$ 与 $\boldsymbol{u}_i$ 满足如下关系

$$\boldsymbol{L}\delta\boldsymbol{u}_i=\delta\boldsymbol{C}\partial_t\boldsymbol{u}_i+\delta\boldsymbol{D}\boldsymbol{u}_i \tag{3-53}$$

为了使目标函数的梯度可以显式表达，引入伴随场 $\boldsymbol{w}=(H_x^*\ H_z^*\ E_y^*)^{\mathrm{T}}$，定义算子 $\boldsymbol{L}^*$ 为算子 $\boldsymbol{L}$ 的伴随算子，根据伴随作用

$$\langle\boldsymbol{L}^*\boldsymbol{w},\delta\boldsymbol{u}\rangle=\langle\boldsymbol{w},\boldsymbol{L}\delta\boldsymbol{u}\rangle \tag{3-54}$$

其中，$\langle,\rangle$ 表示时间和空间内积，根据定义上式可以化为

$$\int_0^T\int_V(\boldsymbol{L}^*w)^{\mathrm{T}}\delta\boldsymbol{u}\,\mathrm{d}t\mathrm{d}V=\int_0^T\int_V\boldsymbol{w}^{\mathrm{T}}\boldsymbol{L}\delta\boldsymbol{u}\,\mathrm{d}t\mathrm{d}V \tag{3-55}$$

定义伴随场 $\boldsymbol{w}_i(\boldsymbol{m},\boldsymbol{r},t)$ 方程满足如下微分方程和终止条件

$$\boldsymbol{L}^*\boldsymbol{w}_i=\boldsymbol{i}_y\sum_{j=1}^{N}v_i(\boldsymbol{m},\boldsymbol{r}_j,t)\delta(\boldsymbol{r}-\boldsymbol{r}_j) \tag{3-56}$$

$$\boldsymbol{w}_i(\boldsymbol{m},\boldsymbol{r},T)=0 \tag{3-57}$$

其中，$\boldsymbol{i}_y$ 是一个 y 方向的单位向量，$\delta(\boldsymbol{r}-\boldsymbol{r}_j)$ 为 Dirac 函数。将式（3-53）与式（3-56）代入式（3-55）可得

$$\int_0^T\int_V\left[\boldsymbol{i}_y\sum_{j=1}^{N}v_i(\boldsymbol{m},\boldsymbol{r}_j,t)\delta(\boldsymbol{r}-\boldsymbol{r}_j)\right]^{\mathrm{T}}\delta\boldsymbol{u}_i\,\mathrm{d}t\mathrm{d}V=\int_0^T\int_V\boldsymbol{w}_i^{\mathrm{T}}(\delta\boldsymbol{C}\partial_t\boldsymbol{u}_i+\delta\boldsymbol{D}\boldsymbol{u}_i)\,\mathrm{d}t\mathrm{d}V \tag{3-58}$$

对式（3-58）左端的广义函数求体积积分得

$$\sum_{j=1}^{N}\int_0^T v_i^{\mathrm{T}}(\boldsymbol{m},\boldsymbol{r}_j,t)\delta E_i(\boldsymbol{m},\boldsymbol{r}_j,t)\,\mathrm{d}t=\int_0^T\int_V\boldsymbol{w}_i^{\mathrm{T}}(\delta\boldsymbol{C}\partial_t\boldsymbol{u}_i+\delta\boldsymbol{D}\boldsymbol{u}_i)\,\mathrm{d}t\mathrm{d}V \tag{3-59}$$

将式（3-59）代入式（3-45）得

$$S'_m\delta\boldsymbol{m}=\sum_{i=1}^{M}\int_0^T\int_V \boldsymbol{w}_i^{\mathrm{T}}(\delta\boldsymbol{C}\partial_t\boldsymbol{u}_i+\delta\boldsymbol{D}\boldsymbol{u}_i)\mathrm{d}t\mathrm{d}V \tag{3-60}$$

将式（3-60）右端项展开，并改写为空间内积形式有

$$S'_m\delta\boldsymbol{m}=\langle g_\varepsilon,\delta\varepsilon\rangle_V+\langle g_\sigma,\delta\sigma\rangle_V \tag{3-61}$$

其中

$$g_\varepsilon=\sum_{i=1}^{M}\int_0^T E_y^*\frac{\partial E_y}{\partial t}\mathrm{d}t \tag{3-62}$$

$$g_\sigma=\sum_{i=1}^{M}\int_0^T E_y^*E_y\mathrm{d}t \tag{3-63}$$

3. 伴随方程推导

将式（3-40）代入式（3-55）右端项有

$$\int_0^T\int_V \boldsymbol{w}^{\mathrm{T}}\boldsymbol{L}\delta\boldsymbol{u}\mathrm{d}t\mathrm{d}V=\int_0^T\int_V(\boldsymbol{w}^{\mathrm{T}}\boldsymbol{A}\partial_x\delta\boldsymbol{u}+\boldsymbol{w}^{\mathrm{T}}\boldsymbol{B}\partial_z\delta\boldsymbol{u}-\boldsymbol{w}^{\mathrm{T}}\boldsymbol{C}\partial_t\delta\boldsymbol{u}-\boldsymbol{w}^{\mathrm{T}}\boldsymbol{D}\delta\boldsymbol{u})\mathrm{d}t\mathrm{d}V \tag{3-64}$$

对式（3-64）右边第 1 项有

$$\begin{aligned}\int_0^T\int_V \boldsymbol{w}^{\mathrm{T}}\boldsymbol{A}\partial_x\delta\boldsymbol{u}\mathrm{d}t\mathrm{d}V&=\int_0^T\int_V\frac{\partial(\boldsymbol{w}^{\mathrm{T}}\boldsymbol{A}\delta\boldsymbol{u})}{\partial x}\mathrm{d}t\mathrm{d}V-\int_0^T\int_V\frac{\partial(\boldsymbol{w}^{\mathrm{T}}\boldsymbol{A})}{\partial x}\delta\boldsymbol{u}\mathrm{d}t\mathrm{d}V\\&=\int_0^T\left(\int_s \boldsymbol{w}^{\mathrm{T}}\boldsymbol{A}\delta\boldsymbol{u}\mathrm{d}y\mathrm{d}z\Big|_{x=-\infty}^{x=+\infty}\right)\mathrm{d}t-\int_0^T\int_V\frac{\partial(\boldsymbol{w}^{\mathrm{T}}\boldsymbol{A})}{\partial x}\delta\boldsymbol{u}\mathrm{d}t\mathrm{d}V\end{aligned} \tag{3-65}$$

根据电磁波的衰减特性，有 $\lim\limits_{|x|\to\infty}\delta\boldsymbol{u}=0$，因此

$$\int_0^T\int_V \boldsymbol{w}^{\mathrm{T}}\boldsymbol{A}\partial_x\delta\boldsymbol{u}\mathrm{d}t\mathrm{d}V=-\int_0^T\int_V\frac{\partial(\boldsymbol{w}^{\mathrm{T}}\boldsymbol{A})}{\partial x}\delta\boldsymbol{u}\mathrm{d}t\mathrm{d}V \tag{3-66}$$

同理可以求得式（3-64）右边第 2 项

$$\int_0^T\int_V \boldsymbol{w}^{\mathrm{T}}\boldsymbol{B}\partial_z\delta\boldsymbol{u}\mathrm{d}t\mathrm{d}V=-\int_0^T\int_V\frac{\partial(\boldsymbol{w}^{\mathrm{T}}\boldsymbol{B})}{\partial z}\delta\boldsymbol{u}\mathrm{d}t\mathrm{d}V \tag{3-67}$$

对式（3-64）右边第 3 项做类似的处理

$$\int_0^T\int_V \boldsymbol{w}^{\mathrm{T}}\boldsymbol{C}\partial_t\delta\boldsymbol{u}\mathrm{d}t\mathrm{d}V=\int_V(\boldsymbol{w}^{\mathrm{T}}\boldsymbol{C}\delta\boldsymbol{u}\big|_{t=0}^{t=T})\mathrm{d}V-\int_0^T\int_V\frac{\partial(\boldsymbol{w}^{\mathrm{T}}\boldsymbol{C})}{\partial t}\delta\boldsymbol{u}\mathrm{d}t\mathrm{d}V \tag{3-68}$$

根据初始条件式 $\delta\boldsymbol{u}\,|_{t=0}=0$，设伴随场 $\boldsymbol{w}$ 满足终止条件 $\boldsymbol{w}\,|_{t=T}=0$，因此上式可以化为

$$\int_0^T\int_V \boldsymbol{w}^{\mathrm{T}}\boldsymbol{C}\partial_t\delta\boldsymbol{u}\mathrm{d}t\mathrm{d}V=-\int_0^T\int_V\frac{\partial(\boldsymbol{w}^{\mathrm{T}}\boldsymbol{C})}{\partial t}\delta\boldsymbol{u}\mathrm{d}t\mathrm{d}V \tag{3-69}$$

将式（3-66）与式（3-67）代入式（3-55）可得

$$\int_0^T\int_V(\boldsymbol{L}^*\boldsymbol{w})^{\mathrm{T}}\delta\boldsymbol{u}\mathrm{d}t\mathrm{d}V=\int_0^T\int_V\left[-\frac{\partial(\boldsymbol{w}^{\mathrm{T}}\boldsymbol{A})}{\partial x}-\frac{\partial(\boldsymbol{w}^{\mathrm{T}}\boldsymbol{B})}{\partial z}+\frac{\partial(\boldsymbol{w}^{\mathrm{T}}\boldsymbol{C})}{\partial t}-\boldsymbol{w}^{\mathrm{T}}\boldsymbol{D}\right]\delta\boldsymbol{u}\mathrm{d}t\mathrm{d}V \tag{3-70}$$

因此

$$L^{*}=-A^{\mathrm{T}}\partial_{x}-B^{\mathrm{T}}\partial_{z}+C^{\mathrm{T}}\partial_{t}-D^{\mathrm{T}} \tag{3-71}$$

4. 模型尺度化

实际的 GPR 全波形双参数反演过程中，为了更准确地对模型参数定性，需要对介电常数、电导率同时反演。介电常数、电导率在数量级上相差很大，给反演计算带来了诸多不便。因此，如何设计一个能处理不同参数单位和敏感度的多参数反演策略，是 GPR 全波形双参数反演的关键（Meles et al.，2012a）。

考虑到相对介电常数 $\varepsilon_r=\varepsilon/\varepsilon_0$ 可以根据真空介电常数来定义，因此，类似地可以引入相对电导率 $\sigma_r=\sigma/\sigma_0$，取参考介质的电导率 $\sigma_0=1/\eta_0$，其中 $\eta_0=120\pi\Omega$ 为自由空间波阻抗，可以保证相对介电常数 ε_r 和相对电导率 σ_r 处于同一个量级，然后采用 Lavoué 等（2014）的做法，在反演过程中引入无量纲比例因子 β，将模型参数 $\boldsymbol{m}$ 设定为相对介电常数和相对电导率的线性组合形式（ε_r，σ_r/β），重写尺度变化之后的模型向量和梯度向量的明确表达式为

$$\boldsymbol{m}=\begin{pmatrix}\boldsymbol{m}_{\varepsilon}\\ \boldsymbol{m}_{\sigma}\end{pmatrix}=\begin{pmatrix}\varepsilon_r\\ \sigma_r/\beta\end{pmatrix},\quad \boldsymbol{g}(\boldsymbol{m})=\begin{pmatrix}\varepsilon_0 g_{\varepsilon}\\ \beta g_{\sigma}/\eta_0\end{pmatrix} \tag{3-72}$$

式中，ε_0 与 η_0 为常量；β 为可调整的比例因子。这样，在优化过程中通过控制 σ_r 对 ε_r 的权重，避免由相对电导率与相对介电常数定义不准确引起反演过程的不稳定性。

3.2.2　多尺度策略

1. 滤波多尺度策略

雷达数据中的低频分量主要包含地下较大的构造体信息，无法重构与波长相比较小的细节信息。而高频分量将包含较小构造体的细节信息，易发生多次散射，非线性更强。因此，将高/低频分量结合起来进行多尺度反演，是一种较好的策略。本书采用 Boonyasiriwat 等（2009）提出的多尺度反演策略，将反演问题分解为不同尺度，并采用 Wiener 低通滤波器，对观测数据与激励源子波滤波得到低频带信息，采用 2 ~ 3 个低频带到高频带的逐频反演，根据不同尺度上的反演目标函数的特征去求解反演问题，从而逐步搜索到全局极值点，避免陷入局部极值。其中低通滤波器采用 Wiener 滤波器（Boonyasiriwat et al.，2009）：

$$f_{\text{wiener}}(\omega)=\frac{W_{\text{target}}(\omega)W_{\text{original}}^{*}(\omega)}{|W_{\text{original}}(\omega)|^{2}+\delta^{2}} \tag{3-73}$$

式中，f_{wiener} 为频率域 Wiener 低通滤波器；$W_{\text{target}}(\omega)$ 为目标激励源子波频谱；$W_{\text{original}}(\omega)$ 为原始激励源子波频谱，上标 * 表示共轭；δ 为一个防止分母为零的常量小数，如果该值选取过大，会导致滤波子波形态与目标子波不同，这里设 $\delta=10^{-4}$。可以将数据变换到频率域，低通滤波到目标频段，再反变换回时间域。需要注意的是，激励源函数和观测数据都要进行低通滤波。

2. 空间多尺度策略

探地雷达的模型参数反演过程中，需要多次调用正演程序，反演网格的大小和参数的

个数直接影响着反演的速度，为了兼顾计算效率和计算精度，合理设计正反演网格至关重要。如果正反演采用相同的网格，在反演过程通常为了获得精确的正演响应，正演网格会剖分得比较细，而采用较密的网格进行反演导致模型参数和灵敏度矩阵非常庞大，易增加反问题的不适定性和非线性程度，降低反演的速度。因此本书采用图 3-19 所示的双网格策略进行反演，其中反演网格为非规则四边形单元，正演网格为三角形单元，每个反演网格分为 4 个正演网格。

为了适应频率域多尺度策略，正演模拟采用 DGTD 算法，该方法可以通过阶次提升，在不改变网格的情况下，满足不同频率数据的正演模拟需求。这样正反演网格在不同频段数据下网格拓扑结构保持不变，在正演的计算精度和反演的速度间达到一个较好的平衡。

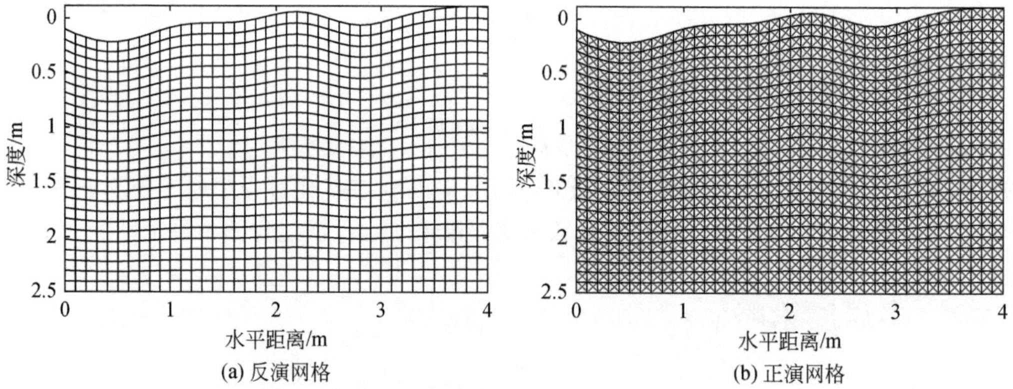

图 3-19　双网格反演策略的反演网格（a）和正演网格（b）示意图

3.2.3　近似全变差模型约束

反演不适定性最常用的解法为 Tikhonov 正则化方法，该方法通过加入先验模型约束的正则化项，使反问题更加稳定。但由于光滑性，Tikhonov 正则化易导致目标区域与背景区域边界模糊。而全变差模型约束（Vogel，2002；Watson，2016a）能有效改善 Tikhonov 正则化的反演边界过度光滑，使异常相较背景区域区分更加明显，重构的目标体边缘轮廓更加清晰。引入了一个全变差正则化后，形成新的目标函数为

$$\Phi(\boldsymbol{m})=\Phi_d(\boldsymbol{m})+\lambda\Phi_m(\boldsymbol{m}) \tag{3-74}$$

式中，$\Phi_d(\boldsymbol{m})=S(\boldsymbol{m})$，$\boldsymbol{m}=(\boldsymbol{m}_\varepsilon,\ \boldsymbol{m}_\sigma)^{\mathrm{T}}$ 为尺度变换之后模型参数；λ 为正则化因子。

$$\Phi_m(\boldsymbol{m})=\mathrm{TV}(\boldsymbol{m}_\varepsilon)+\mathrm{TV}(\boldsymbol{m}_\sigma) \tag{3-75}$$

其中，TV 为全变差正则化算子

$$\mathrm{TV}(f)=\int_\Omega |\nabla p|\,\mathrm{d}\Omega \tag{3-76}$$

式中，Ω 为成像区域；p 为反演区域的介电常数和电导率双物性参数，由于 TV 算子的导数是非连续的，通过如下近似保证它是可微的：

$$\mathrm{TV}_\delta(p) = \int_\Omega \sqrt{|\nabla p|^2 + \delta^2}\,\mathrm{d}\Omega \tag{3-77}$$

全变差正则化函数的梯度如下所示：

$$\nabla \mathrm{TV}_\delta(p) = -\nabla \cdot \left(\frac{\nabla p}{|\nabla p| + \delta^2}\right) \tag{3-78}$$

新目标函数 $\Phi(\boldsymbol{m})$ 的梯度为

$$\nabla \Phi(\boldsymbol{m}) = \boldsymbol{g}_d(\boldsymbol{m}) + \boldsymbol{g}_m(\boldsymbol{m}) \tag{3-79}$$

式中，$\boldsymbol{g}_d(\boldsymbol{m})$ 为数据目标函数的梯度，可以由式（3-62）与式（3-63）求得；$\boldsymbol{g}_m(\boldsymbol{m})$ 为模型参数目标函数，可表示为

$$\boldsymbol{g}_m(\boldsymbol{m}) = \begin{bmatrix} \nabla \mathrm{TV}_\delta(\boldsymbol{m}_\varepsilon) \\ \nabla \mathrm{TV}_\delta(\boldsymbol{m}_\sigma) \end{bmatrix} \tag{3-80}$$

3.2.4　FWI 算法实现流程

GPR-FWI 的具体实现步骤为：

（1）输入观测数据$\boldsymbol{d}_{\mathrm{obs}}$和初始模型$\boldsymbol{m}_0$；

（2）根据模型$\boldsymbol{m}_k$ 计算正演波场，计算目标函数 Φ_k，残差反传得到反传波场，根据正传波场和反传波场计算梯度$\boldsymbol{g}_k$；

（3）根据梯度$\boldsymbol{g}_k$，采用 L-BFGS 法计算更新方向$\boldsymbol{p}_k$；

（4）输入初始试探步长 α_{k0}，根据 Wolfe 准则选取合适的步长 α_{k0}；

（5）根据模型更新公式$\boldsymbol{m}_{k+1} = \boldsymbol{m}_k + \alpha_k \boldsymbol{p}_k$，更新模型；

（6）重复步骤（2）~（5），直到满足收敛条件。

综上所述，GPR 全波形反演的程序流程如图 3-20 所示。

3.2.5　影响因素分析

1. 模型设置

为了分析多尺度策略及各种参数对反演结果的影响，设置图 3-21 所示的模型，模型背景为均匀介质，其相对介电常数和电导率分别为 $\varepsilon_r = 4$ 和 $\sigma = 3\mathrm{mS/m}$，在该均匀介质中包含了两个形状相同的“中”字形异常体。左边异常体 1 的外沿轮廓的相对介电常数为 $\varepsilon_r = 8$，电导率为 $\sigma = 10\mathrm{mS/m}$，“中”字形内部空腔区域相对介电常数为 $\varepsilon_r = 1$，电导率为 $\sigma = 0\mathrm{mS/m}$，而右边异常体 2 的介电常数和电性参数与异常体 1 内外取相反的参数。模拟区域的边界设有 40 个“×”型点源和 200 个“圆圈”表示的接收器，激励源为 200MHz 的 Ricker 子波，时窗长度为 75ns，离散网格的空间步长为 0.05m。本例中采用均匀介质作为反演初始模型。

为了计算目标函数中的残差及多尺度反演中的高低频雷达数据，先用 DGTD 算法对预设模型开展正演。正演时将 Ricker 子波激励源置于（2.5m，0.0m），接收天线布设 200 道，其中 1 ~ 50 道、51 ~ 100 道、101 ~ 150 道、151 ~ 200 道的接收天线分别为上边界 $z = 0\mathrm{m}$、

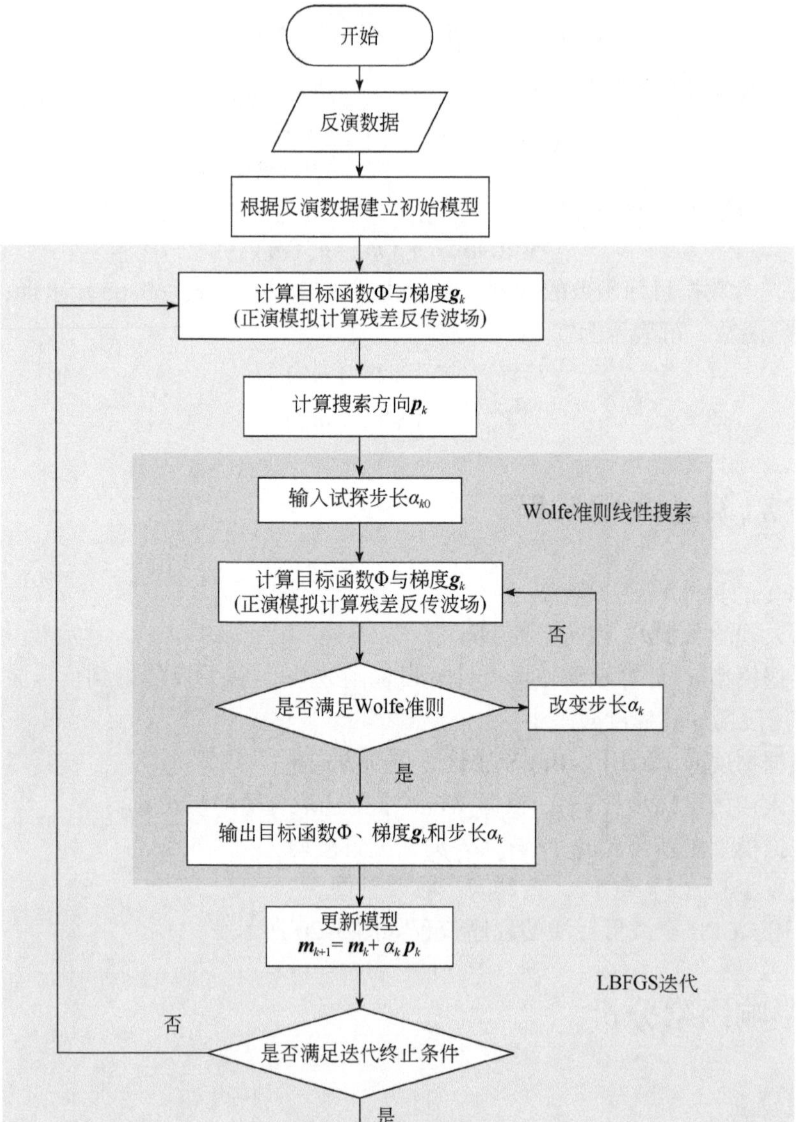

图 3-20　GPR 全波形反演计算流程

右边界 $x=5\text{m}$、下边界 $z=5\text{m}$、左边界 $x=0\text{m}$ 处，均匀等间距自左至右接收雷达信号。图 3-22（a）与图 3-22（b）分别为“中”字形真实模型和初始均匀模型的正演剖面图，图 3-22（c）为图 3-22（a）与图 3-22（b）两者相减的初始残差，它是由两个“中”字形模型异常体形成的记录。图 3-23（a）蓝色点划线表示中心频率为 200MHz 的原始 Ricker 子波，黑色实线表示频率为 80MHz 的目标 Ricker 子波，红色虚线表示经 Wiener 滤波器滤波后所得的子波。图 3-23（b）为图 3-23（a）中的时域共剖点雷达记录经过 Wiener 滤波后得到 80MHz 数据。

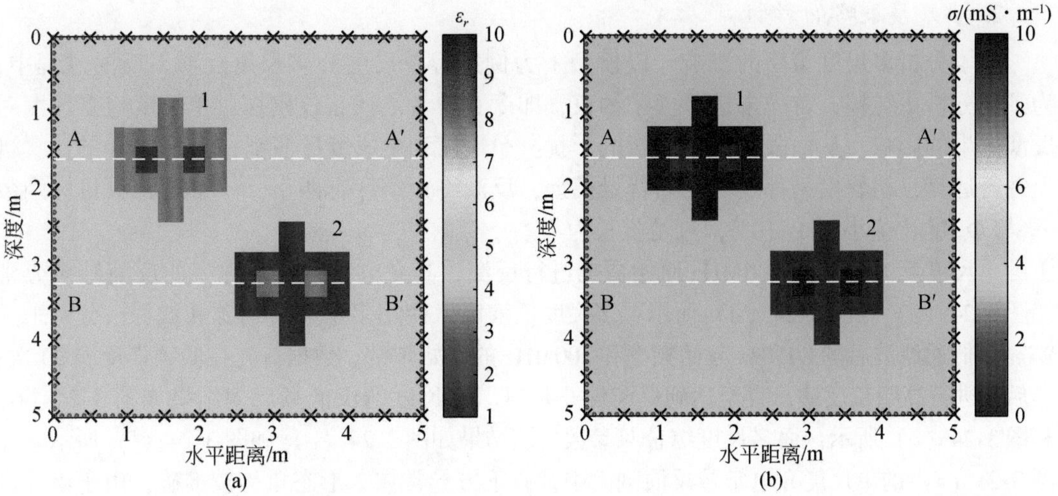

图 3-21　“中”字形模型的相对介电常数（a）和电导率分布（b），包括两个“中”字形的异常体。“×”和“∘”符号代表发射机和接收机的位置

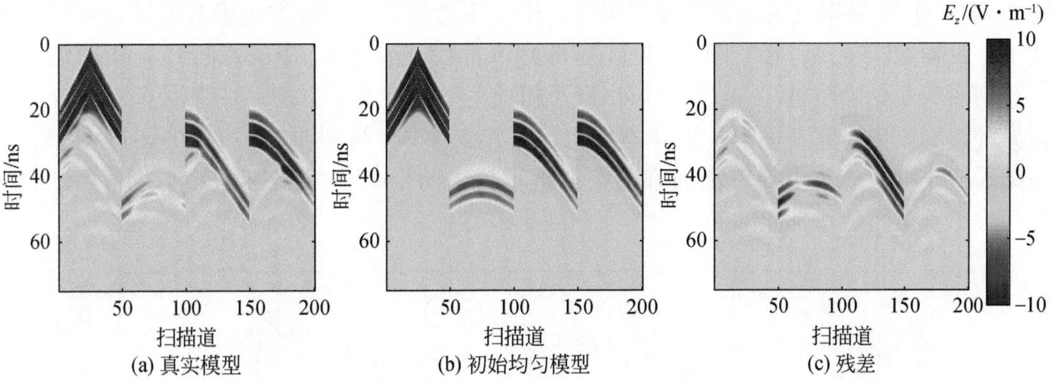

图 3-22　模型 1 的 200MHz 中心频率的雷克子波的时域共剖点记录

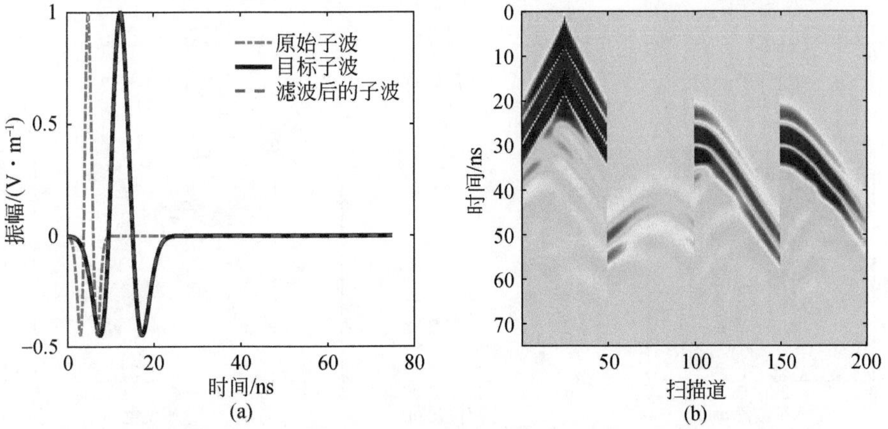

图 3-23　蓝色短划线是 200MHz 的原始 Ricker 子波，黑色实线是 80MHz 的目标 Ricker 子波，红色点划线是 Wiener 滤波所得的波形（a）；Wiener 滤波后得到的 80MHz 时域共炮点记录（b）

2. 多尺度策略的影响

为了分析多尺度策略的影响，以模型 1 为例进行单尺度和多尺度反演。反演过程中，为了使分析更纯粹，首先未进行模型约束，即令 $\beta=1$，$\lambda=0$，仅仅探讨单尺度与多尺度对反演效果的影响，从而限制其他因素的干扰。单尺度和多尺度反演都在 4 核 CPU 的计算机上并行运算，初始模型都设为均匀背景模型，反演终止条件有两个，一个是相对目标函数 Φ_k 与 Φ_0 的比值小于 1×10^{-5}，二是步长为零。

单尺度反演直接对 200MHz 原始数据进行反演，其介电常数与电导率的反演结果分别如图 3-24（a）与图 3-24（d）所示；多尺度反演时，使用多个频带的源和数据，分别采用 Wiener 低通滤波后的 80MHz 起始频率和 200MHz 的原始频带。数据首先在低频带反演 20 次；然后再进行高频带反演，直至达到反演停止标准。多尺度的仅低频反演结果如图 3-24（b）和图 3-24（e）所示，而多尺度综合双参数反演结果如图 3-24（c）和图 3-24（f）所示。在图 3-24（a）的单尺度介电常数反演剖面中，右下方异常体 2 形态重构较准确，由于该异常体介电常数较低，反演效果较好，而左上方异常体 1 畸变非常严重，高介电常数甚至被反演成低介电常数。而图 3-24（d）的电导率反演剖面的两个异常体非常模糊，形态存在较大扭曲，大小、空间位置都存在较大偏差。而多尺度的低频介电常数反演剖面图 3-24（b）与图 3-24（e）电导率反演剖面都能刻画出“中”字形异常体的大致轮廓，但异常体形态出现了一定程度的畸变，相较图 3-24（b）的介电常数反演剖面，图 3-24（e）中的电导率反演剖面畸变更为严重，“中”字形出现了扭曲、变形，右下方的“中”甚至难以分辨出该异常体的原来轮廓，重构效果并不理想。图 3-24（c）与图 3-24（f）的多尺度综合反演结果的介电常数与电导率剖面都能很好地重构出两个“中”字形异常体，异常体的形态、大小、空间位置都能准确反映，反演效果最好。

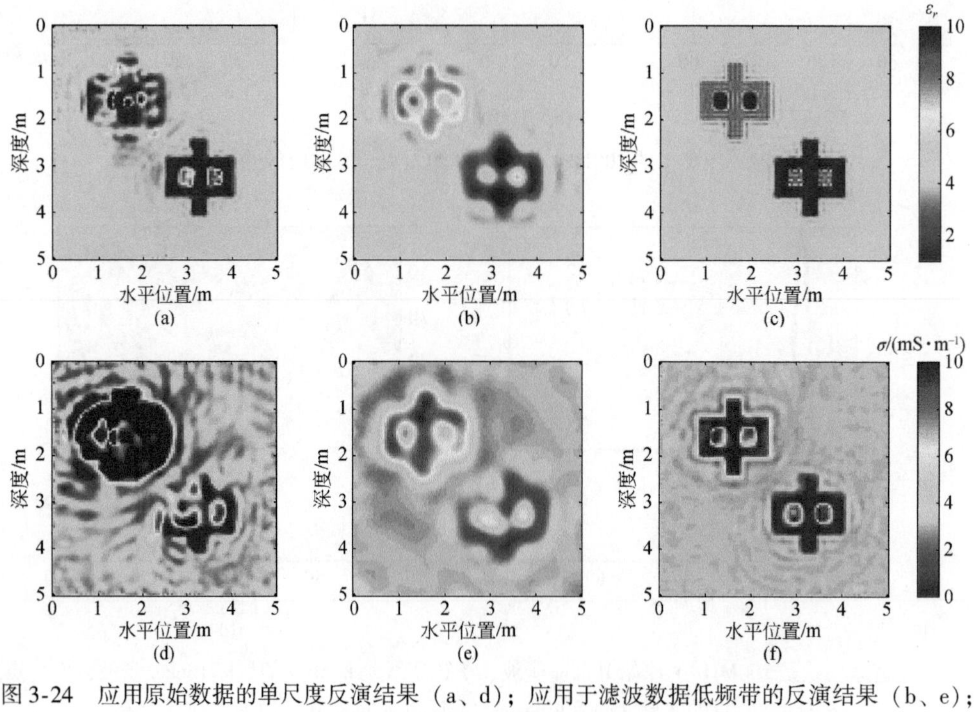

图 3-24　应用原始数据的单尺度反演结果（a、d）；应用于滤波数据低频带的反演结果（b、e）；多尺度策略的最终反演结果（c、f）

对比单尺度反演、多尺度仅低频反演和多尺度综合反演可以发现：双参数反演时，介电常数的反演结果较电导率的反演效果更好，而多尺度综合反演由于充分结合了高、低频的信息，对异常体的大小、形态、空间位置重构更准确，分界面更加明显，异常体的轮廓更清晰可辨，反演出的背景及异常体的电性参数与真实模型基本一致。

为了更精确地描述几种反演方式在反演精度方面的异同，在模型图 3-21 中选取两个截面，具体可见图 3-21（a）与图 3-21（b）中两条白色虚线 AA′与 BB′，截面位置分别位于深度 $z=1.6\text{m}$、$z=3.25\text{m}$ 处。图 3-25（a）和（c）分别为深度 $z=1.6\text{m}$ 截面 AA′处的介电常数和电导率单道反演切线图，图 3-25（b）和（d）分别为深度 $z=3.25\text{m}$ 截面 AA′处的介电常数和电导率单道反演切线图。

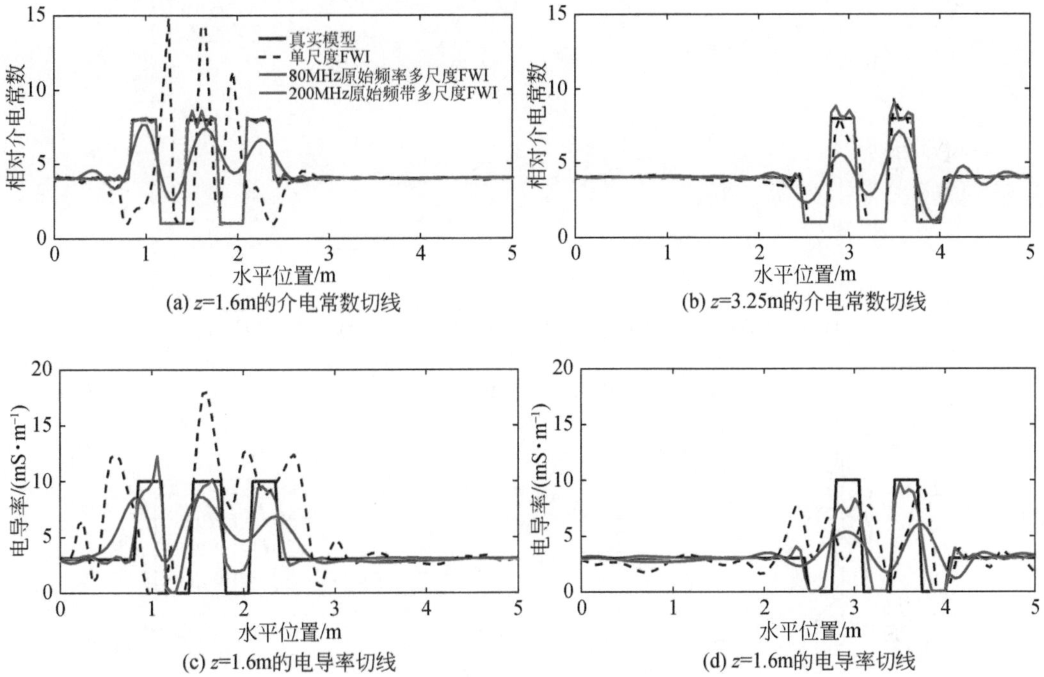

(a) z=1.6m的介电常数切线　(b) z=3.25m的介电常数切线

(c) z=1.6m的电导率切线　(d) z=1.6m的电导率切线

图 3-25　介电常数和电导率单道反演切线图

图 3-25（a）为相同的反演迭代次数下，$z=1.6\text{m}$ 处不同反演方式的曲线对比，从图中可见，黑色虚线表示的单尺度介电常数全波形反演曲线与黑色实线表示的真实模型幅值存在较大的偏差，曲线更尖细，表明介电常数重构不精确，同时第 1 个与第 3 个尖峰出现位置与真实模型存在偏差，说明对异常体形态归位亦不准确，而蓝色实线表示的 Wiener 低通滤波后的仅 80MHz 的多尺度反演曲线，该曲线波峰位置与黑色实线表示的真实模型能较好地吻合，说明异常体形态归位比较准确，但幅值存在一定偏差，说明介电常数重构结果有待提高。而红色实线表示多尺度综合反演曲线与黑色实线表示的真实模型曲线能较好地拟合，无论是幅值大小、曲线拐点位置都能较好地对应，说明多尺度综合反演具有较高的精度。而图 3-25（c）为与图 3-25（a）相对应的电导率反演结果，总体来看，电导率的反演精度较介电常数的反演精度略差。图 3-25（b）为 $z=3.25\text{m}$ 处不同反演方式的曲

线对比，从图中可见，黑色虚线表示的单尺度与红色实线表示的多尺度综合反演与黑色实线表示的真实模型拟合较好，而蓝色实线的幅值与黑色实线偏离较大。图 3-25（d）为对应的电导率反演结果，黑色虚线与蓝色实线及黑色实线存在较大的偏差，说明电导率的反演精度不高，而红色实线与黑色实线位置及幅值都能大致拟合，说明多尺度电导率综合反演的精度能够得到有效保证。

两个不同深度截取的单道反演曲线对比表明，相对于单尺度反演，多尺度策略的反演结果与真实模型更为接近，特别是介电常数与真实模型基本吻合，电导率反演结果趋势一致，界面稍显模糊。

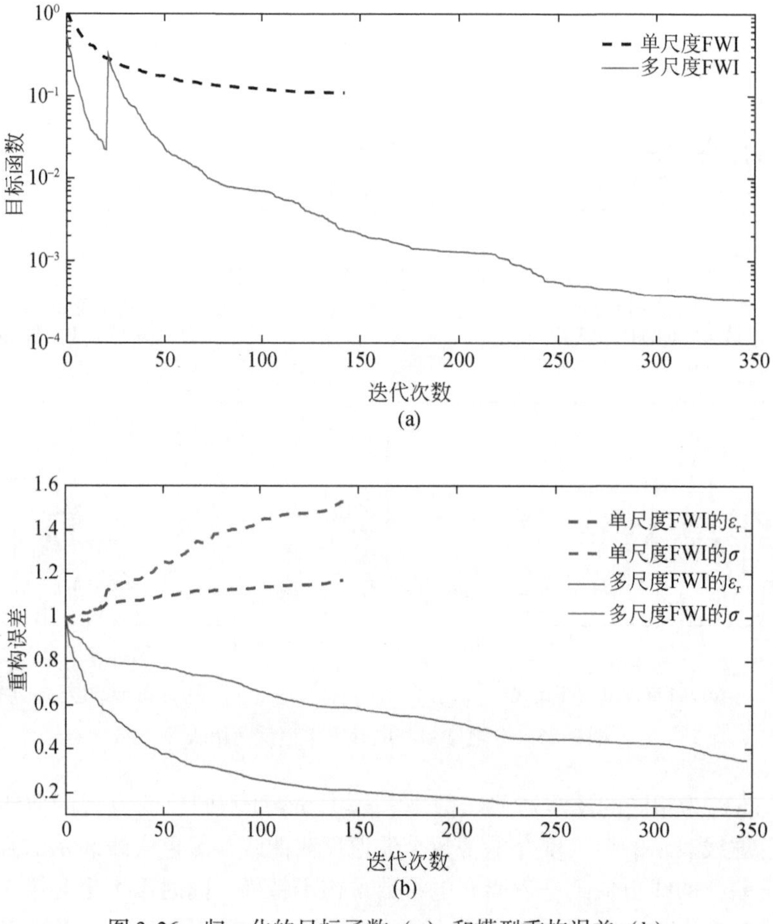

图 3-26　归一化的目标函数（a）和模型重构误差（b）

图 3-26（a）为归一化的目标函数收敛曲线图，从图中可见，红色实线表示的多尺度目标函数比黑色虚线表示的单尺度目标函数低一个数量级，进一步说明了应用多尺度策略的反演具有更高的精度。图 3-26（b）为模型重构误差（$\|\boldsymbol{m}_k-\boldsymbol{m}_{\text{true}}\|_2/\|\boldsymbol{m}_0-\boldsymbol{m}_{\text{true}}\|_2$）曲线，图中实线表示多尺度重构误差曲线，虚线表示单尺度重构误差曲线，而红色代表电导率，蓝色代表介电常数。结合 4 条误差曲线可知，相比单尺度反演曲线，多尺度反演结

果与真实模型更为接近，可以收敛到全局最小，具有比单尺度波形反演成像更快的收敛速度，拟合效果更好。而且，相比电导率重构误差，介电常数重构误差更少，结果与真实模型更为接近。

3. 参数调节因子的影响

双参数反演过程中，由于介电常数与电导率在数值上相差较大，同步反演时需要引入参数调节因子β，合理的β值可以保证反演快速稳定地收敛到全局极小值，因此，最优的β值选取非常重要。下面通过选取一组β值进行反演测试，将反演结果的最终数据目标函数和模型重构误差绘制在图 3-27 中。从图中可见，当β取 1 时，最终的数据目标函数以及介电常数和电导率的模型重构误差达到最小。而图 3-27（a）中的最终数据目标函数随β因子变化趋势与图 3-27（b）中的重构误差趋势基本相同。

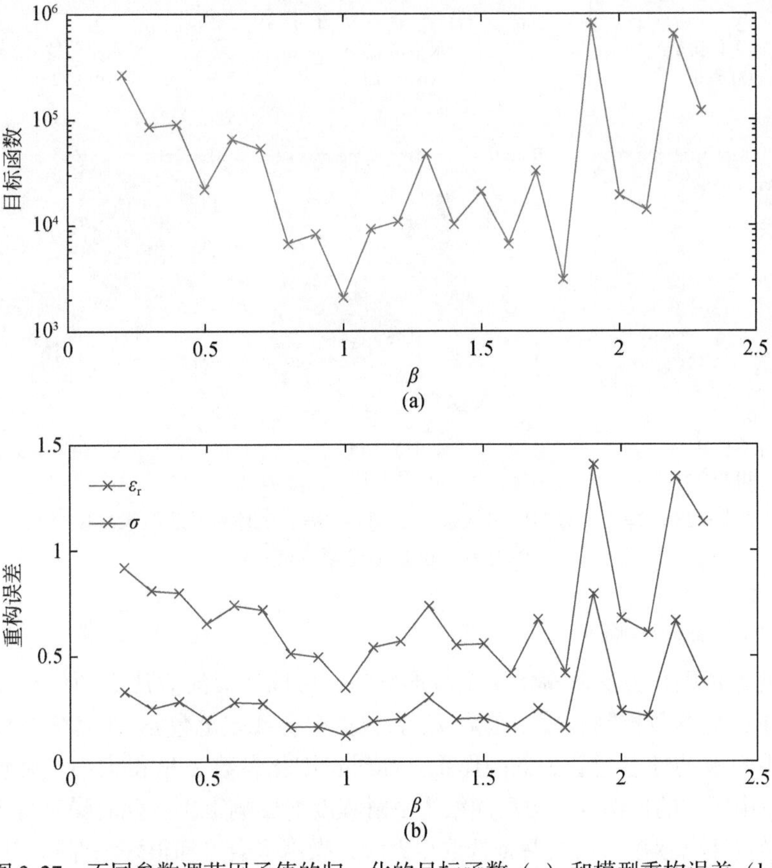

图 3-27　不同参数调节因子值的归一化的目标函数（a）和模型重构误差（b）

为了进一步探讨参数调节因子β对反演效果的影响，在不加载模型约束情况下（$\lambda=0$），采用相同多尺度策略及终止条件，分别取$\beta=0.5$、1.0、2.0，仍以图 3-21 模型为例，进行全波形双参数反演，得到的介电常数反演结果分别为图 3-28（a）~（c），电导率反演结果分别为图 3-28（d）~（f）。分析图 3-28（a）（b）（c）可知，不同的β取值对介电常数的反演结果仅有细微的影响。观察电导率反演剖面图 3-28（d）（e）（f），随着β取值的增大，电导率参数在反演中所占权重会逐步增大，当β取值过大时，电导率反演结果会发生振荡，而当$\beta=1.0$时，图3-28（e）的反演效果最佳，该反演结果与图3-27中得出的结论一致，说明前文公式（3-72）中相对电导率选取的σ_0对$\sigma_r=\sigma/\sigma_0$进行归一化是较为合适的选择。

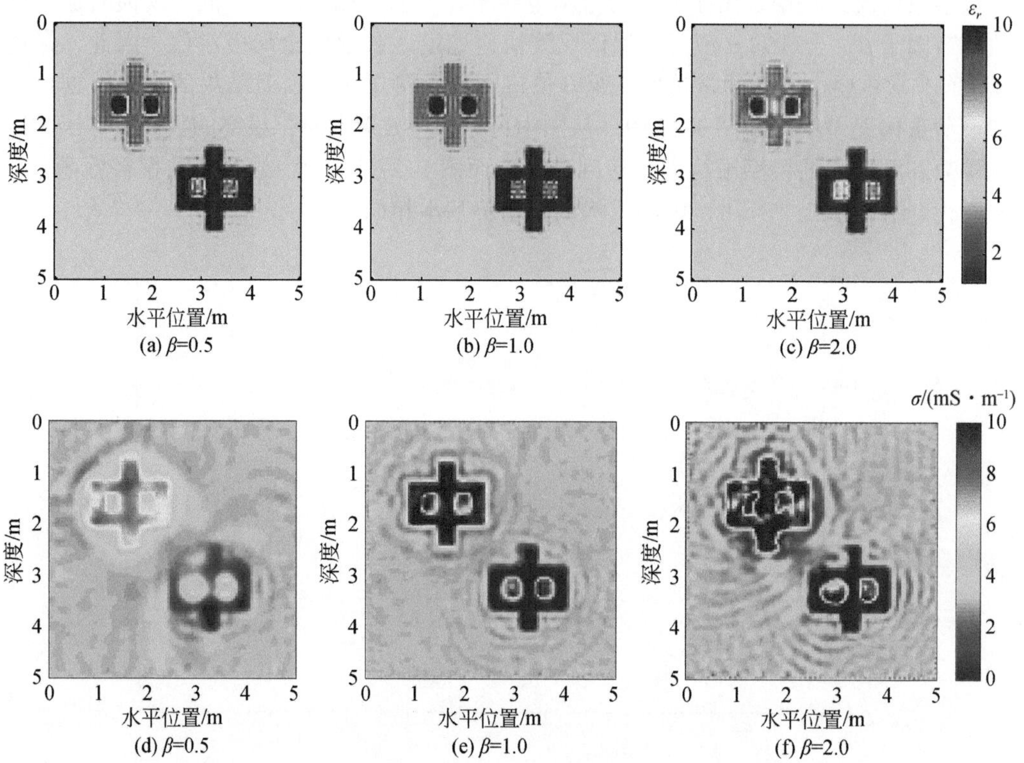

图3-28　$\beta=0.5$时的反演结果（a、d）；$\beta=1.0$时的反演结果（b、e）；$\beta=2.0$时的反演结果（c、f）

4. 正则化方法的影响

应用全变差正则化方法求解雷达全波形反演，可以使反演方法更加稳定。在正则化方法应用中，正则化参数控制着模型范数φ_{m}和数据拟合残差范数φ_{d}在目标函数中所占的比例，它的选取对解的性态起着关键的作用。如果正则化参数λ取得太小，则意味着模型范数在代价函数中所占的比例少，对反演结果平滑程度的影响也小，此时噪声得不到很好的抑制，解的不稳定性仍然存在；如果λ选取得太大，噪声将会得到很好的抑制，稳定性得到了保证，却使反演结果过于平滑，细节不易突出，加大了原问题与新问题之间的偏离程度，所求的根本不是原问题的解了，因此，一个好的正则化参数能合理地平衡两者之间的关系。

常用的λ值取值方案有两种：（S1）固定正则化参数，譬如取$\lambda=1$；（S2）设定一个渐变的正则化参数，如设$\lambda=\lambda_0 q^k$，λ_0为初始正则化因子，q为等比因子，k为迭代次数，本书取$\lambda_0=1$，$q=0.97$，使正则化因子等比例逐步递减。考虑到GPR反演开始于给定的初始模型，此时，目标函数中模型范数φ_{m}较小，甚至可能为0，而模型数据的拟合残差范数

φ_d 一般都很大，随着反演迭代的进行，φ_m 会逐渐增加而 φ_d 逐渐下降，在这个过程中正则化因子 λ 需要平衡目标函数中的两部分 φ_d 和 φ_m，使两者不至于相差过大。因此，选取第 2 种渐变的正则化参数更为合理。

为了说明正则化方法的效果及正则化参数选取对反演结果的影响，仍以“中”字形模型为例，在其他参数设置相同的条件下，设置 3 组双参数反演实验：（A）尺度调节因子 $\beta=1$，正则化因子 $\lambda=1$；（B）尺度调节因子 $\beta=1$，正则化因子按等比例递减 $\lambda=\lambda_0 q^k$；（C）尺度调节因子 $\beta=2$，正则化因子按等比例递减 $\lambda=\lambda_0 q^k$。图 3-29 对比了 3 种不同参数取值情况下的目标函数收敛曲线（数据拟合差）和模型重构误差。综合对比 6 幅反演剖面图可知，参数设置为条件（B）时的图 3-29（b）与（e）反演图像最清晰，异常体重构效果最好；参数设置为条件（C）时的图 3-29（c）与（f）反演效果其次；参数设置为条件（A）时的图 3-29（a）与（d）反演效果位列最后，尤其是图 3-29（d）的电导率反演剖面图像失真较厉害，“中”字形出现了失真，异常体轮廓也不清晰。

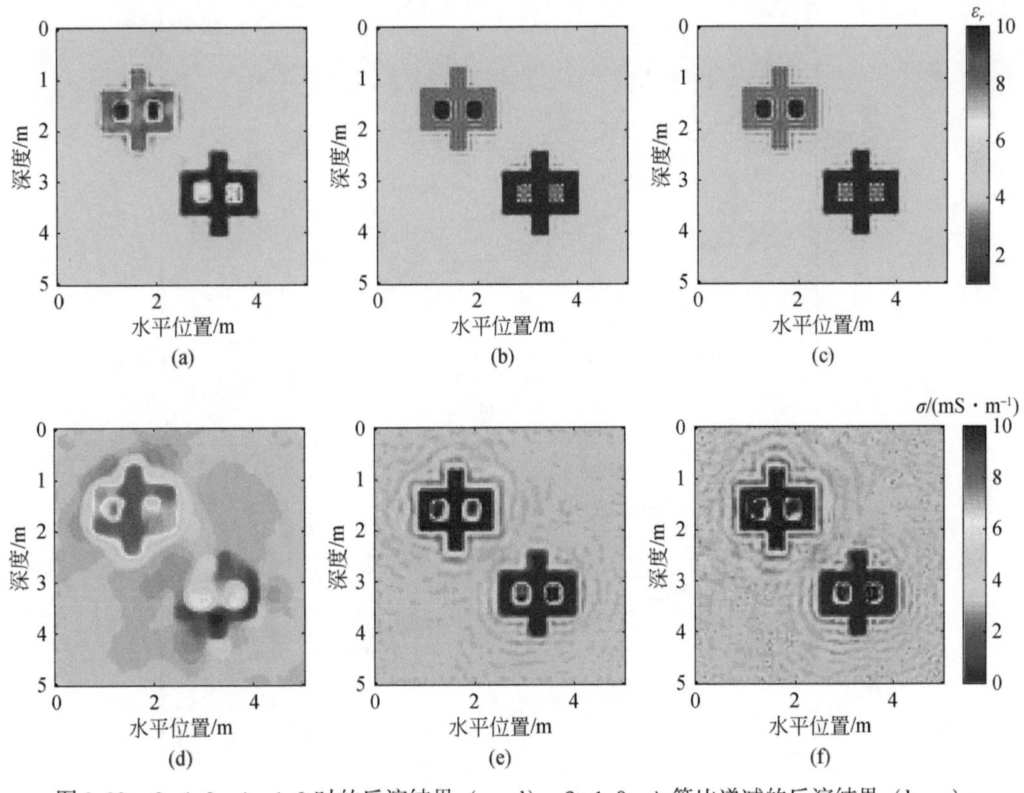

图 3-29　$\beta=1.0$，$\lambda=1.0$ 时的反演结果（a、d）；$\beta=1.0$，λ 等比递减的反演结果（b、e）；$\beta=2.0$，λ 等比递减的反演结果（c、f）

再将图 3-29 的反演结果与图 3-28 的反演结果进行对比，可知：若不加载正则化项，由于目标函数仅强调数据的拟合，导致目标函数的非线性较强，当尺度因子选取不合理时，拟合数据的模型可能包含较多高波数虚假构造，如图 3-28（f）所示，如果数据中含有噪声可能对数据拟合过度而拟合了其中的误差部分；若正则化因子取得过大，则过分强调模型的光滑度而忽略数据的拟合，使得反演提早终止迭代，反演所得的重构模型较简单、光滑，但对数据的拟合度很低，如图 3-29（d）所示。而加载一个等比例递减的正则化因子 λ 比固定正则化因子反演效果更好，它可以使数据拟合与模型约束之间达到更好的平衡，使反演更加快速稳定收敛。同时，正则化因子的引入，可以降低反演中尺度因子 β 的敏感度，扩大最佳尺度因子 β 的选择区间，在一定程度上压制背景的非物理振荡，提高反演剖面的分辨率。

图 3-30（a）为归一化的目标函数收敛曲线，图中可见，红色实线表示的尺度调节因子 $\beta=1.0$，正则化因子按等比例递减 $\lambda=\lambda_0 q^k$ 条件下的反演目标函数最小，收敛最好。图 3-30（b）蓝色表示的介电常数重构误差曲线较红色表示的电导率重构误差曲线整体要小。

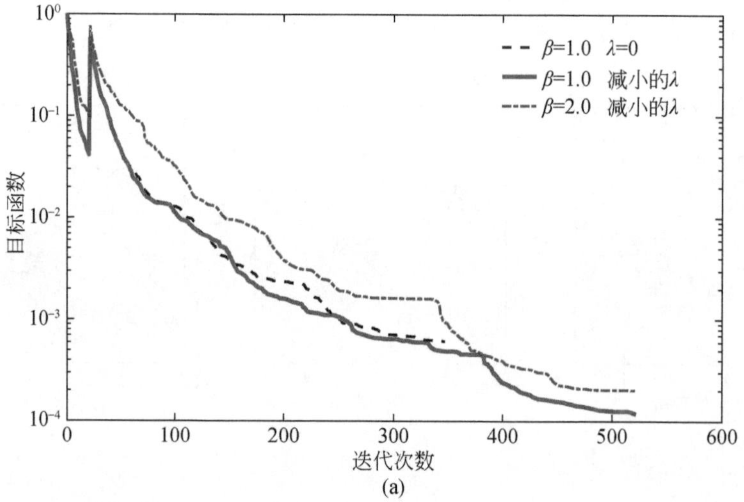

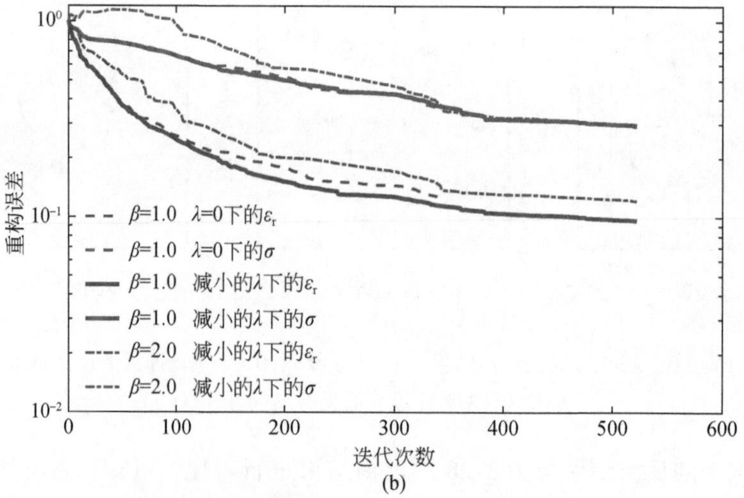

图 3-30　不同正则化方案的归一化的目标函数（a）和模型重构误差（b）

3.2.6　地面 GPR 多偏移距数据反演算例

1. Overthrust 模型无噪合成数据反演

参照地震反演设置如图 3-31（a）与图 3-31（c）所示的 Overthrust 模型，该模型显然更符合实际情况，模型的长度与深度分别为 5m×10m，其中图 3-31（a）的相对介电常数模型的变化范围设为 3 ~ 30 区间，图 3-31（c）的电导率模型的变化范围在 0 ~ 20mS/m 区间。地表之上设置 50cm 的空气层，上层复杂分层区域代表地表相对干燥的砂层已回填覆盖区域；深度约 3.5m 的界面代表了地下水位。地下具有尖锐、变化范围较大的结构，模型中存在多个强衰减层，电导率约为 10mS/m，这可能掩盖下面的结构。

采用网格步长为 0.05m 的网格，将该模型区域离散为 111×201 网格（不含 PML 区域），通过限定反演中空气层中的参数，同时避免源和接收器位置处的奇异性，则待求的地下介电常数和电导率的参数为 20301 个。采用共偏移距的 GPR 数据采样方式，设置 21 个源，水平间隔 0.5m，101 个接收器，水平间隔 0.1m，源和接收器均位于地面之上两个网格点-0.1m 深处。反演的介电常数与电导率的初始模型设置如图 3-31（b）与图 3-31（d）所示，它们仅仅描绘了介质参数变化的大致趋势，是图 3-31（a）与图 3-31（c）中的真实模型高斯平滑后的结果。

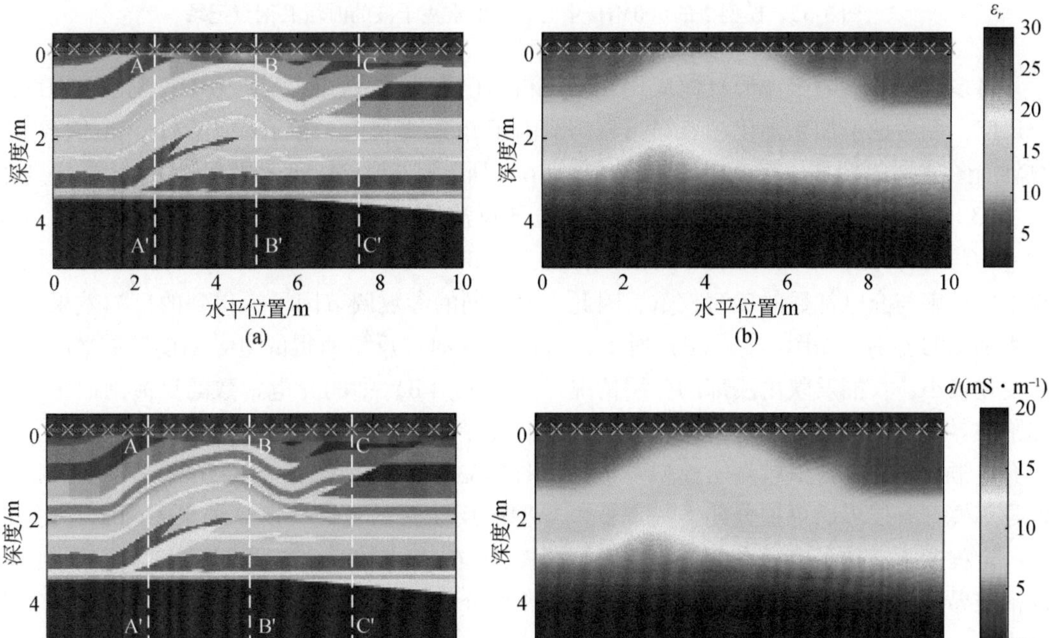

图 3-31　Overthrust 模型真实的相对介电常数（a）和电导率（c）分布，反演初始模型的介电常数（b）和电导率（d）分布

“×”和“∘”符号代表发射机和接收机的位置

图 3-32（a）与图 3-32（b）分别为中心频率为 100MHz 的 Ricker 子波加载于 $x=5.0$m 处的真实模型与初始模型正演模拟所得的剖面图，图 3-32（c）为真实模型正演剖面图 3-32（a）与初始模型正演剖面图 3-32（b）两者的残差。分析图 3-32（a）可知，横坐标 3.0～7.0m，双程走时 20～40ns 处的多道反射（绕射）波，推断由模型浅部多个褶皱的界面反射引起，而 30～50ns 处的同相轴不连续现象对应于模型中的断层。再观察图 3-32（b）可知，该共激发点记录中图像相对干净，仅在 0～25ns 处观测到直达波，说明初始模型中由于缺乏对比度，无法观测到褶皱界面引起的反射波。图 3-32（c）中的多道双曲同相轴，主要是由褶皱界面和构造引起的反射（绕射）雷达记录。

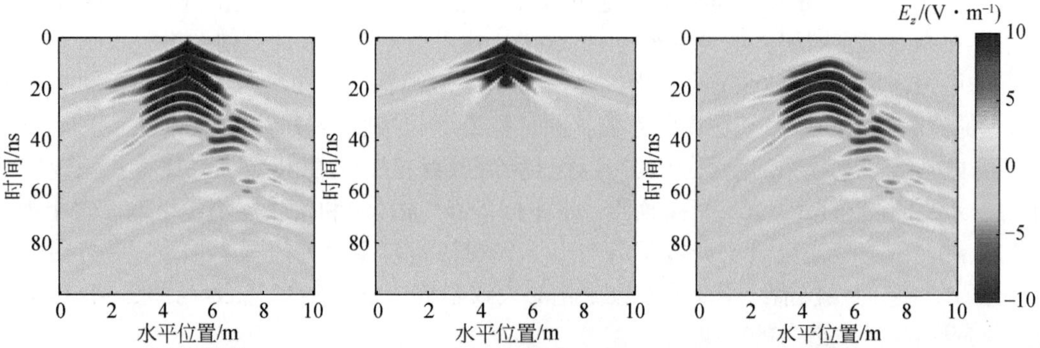

(a) 真实模型　(b) 初始模型　(c) 残差

图 3-32　模型 2 的 100MHz 中心频率的雷克子波的时域共剖点记录

将多尺度双参数全波形反演应用于 Overthrust 模型，反演时采用 60MHz 与 100MHz 两个尺度，先考虑不加正则化项，当参数调节因子 β 分别取 0.5 和 1.0，反演得到的介电常数剖面图分别如图 3-33（a）与图 3-33（b）所示，反演得到的电导率剖面图分别如图 3-33（b）与图 3-33（d）所示。其中 $\beta=0.5$ 反演的归一化的最终数据拟合差为 9.4394×10^{-6}，$\beta=1.0$ 反演的归一化最终数据拟合差为 3.3415×10^{-5}。参数因子 β 将会改变反演过程中电导率与介电常数的反演权重，因此，取不同的参数调节因子，得到的反演效果也将产生细微的差别。如图 3-33（d）所示，当 $\beta=0.5$ 时，反演所得的电导率模型更平滑，幅值变化较小，仅能反映出浅部的分层情况。图 3-33（b）中的介电常数的反演剖面中，浅部褶皱界面得到了较好恢复，浅部各层的厚度及深部的分界面细节也得到了较好反映，但是介电常数的反演数值较真实模型要小；如图 3-33（c）所示，当 $\beta=1.0$ 时，反演所得的电导率模型各层界面更加分明，浅部低电导率的反演振荡更大，反演结果不稳定性更强，在一定程度上高估了电导率的变化情况。图 3-33（a）中的介电常数的反演剖面显示，浅部褶皱界面构造明显，细微处较真实值小，深部分界面模糊，介电常数反演数值较真实模型小。

图 3-34 和图 3-35 分别为横坐标 2.5m、5.0m 及 7.5m 处的介电常数和电导率的沿深度纵切线的对比图。分析图 3-34 的相对介电常数反演曲线可知，两个 β 的结果在 2.5m 之上与真实模型基本一致，2.5～5m 仅能体现界面的起伏情况，反演结果与真实模型存在一定偏差；总体而言 $\beta=0.5$ 的反演结果与真实结果更为接近。分析图 3-35 的电导率反演曲线

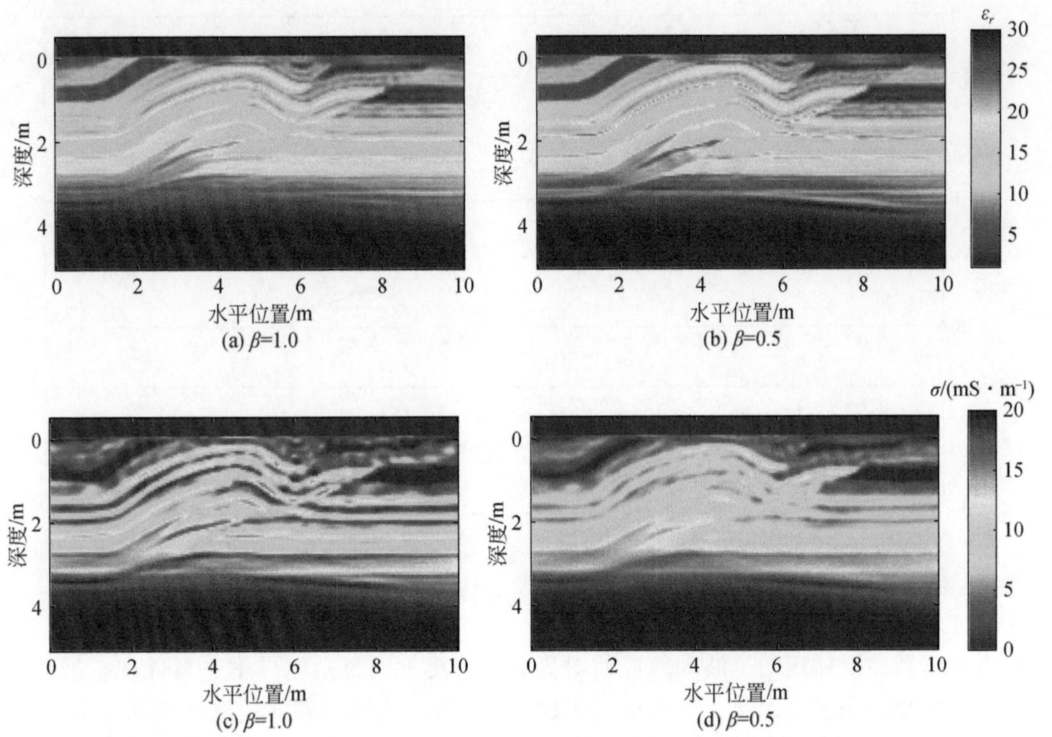

图3-33　通过使用比例因子β=1.0（a，c）和β=0.5（b，d）反演无噪数据获得的介电常数（a，b）和电导率（c，d）模型（分别使用β=1.0和β=0.5进行458次和833次迭代）

可知，两个β的结果在总体上的变化趋势与真实结果基本一致，两者的值与真实结果均出现了错位及偏离现象；总体而言β=0.5的反演结果比真实结果小，起伏平缓，β=1.0的反演结果与真实结果变化程度基本相当，但是错位现象更加明显。

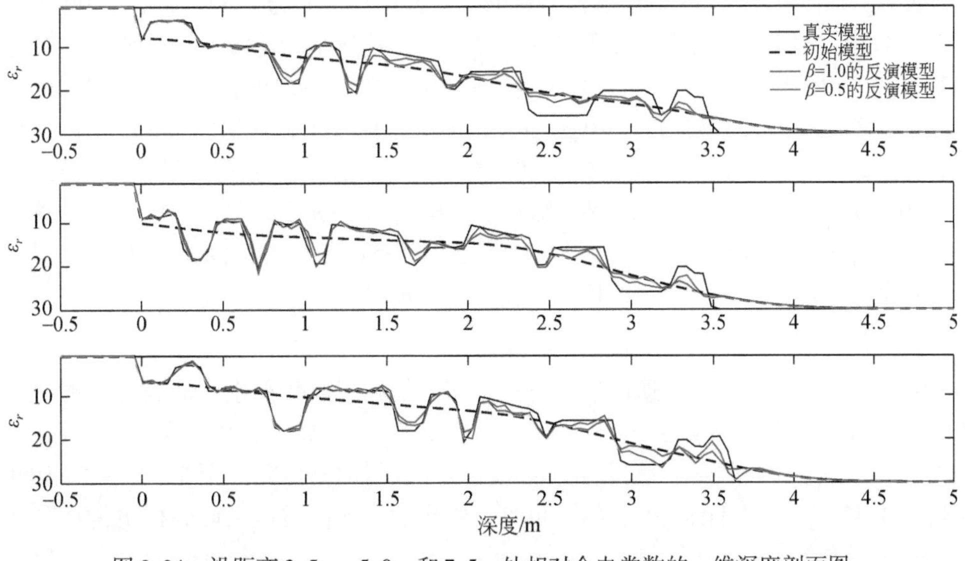

图3-34　沿距离2.5m、5.0m和7.5m处相对介电常数的一维深度剖面图

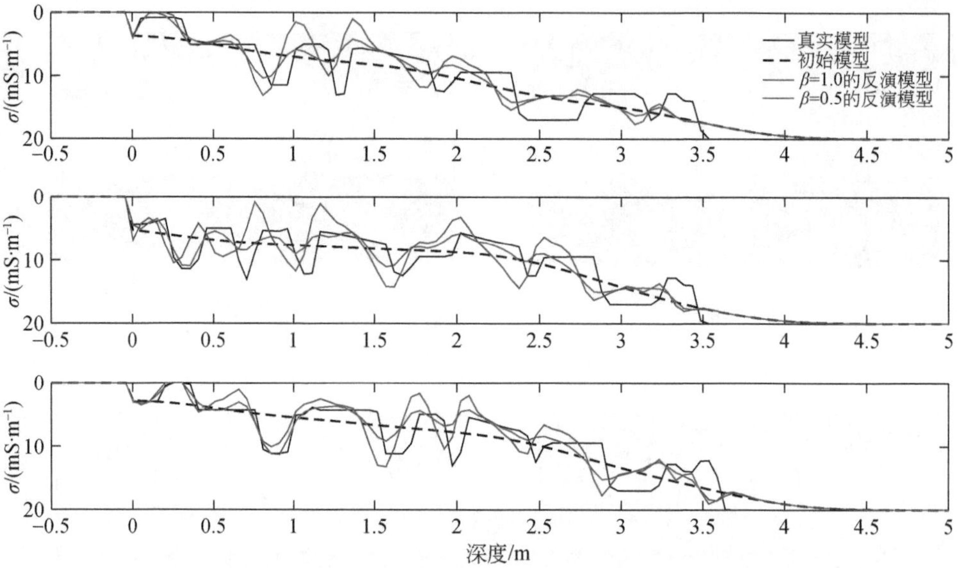

图 3-35　沿距离 2.5m、5.0m 和 7.5m 处电导率的一维深度剖面图

介电常数主要体现的是波动效应，对界面反映更加明显；电导率主要体现扩散效应，其体积效应更加明显。因此，无法从反演数据中恢复含有精确界面信息的电导率结果，可以考虑以介电常数为主要参数，得到一个分辨率更高的地下构造重构结果。

取 $\beta=0.5$ 时的介电常数反演结果更为准确，而取 $\beta=1.0$ 时电导率成像构造更准确，若是在［0.5，1］区间内取一个折中的参数调节因子，将会有效提高反演的精确度。可以最终的数据拟合差作为判定标准，开展大量的 β 选取实验来求取更为精确的反演结果。但实际数据中多含有噪声，太小的数据拟合差可能导致对噪声的过拟合。

为了求取最优的反演效果，一个好的解决方案为：取参数调节因子 $\beta=1.0$ 并加载按等比例递减的正则化因子 $\lambda=\lambda_0 q^k$，归一化的最终数据拟合差为 1.4789×10^{-5}，得到图 3-36（a）所示的高分辨率介电常数反演模型和图 3-36（b）所示的电导率反演模型。对比分析图 3-36（a）与图 3-33（b）、图 3-33（a）的介电常数反演结果，图 3-36（a）反演剖面在深处的重构结果比图 3-33（b）中 $\beta=0.5$ 反演结果要较差，但比图 3-33（a）中 $\beta=1.0$ 反演结果较好，这是由于全变差正则化的引入，在一定程度上提高了浅部界面的分辨率。而图 3-36（b）的电导率的反演结果在深处的重构结果比图 3-33（d）中 $\beta=0.5$ 的反演结果要好，却比图 3-33（c）中 $\beta=1.0$ 反演结果更为平缓。显然，这是一种折中方案，可使反演更加稳定，减少了界面内部的振荡，使界面更加清晰。

2. Overthrust 模型含噪合成数据反演

为了验证该算法对噪声的适应性，将白噪声添加到正演数据中，加噪后数据的信噪比（SNR）为 25dB。图 3-37（a）与图 3-37（b）分别为加噪后中心频率为 100MHz 的 Ricker 子波加载于 $x=5.0$m 处的真实模型与初始模型正演所得的剖面图，图 3-37（c）为图 3-37（a）与图 3-37（b）两者的残差，图中可见，噪声的加入使雷达剖面数据更为杂乱，加大了反演难度。

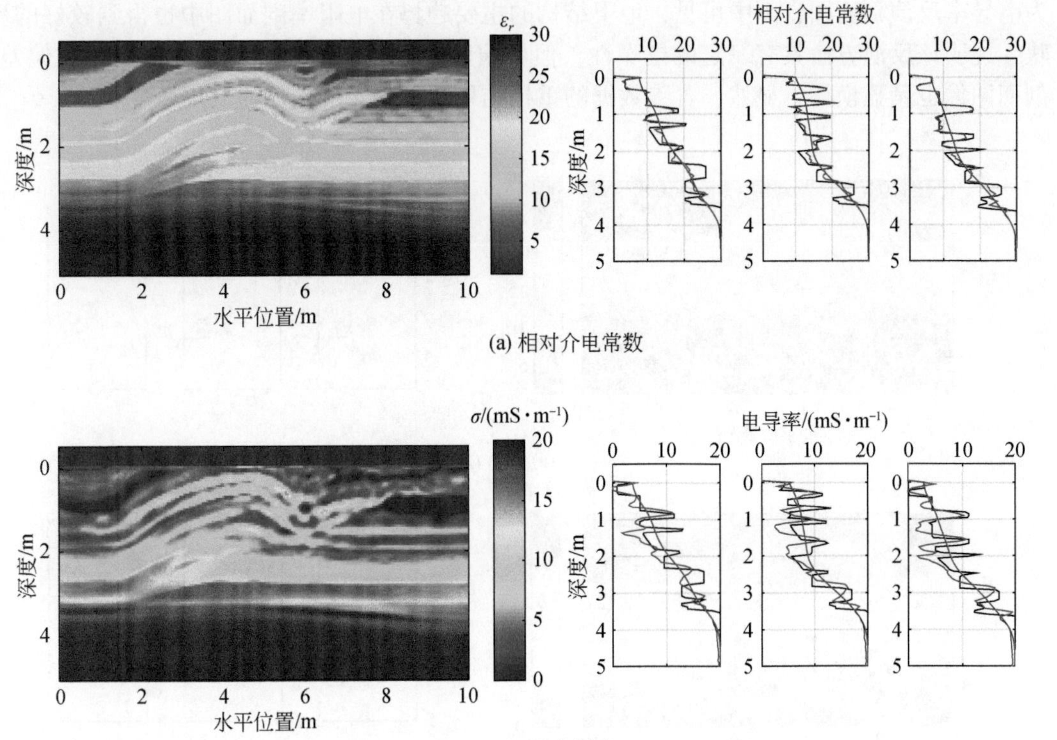

(a) 相对介电常数

(b) 电导率

图 3-36　左边：使用缩放因子 $\beta=1.0$ 和减小的正则化权重 $\lambda=5.0$，通过无噪声数据反演获得的介电常数（a）和电导率（b）模型。右边：沿距离 2.5m、5m 和 7.5m 处的一维深度切线。黑色曲线表示真实模型，红色曲线表示反转模型，蓝色曲线表示初始模型（共 770 次迭代）

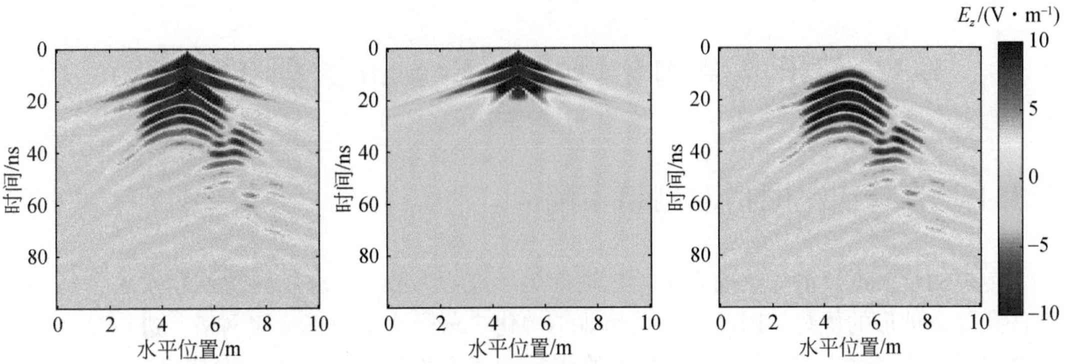

(a) 真实模型　(b) 初始模型　(c) 残差

图 3-37　SNR=25dB 的白噪声下模型 2 的时域共剖点记录

图 3-38 为利用比例因子 $\beta=1.0$ 和正则化权重 λ 递减下含噪数据的多尺度反演结果，在图 3-38（a）介电常数图像中，该反演曲线没有对噪声信息进行拟合，得到了较为准确的浅部构造信息，尽管浅部分层中含有一些振荡，但仍然能相当准确地重构，随着深度加

深分辨率显著降低，导致深部的界面无法识别，且高介电常数层并不明显。图 3-38（b）为电导率反演剖面图，图中可见，地下结构的主要趋势在电阻率剖面图中也得到较好的反映，说明该反演方法具有一定的抗噪性，但反演的电导率深度曲线与真实模型存在偏差，剖面图像也稍显模糊。显然，含噪数据的重构结果达不到无噪数据的反演精度。

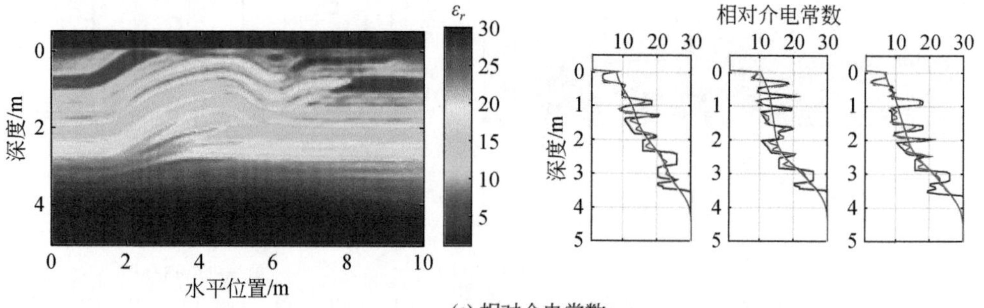

(a) 相对介电常数

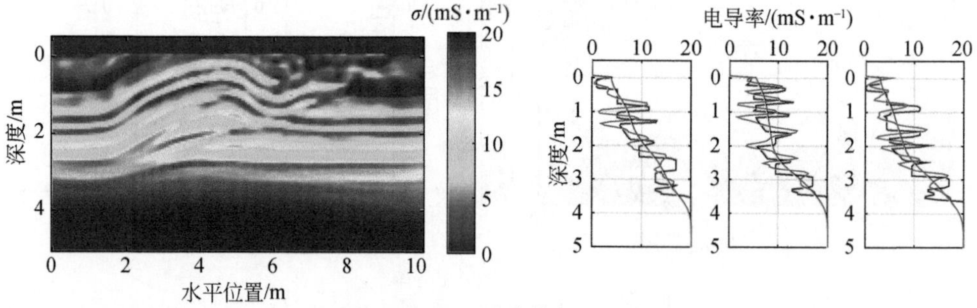

(b) 电导率

图 3-38 左边：使用缩放因子 $\beta=1.0$ 和减小的正则化权重 λ，通过噪声数据反演（SNR=25dB）获得的介电常数（a）和电导率（b）模型。右边：沿距离 2.5m、5m 和 7.5m 处的一维深度切线。黑色曲线表示真实模型，红色曲线表示反转模型，蓝色曲线表示初始模型（共 202 次迭代）

3.3 基于非结构化网格的 B-scan 数据 TD-FWI

3.3.1 非结构化网格双网格策略

传统的全波形反演算法通常采用规则的矩形进行离散，而非结构化网格具有灵活地模拟任意复杂地形的优势。因此本节采用非结构化三角网格作为正反演网格，进行复杂模型的全波形反演测试。采用图 3-39 所示的正反演两套网格系统，正演网格剖分可以较密；反演网格可根据反演的分辨率需求设计，然后根据网格的布设需求选择合适加密方法（二分或者四分）对网格进行一定程度上的加密，再根据正演激励源的中心频率，选择 DGTD 算法中合适阶次的插值基函数进行离散计算。这样对反演网格和正演网格进行合理组合，既降低了反演自由度，又减小了反演求解过程中的不适定性。双网格反演策略既保证了正演的计算精度，又保证了反演的速度。

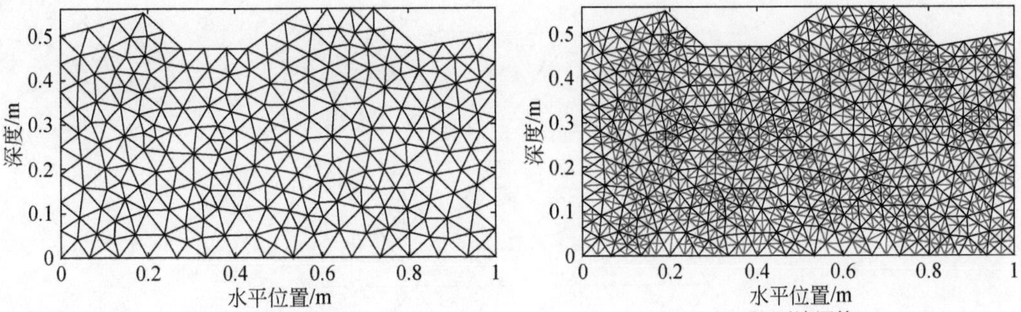

(a) 反演网格　(b) 正演网格

图 3-39　基于非结构化网格的双网格反演策略示意图

3.3.2　自适应正则化因子的 TV 模型约束

1. 非规则网格的 TV 正则化离散

根据前文正则化算子 TV 定义为

$$\mathrm{TV}(p) = \int_{\Omega} |\nabla p| \, \mathrm{d}\Omega \tag{3-81}$$

式中，Ω 为成像区域；p 为反演区域的介电常数和电导率双物性参数。在结构化网格上，使用垂直和水平方向上的相邻参数之间一阶差分来直接形成该积分的离散近似。对于非结构化网格，本书采用 Borsic 等（2009）提出的离散近似方法。

本书使用的非结构化网格将物性参数描述为分段常数，每个离散单元上的物性参数为常数，因此表示单元间阶跃变化的∇p 仅在单元间棱边上是非零的。对于如图 3-40 所示的第 i 个棱边，其两侧的为单元 $m(i)$ 和 $n(i)$，参数的阶跃变化为 $|\boldsymbol{p}_{m(i)}-\boldsymbol{p}_{n(i)}|$，$\boldsymbol{p}$ 为离散物性参数列向量。通过将网格所有棱边上的阶跃变化进行积分可以得到全变差正则化算子在非结构化网格的离散形式：

$$\mathrm{TV}(\boldsymbol{p}) = \sum_{i}^{\mathrm{NE}} l_i \, |\boldsymbol{p}_{m(i)} - \boldsymbol{p}_{n(i)}| \tag{3-82}$$

其中，l_i 为网格中第 i 个棱边的长度，如图 3-40 所示；$m(i)$ 和 $n(i)$ 为共享棱边 i 的单元编号；NE 表示网格的棱边总数。

式（3-82）可以表示为矩阵形式：

$$\mathrm{TV}(\boldsymbol{p}) = \sum_{i}^{\mathrm{NE}} |\boldsymbol{L}_i \boldsymbol{p}| \tag{3-83}$$

其中，$\boldsymbol{L}$ 为稀疏矩阵，其维度为 NE×NT，NT 为离散的三角形单元个数。每行$\boldsymbol{L}_i$ 有两个非零元素对应 $m(i)$ 和 $n(i)$ 的位置：$\boldsymbol{L}_i = [0, \cdots, 0, l_i, 0, \cdots, 0, -l_i, 0, \cdots, 0]$。TV 算子的导数是非连续的，通过如下近似保证其可微：

$$\mathrm{TV}_{\delta}(p) = \int_{\Omega} \sqrt{|\nabla p|^2 + \delta^2} \, \mathrm{d}\Omega \tag{3-84}$$

当 $\delta \to 0$ 时，$\mathrm{TV}_{\delta}(p) \to \mathrm{TV}(p)$。其离散形式为

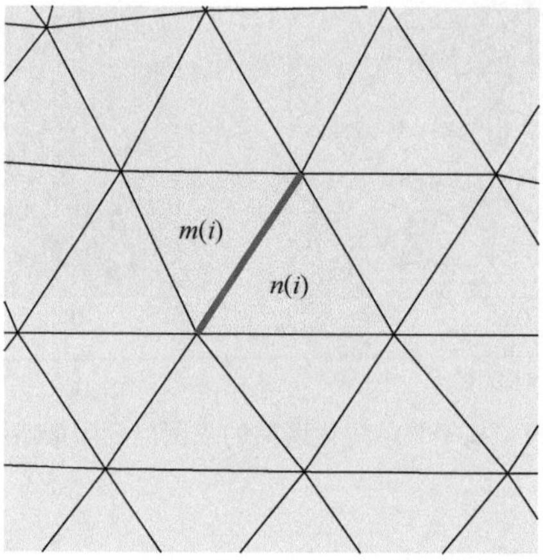

图 3-40　非规则网格全变差离散算子示意图

$$\mathrm{TV}_\delta(\boldsymbol{p}) = \sum_{i}^{\mathrm{NE}} \sqrt{|\boldsymbol{L}_i\boldsymbol{p}|^2 + \delta^2} \tag{3-85}$$

全变差正则化算子的梯度可表示为

$$\nabla\mathrm{TV}_\delta(\boldsymbol{p}) = -\boldsymbol{L}^{\mathrm{T}}\boldsymbol{F}^{-1}\boldsymbol{L}\boldsymbol{p} \tag{3-86}$$

其中，$\boldsymbol{F}=\mathrm{diag}\ (\sqrt{|\boldsymbol{L}_i\boldsymbol{p}|^2+\delta^2})$。

2. 自适应正则化因子的 TV 模型约束

在式（3-74）定义的目标函数中，不同的模型参数采用了相同的正则化因子，当参数调节因子设置不合理时，将会由于相同的正则化因子设置导致反演收敛速度变慢，因此，设置如下目标函数：

$$\Phi(\boldsymbol{m}) = \Phi_d(\boldsymbol{m}) + \Phi_m(\boldsymbol{m}) \tag{3-87}$$

$\Phi_d(\boldsymbol{m})$ 与前文一致，$\Phi_m(\boldsymbol{m})$ 表示为

$$\Phi_m(\boldsymbol{m}) = \lambda_1\ \mathrm{TV}_\delta(\varepsilon_r) + \lambda_2\ \mathrm{TV}_\delta(\sigma_r/\beta) \tag{3-88}$$

其中，λ_1、λ_2 表示不同参数的正则化因子，本书采用陈小斌等（2005）提出的自适应正则化因子选取方法：

$$\lambda_p^{(k)} = \lambda_p^{(0)} \frac{\Phi_d^{(k-1)}}{\Phi_d^{(k-1)} + \mathrm{TV}_\delta\ (p)^{(k-1)}} \tag{3-89}$$

目标函数 $\Phi(\boldsymbol{m})$ 的梯度可表示为

$$\nabla\Phi(\boldsymbol{m}) = \boldsymbol{g}_d(\boldsymbol{m}) + \boldsymbol{g}_m(\boldsymbol{m}) \tag{3-90}$$

其中，$\boldsymbol{g}_d(\boldsymbol{m})$ 为数据目标函数的梯度，可以由式（3-62）和式（3-63）求得，$\boldsymbol{g}_m(\boldsymbol{m})$ 为模型参数目标函数，可表示为

$$\boldsymbol{g}_m(\boldsymbol{m}) = \begin{bmatrix} \lambda_1\ \nabla\mathrm{TV}_\delta(\boldsymbol{m}_\varepsilon) \\ \lambda_2\ \nabla\mathrm{TV}_\delta(\boldsymbol{m}_\sigma) \end{bmatrix} \tag{3-91}$$

3.3.3　衬砌病害模型 B-scan 数据反演算例

隧道在经历了多年运营后，由于围岩压力变化、衬砌材料老化、强度降低等因素，发生衬砌开裂，衬砌掉块、剥离、脱空、渗漏水等现象，严重威胁隧道运营安全。本书针对衬砌不密实及脱空模型和隧道渗漏水模型，在非结构化的反演网格上，采用多尺度 TV 正则化反演策略，对雷达 B-scan 剖面合成数据进行反演成像，以研究 TD-FWI 算法对衬砌病害的 GPR 资料成像效果与应用前景。

1. *隧道不密实及衬砌脱空模型 B-scan 合成数据反演*

隧道在施工时因地质条件复杂、施工环境恶劣、施工工艺等问题，在衬砌中形成不密实部位；超挖未回填密实导致隧道围岩与衬砌之间存在脱空区。衬砌中的不密实部位和空洞（脱空）会降低衬砌强度，使衬砌结构受力不均，应力集中，容易造成衬砌结构破坏。为了更好地认识不密实及衬砌脱空模型的雷达剖面特征，并测试多尺度全波形双参数反演算法的效果，建立图 3-41 所示的衬砌不密实及脱空模型。模型的长与宽分别为 1.0m×0.5m，采用非结构化网格对该模型区域进行离散，离散时三角单元数为 39950 个，节点个数为 20166 个，剖分示意图如图 3-42（a）所示；地表上方设置 0.1m 的空气层。激励源采用 900MHz 的零相位 Ricker 子波，取时间步长为 0.01ns，时窗长度为 12ns。收发天线距地表 0.01m，收发距为 0.1m，收发天线位置如图 3-42（a）所示，蓝色小圆点表示激发天线位置，红色叉表示接收天线位置，两者自左向右同步移动，采样间隔为 0.01m，共计记录 91 道雷达数据。

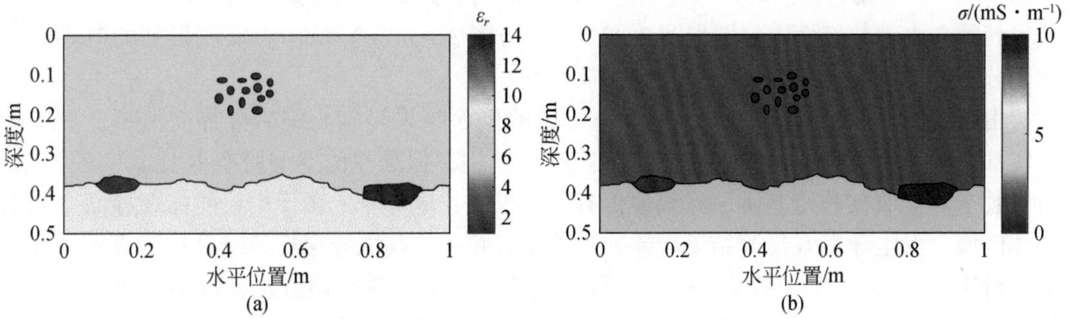

图 3-41　隧道衬砌病害介电常数模型图（a）和电导率模型图（b）

衬砌不密实及脱空模型的雷达正演剖面如图 3-42（b）所示，从图中可见，区域 A 出现大量不规则抛物线状反射信号叠加，是由于不密实部位存在大量小空洞，电磁波信号发生多次反射叠加形成的，不密实部位的强反射同相轴发生错乱、不连续甚至断开；区域 B 电磁波强反射同相轴为抛物线，该异常对应图 3-42（a）左侧空洞；区域 C 为雷达探测到的围岩分界面，信号强度较弱；区域 D 电磁波强反射同相轴呈抛物线形态，结合围岩分界面位置和深度信息，可以推断为含水黏土的衬砌脱空区，相对于空气脱空区相位发生了反转。

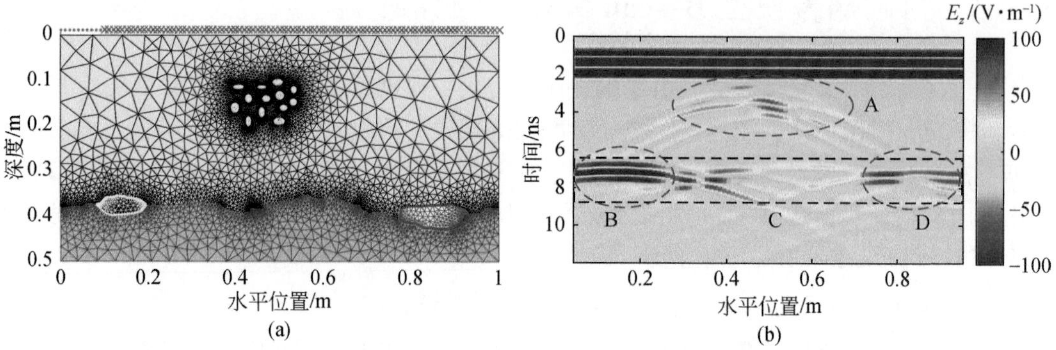

图 3-42　隧道衬砌模型剖分示意图（a）及雷达正演剖面图（b）

图 3-42（b）的雷达正演剖面能反映出异常体的存在，但无法准确判定异常体的物性、形态及具体位置。因此对于图 3-42（b）的雷达剖面数据进行多尺度双参数全波形反演测试。根据衬砌设计标准以及结构信息，构建如图 3-43（a）和（b）所示的两层渐变反演初始模型，反演网格的剖分单元数为 14934 个，节点总数为 7594 个，采用与正演相同观测系统。将多尺度双参数全波形反演应用于该模型，反演时采用 250MHz、400MHz 与 900MHz 三个尺度；由于在较高的频率下，电磁波的波动项（介电常数）占主要部分，扩散项影响较小，因此选择一个较大的参数调节因子 $\beta=2.0$；为了说明全变差正则化方法的效果，在其他参数设置相同的条件下，设置 2 组双参数反演实验，（S1）传统不加载全变差正则化全波形反演方法，（S2）加载全变差正则化的全波形反演方法，反演中设置 $\lambda_1^0=0.25$，$\lambda_2^0=0.0002$。反演终止条件为达到最大迭代次数 200 次或达到给定误差 1×10^{-3}。反演得到的介电常数剖面图分别如图 3-43（c）与图 3-43（e）所示，反演得到的电导率剖面图分别如图 3-43（d）与图 3-43（f）所示。

由图 3-43 可以发现两种方法的介电常数的反演结果衬砌与围岩分界面清晰，对于不密实部位 A、两个脱空异常体 B 和 C 均能较好重构，但是左侧空洞脱空 B 比真实模型小，右侧脱空 C 与真实模型基本一致幅值仍有一定偏差；电导率的图像中仅能体现界面变化的大体区域，低电导率 B 反演结果较差，不能很好重构，高电导率反演结果 C 与真实模型接近。对比图 3-43（c）和图 3-43（e）可以发现，相对传统反演方法，本书方法压制了背景的非物理振荡，B 处异常体的重构效果更好，C 处高介电常数能更好地归位。对比图 3-43（d）和图 3-43（f）可以发现，本书方法电导率的结果背景非物理振荡更小，异常体 C 电导率结果与真实模型更为接近。

为了比较全变差正则化方法与传统反演方法对于反演收敛性的影响，并定量说明全变差正则化方法的重构效果，表 3-6 为两组不同方法反演结果参数，其中重构误差计算公式为 $\|\boldsymbol{m}_k-\boldsymbol{m}_{\text{true}}\|_2/\|\boldsymbol{m}_{\text{true}}\|_2$。由表 3-6 可以发现，在相同的迭代次数下，本书方法的模型重构误差较不加载全变差正则化有所降低。

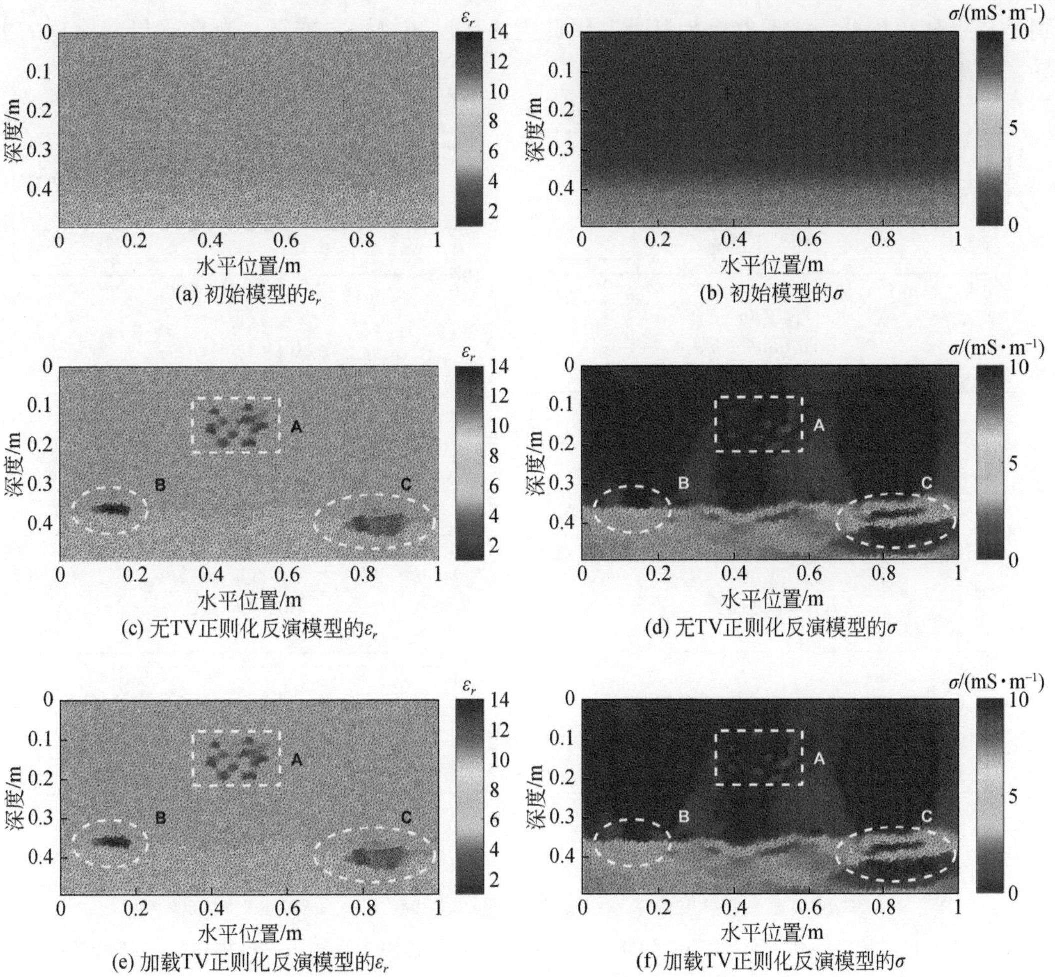

图 3-43　隧道衬砌模型反演初始模型及反演结果图

表 3-6　衬砌病害模型 1 不同方案反演结果参数表

反演方案	反演迭代次数	介电常数重构误差	电导率重构误差
不加载全变差正则化	600	0.1261	0.6981
全变差正则化	541	0.1109	0.6645

为了进一步观测两种反演方法的细微区别，图 3-44 为图 3-41 中横坐标 0.15m、0.5m 和 0.85m 处的介电常数和电导率的沿深度纵切线的对比图，由于反演采用非规则网格，该切线图为插值结果。分析图 3-44（a）、（c）和（e）的相对介电常数反演曲线可知，两种反演方法与真实模型形态基本一致，幅值与真实模型存在一定偏差，相对传统方法，本书方法与真实模型更为接近，振荡较小。由图 3-44（b）、（d）和（f）的电导率反演曲线可知，两种反演方法的结果在总体上的变化趋势与真实结果差异较大，两者的值与真实结果均出现了错位及偏离现象；相对传统方法，本书方法振荡较小。由于介电常数主要体现的

是波动效应，对界面反映更加明显；电导率主要体现扩散效应，其体积效应更加明显。特别是对于高频数据，该现象更为显著，因此无法从反演数据中恢复含有精确界面信息的电导率结果。

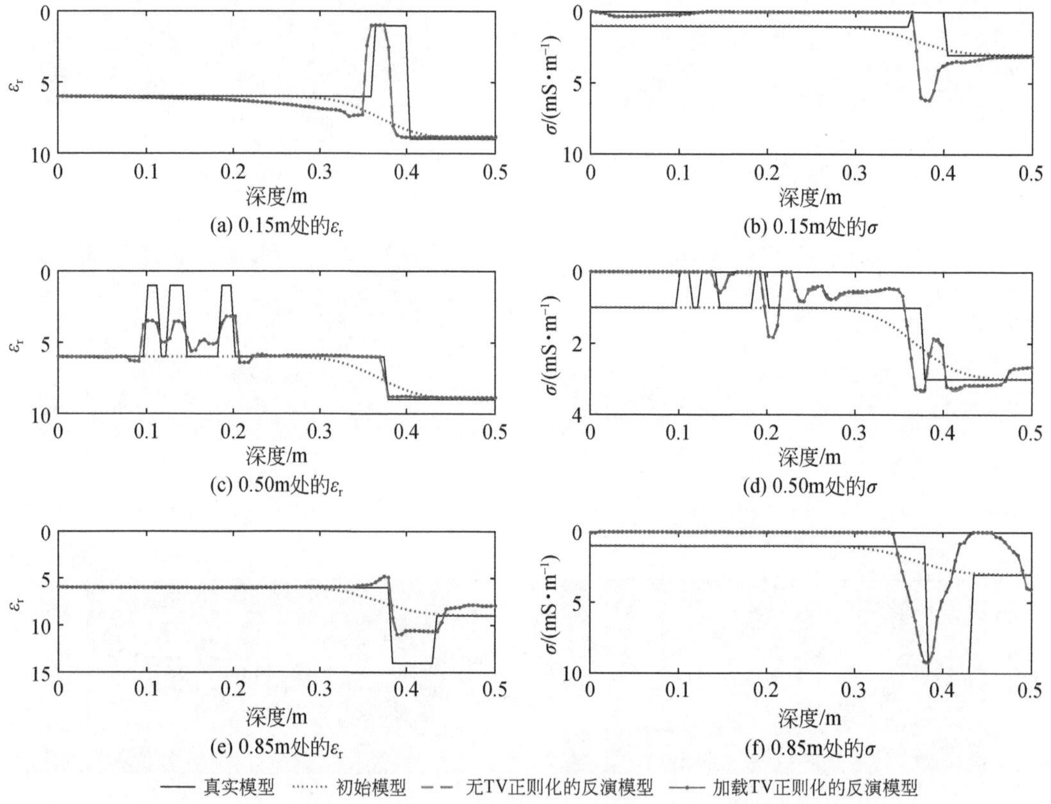

图 3-44　横坐标 0.15m、0.5m 和 0.85m 处的介电常数和电导率的沿深度纵切线的对比图

2. 隧道渗漏水模型 B-scan 数据反演

衬砌周围岩石破碎，存在导水通道，水通过衬砌中的缝隙渗漏出，衬砌渗漏水能够使混凝土衬砌风化剥蚀、腐蚀破坏衬砌中的钢筋，对衬砌结构造成破坏；在冬季寒冷地区，渗漏水会造成衬砌挂冰，衬砌中的空洞、裂缝成为储水空间，使衬砌由于冻胀而发生破坏。为了更好地认识衬砌渗漏水模型的雷达剖面特征，建立图 3-45 所示的衬砌渗漏水模型。模型的长与宽分别为 5.0m×2.5m，采用非结构化网格对该模型内部区域进行离散，离散时的内部三角单元数为 29417 个，节点个数为 18849 个。模拟的时间步长为 0.05ns，时窗长度为 70ns。激励源采用 400MHz 的零相位 Ricker 子波，收发天线距地表 0.025m，收发距为 0.1m，自左向右同步移动，采样间隔为 0.05m，共记录 96 道雷达数据。

图 3-46（a）隧道衬砌渗漏水模型图中的灰色介质为混凝土衬砌，黄色介质为围岩，中间蓝色区域为围岩破碎带，右侧蓝色分叉区域为围岩裂隙、破碎带和裂隙构成的导水通道，内部充水，左侧黄色区域为围岩裂隙、破碎带构成的无水裂隙。衬砌渗漏水模型的雷达正演剖面如图 3-46（b）所示，图 3-46（b）中标注的区域 A 为衬砌与围岩的分界面，

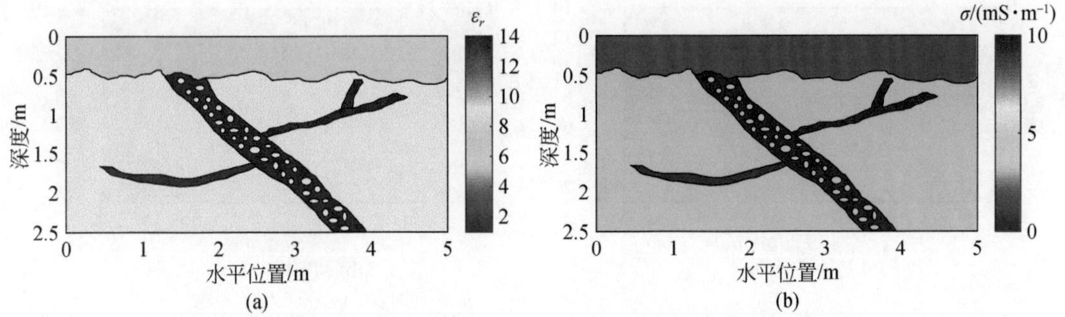

图 3-45　隧道衬砌渗漏水介电常数模型图（a）和电导率模型图（b）

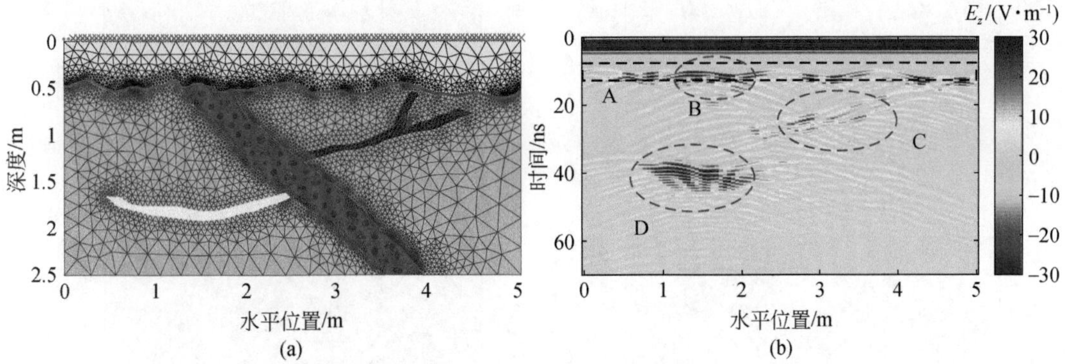

图 3-46　隧道衬砌渗漏水模型剖分示意图（a）及雷达正演剖面图（b）

该起伏不平界面的形状能得到大致体现；区域 B 为中间破碎带上界面产生的反射波，由于含水黏土与围岩的介电常数之差较大，电磁波遇到含水通道后产生很强的反射振幅，电磁波反射信号同相轴的形态能大致反映围岩破碎带、裂缝的形态，但倾角变得更平缓；区域 C 为含水裂隙端点处的绕射波及裂隙通道的反射波，显然由于含水黏土的介电常数与围岩的介电常数差异较大，含水裂隙端点处的绕射波及裂隙通道的反射波能量更强；区域 D 为空气裂隙产生的多次强反射信号。

实际资料中仅凭正演剖面无法确定含水通道与裂隙的特性、形态及具体位置，因此对图 3-46（b）的剖面数据进行了多尺度双参数全波形反演测试。根据衬砌设计标准以及结构信息，构建图 3-47（a）和（b）所示的两层渐变反演初始模型，反演网格的剖分单元数为 14926 个，节点总数为 7590 个，采用与正演相同的观测系统。将多尺度双参数全波形反演应用于该模型，反演时采用 80MHz、200MHz 与 400MHz 三个尺度；参数调节因子 $\beta=1.0$；为了说明全变差正则化方法的效果，在其他参数设置相同的条件下，设置 2 组双参数反演实验：①传统不加载全变差正则化全波形反演方法；②加载全变差正则化的全波形反演方法，反演中设置 $\lambda_1^0=0.25$，$\lambda_2^0=0.004$。反演策略与终止条件与实验 1 相同。反演得到的介电常数剖面图分别如图 3-47（c）与图 3-47（e）所示，反演得到的电导率剖面图分别如图 3-47（d）与图 3-47（f）所示。

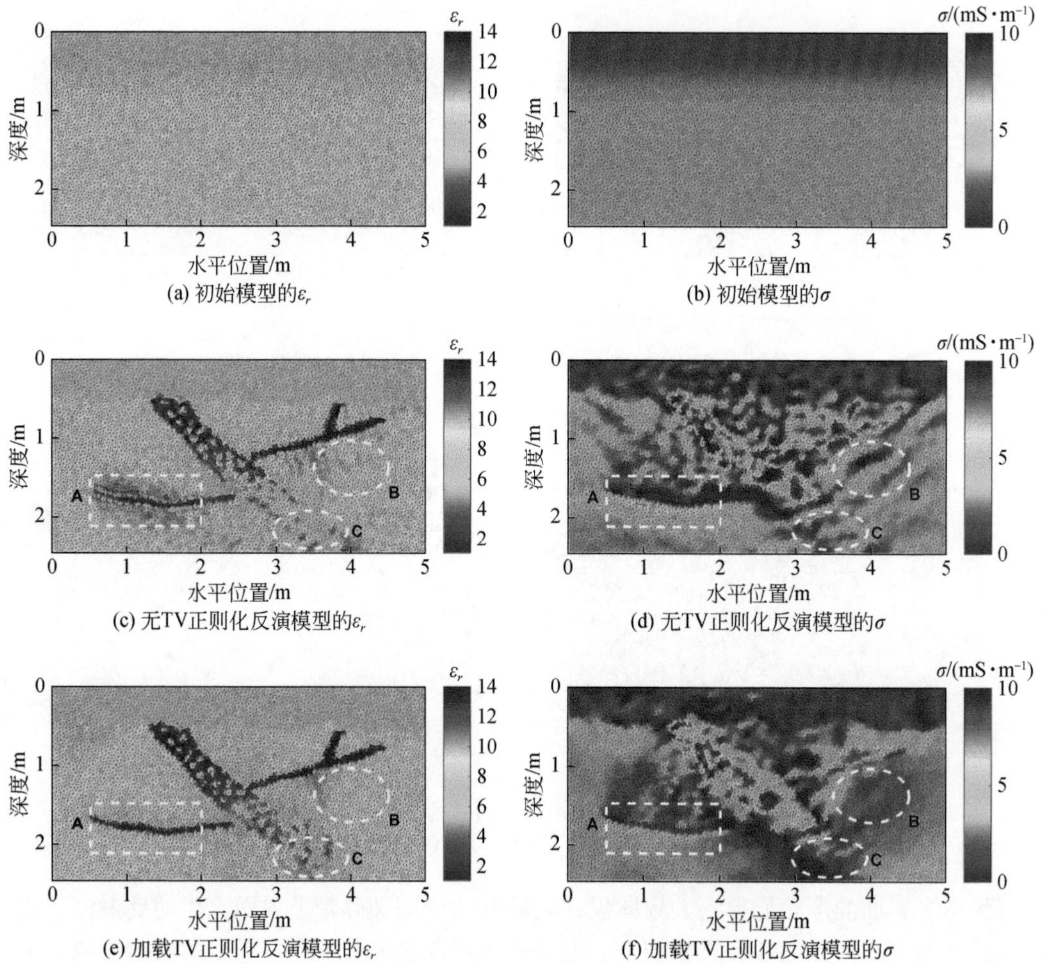

图 3-47　隧道渗漏水反演初始模型及反演结果图

由图 3-47 可知，两种反演策略的介电常数的反演中衬砌与围岩分界面清晰，对于渗漏水通道主体、左侧空气裂隙 A 和右侧渗水裂隙均能较好重构，对于通道主体中 2m 以上的杂乱破碎异常位置大小也能很好重构，2m 以下 C 处渗漏主体重构效果较差，主要是由于剖面观测数据中不含有该处的信息，故无法得到较好的重构。电导率的图像中仅能体现界面变化的大体区域，图像重构效果一般。对比图 3-47（c）和（e）可以发现，相对于传统反演方法，本书方法消除了左侧空气裂隙 A 处的高介电常数伪像，压制了 B 处背景的非物理振荡，2m 以下 C 处重构结果稍有改善。对比图 3-47（d）和（f）可以发现，本书方法电导率的结果更加稳定，衬砌与围岩的分界面比传统方法更加明显；左侧空气裂隙 A 处高电导率伪像得到了更好的压制；B 处的非物理振荡得到了很好的压制。

为了比较全变差正则化方法与传统反演方法对于反演收敛性的影响，并定量说明全变差正则化方法的重构效果，表 3-7 为两组不同方案反演结果参数。由表 3-7 可以发现，本书方法的迭代次数以及模型重构误差较传统方法少，可以在较少的迭代次数下达到更高的精度。

表 3-7　衬砌病害模型 2 不同方案反演结果参数表

反演方案	反演迭代次数	介电常数重构误差	电导率重构误差
不加载全变差正则化	600	0.1582	0.3088
全变差正则化	563	0.1423	0.2861

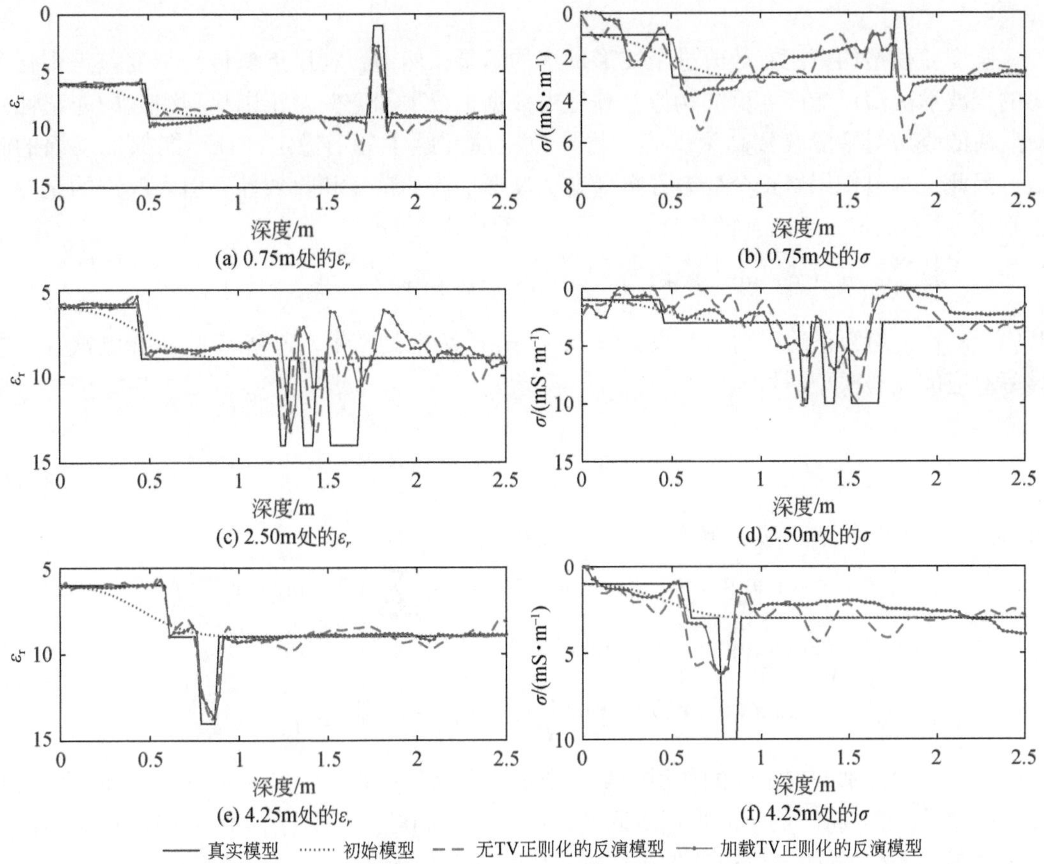

图 3-48　横坐标 0.75m、2.50m 和 4.25m 处的介电常数和电导率的沿深度纵切线的对比图

为了进一步观测两种反演策略的细微区别，图 3-48 为图 3-45 中横坐标 0.75m、2.50m 和 4.25m 处的介电常数和电导率沿深度纵切线的对比图，由于反演采用的非结构化网格，该切线图为插值结果。分析图 3-48（a）、（c）和（e）的相对介电常数反演曲线可知，两个策略与真实模型形态基本一致，特别在 0.75m 和 4.25m 两个裂隙对应的切线位置，仅在幅值存在较小偏差，通道主体对应的 2.5m 切线位置与真实模型起伏形态大致相同，幅值与真实模型相差较大；相对于传统方法，本书方法与真实模型更为一致，非物理振荡得到了较好的压制。由图 3-48（b）、（d）和（f）的电导率反演曲线可知，两种方法的结果在总体上的变化趋势与真实结果差异较大，0.75m 对应的空气裂隙反演效果最差，2.5m 与 4.25m 的高电导率异常起伏形态与真实模型一致，但两者的值与真实结果均出现了错位及偏离现象。

3.4 基于改进全变差正则化的 TD-FWI

3.4.1 改进全变差正则化策略

全变差模型约束能有效改进全波形反演的效果，然而，利用近似传统全变差正则化方案的全波形反演可能产生反演伪像，并且由数据拟合项和全变差正则化项引起的非线性以及反演的收敛对平滑参数高度敏感，将导致反演问题十分不稳定，且不能保证反演的收敛。因此，本节使用修正全变差方案提高全波形反演的精度和收敛性。引入改进的全变差正则化方法（Lin and Huang，2014），目标函数可定义为

$$\tilde{\Phi}(\boldsymbol{m},\boldsymbol{v}) = \min_{\boldsymbol{m},\boldsymbol{v}}\left\{S(\boldsymbol{m}) + \sum_{i=\varepsilon,\sigma}(\lambda_i \| \boldsymbol{m}_i - \boldsymbol{v}_i \|^2 + \gamma_i \| \boldsymbol{v}_i \|_{\mathrm{TV}})\right\} \tag{3-92}$$

其中，λ 和 γ 均为正的正则化参数，$\boldsymbol{v}=(\boldsymbol{v}_\varepsilon, \boldsymbol{v}_\sigma)^{\mathrm{T}}$ 为辅助变量，$\boldsymbol{v}_\varepsilon$ 和$\boldsymbol{v}_\sigma$ 表示介电常数和电导率对应的先验模型向量。

其中

$$\| \boldsymbol{v} \|_{\mathrm{TV}} = \int_\Omega \sqrt{(\nabla_x \boldsymbol{v})^2 + (\nabla_y \boldsymbol{v})^2}\,\mathrm{d}\Omega \tag{3-93}$$

可将问题（3-92）进一步分解为 2 个交替最小化子问题：

$$\boldsymbol{m}^{(k)} = \arg\min_{\boldsymbol{m}}\Phi(\boldsymbol{m}) = \arg\min_{\boldsymbol{m}}\left\{S(\boldsymbol{m}) + \sum_{i=\varepsilon,\sigma}\lambda_i \| \boldsymbol{m}_i - \boldsymbol{v}_i \|^2\right\} \tag{3-94}$$

$$\begin{cases} \boldsymbol{v}_\varepsilon^{(k)} = \arg\min\limits_{\boldsymbol{v}_\varepsilon}\Phi_\varepsilon(\boldsymbol{v}_\varepsilon) = \arg\min\limits_{\boldsymbol{v}_\varepsilon}\{ \| \boldsymbol{m}_\varepsilon^{(k)} - \boldsymbol{v}_\varepsilon \|^2 + \gamma_\varepsilon \| \boldsymbol{v}_\varepsilon \|_{\mathrm{TV}}\} \\ \boldsymbol{v}_\sigma^{(k)} = \arg\min\limits_{\boldsymbol{v}_\sigma}\Phi_\sigma(\boldsymbol{v}_\sigma) = \arg\min\limits_{\boldsymbol{v}_\sigma}\{ \| \boldsymbol{m}_\sigma^{(k)} - \boldsymbol{v}_\sigma \|^2 + \gamma_\sigma \| \boldsymbol{v}_\sigma \|_{\mathrm{TV}}\} \end{cases} \tag{3-95}$$

这两个子问题分别起着不同的作用：第一个子问题为使用基于 Tikhonov 正则化和多参数的先验模型$\boldsymbol{v}_i^{(k)}$ 求解$\boldsymbol{m}^{(k)}$的全波形反演问题；第二个子问题进行 2 次标准的 L2-TV 最小化方法求解不同参数的$\boldsymbol{v}_i^{(k)}$，以保持反演结果$\boldsymbol{m}_i^{(k)}$ 中的分界面清晰。

根据方程（3-94）和（3-95）可以发现：一方面，参数 λ 仅存在于方程（3-94）的子问题中，它的作用是保持数据目标函数和 Tikhonov 正则化项之间的平衡，方程（3-94）中的 Tikhonov 正则化反演能保证反演的稳定性。另一方面，γ 仅用于子问题方程（3-95）中，该方程对于$\boldsymbol{v}_i^{(k)}$ 是标准的 L2-TV 最小化问题，它能抑制$\boldsymbol{m}_i^{(k)}$ 中的假象，并保留清晰的界面。交替迭代求解方程（3-94）和（3-95），这不仅能增强界面的清晰度，而且能保证全波形反演更加稳定。

根据陈小斌等（2005），第 k 次迭代的正则化因子为

$$\lambda_i^{(k)} = \frac{\lambda_i^{(0)} S(\boldsymbol{m})}{S(\boldsymbol{m}) + \| \boldsymbol{m}_i - \boldsymbol{v}_i^{(k-1)} \|^2}, \quad i=\varepsilon,\sigma \tag{3-96}$$

其中，$\lambda_i^{(0)}$ 为一个无量纲数，本书取 $\lambda_\varepsilon^{(0)}=0.1$，$\lambda_\sigma^{(0)}=0.05$。上式可以实现正则化因子的自适应选取。

改进的全变差问题需要交替求解两个最小化子问题。在第 k 次迭代中，根据方程（3-

94）使用辅助变量$\boldsymbol{v}_i^{(k)}$求解模型$\boldsymbol{m}^{(k)}$，然后根据方程（3-95）使用$\boldsymbol{m}_i^{(k)}$求解辅助变量$\boldsymbol{v}_i^{(k)}$。得到的$\boldsymbol{v}_i^{(k)}$将在下一个迭代步骤中方程（3-94）中使用。对于第一个迭代步骤，初始模型$\boldsymbol{v}_i^{(0)}=\boldsymbol{m}_i^{(0)}$。由此可以得到一个反演序列

$$\boldsymbol{v}_i^{(0)}\to\boldsymbol{m}^{(1)}\to\boldsymbol{v}_i^{(1)}\to\boldsymbol{m}^{(2)}\to\boldsymbol{v}_i^{(2)}\to\cdots\to\boldsymbol{m}^{(k)}\to\boldsymbol{v}_i^{(k)}\to\cdots,i=\varepsilon,\sigma \tag{3-97}$$

本书使用 L-BFGS 方法求解方程式$\boldsymbol{m}_i^{(k)}$。在每次迭代更新中需要对目标函数 $\Phi(\boldsymbol{m})$ 梯度 $\boldsymbol{g}$ 进行计算：

$$\boldsymbol{g}=\nabla_{\boldsymbol{m}}\Phi(\boldsymbol{m})=\begin{bmatrix}\boldsymbol{g}_\varepsilon+2\lambda_\varepsilon(\boldsymbol{m}_\varepsilon-\boldsymbol{v}_\varepsilon^{(k-1)})\\ \boldsymbol{g}_\sigma+2\lambda_\sigma(\boldsymbol{m}_\sigma-\boldsymbol{v}_\sigma^{(k-1)})\end{bmatrix} \tag{3-98}$$

3.4.2　分裂布莱格曼求解二维 L2-TV 最小化问题

子问题方程（3-95）是一个标准的 L2-TV 最小化问题，本书采用 Split-Bregman 方法（SB-TV）求解方程（3-95）中的$\boldsymbol{v}_i^{(k)}$（Goldstein and Osher，2009）。再次引入新的辅助变量 $d_x=\nabla_x\boldsymbol{v}$，$d_y=\nabla_y\boldsymbol{v}$，则方程（3-95）表示的最优化问题可以统一为

$$\min_{\boldsymbol{v}}\frac{1}{2}\|\boldsymbol{v}-\boldsymbol{m}\|^2+\mu_{\mathrm{TV}}(|d_x|+|d_y|) \tag{3-99}$$

在上式最小化问题中通过增加两个额外惩罚项来执行弱约束，应用 Bregman 距离，整理后写为如下最优化问题：

$$\min_{v,d_x,d_y}\frac{1}{2\mu_{\mathrm{TV}}}\|\boldsymbol{v}-\boldsymbol{m}\|^2+|d_x|+|d_y|+\frac{\gamma}{2}\|d_x-\nabla_x\boldsymbol{v}-b_x\|^2+\frac{\gamma}{2}\|d_y-\nabla_y\boldsymbol{v}-b_y\|^2 \tag{3-100}$$

其中，$b_x^k=b_x^{k-1}+(\nabla_x v^k-d_x^k)$，$b_y^k=b_y^{k-1}+(\nabla_y v^k-d_y^k)$，且 $b_x^0=b_y^0=0$。上式最优化问题也可以用交替最优化策略进行求解，表示为以下两个最优化问题：

$$\min_{\boldsymbol{v}}\frac{1}{2\mu_{\mathrm{TV}}}\|\boldsymbol{v}-\boldsymbol{m}\|^2+\frac{\gamma}{2}\|d_x-\nabla_x\boldsymbol{v}-b_x\|^2+\frac{\gamma}{2}\|d_y-\nabla_y\boldsymbol{v}-b_y\|^2 \tag{3-101}$$

$$\min_{d_x,d_y}|d_x|+|d_y|+\frac{\gamma}{2}\|d_x-\nabla_x\boldsymbol{v}-b_x\|^2+\frac{\gamma}{2}\|d_y-\nabla_y\boldsymbol{v}-b_y\|^2 \tag{3-102}$$

求解式（3-101）最优条件可表示为

$$(I-\gamma\mu_{\mathrm{TV}}\Delta)v^k=m^{k-1}+\gamma\mu_{\mathrm{TV}}\nabla_x^{\mathrm{T}}(d_x^{k-1}-b_x^{k-1})+\gamma\mu_{\mathrm{TV}}\nabla_y^{\mathrm{T}}(d_y^{k-1}-b_y^{k-1}) \tag{3-103}$$

使用高斯-塞德尔迭代法求解上述优化问题，可得

$$\begin{aligned}v_{i,j}^k=&\frac{1}{1+4\gamma\mu_{\mathrm{TV}}}[m_{i,j}+\gamma\mu(v_{i+1,j}^{k-1}+v_{i-1,j}^{k-1}+v_{i,j+1}^{k-1}+v_{i,j-1}^{k-1})\\&+\gamma\mu_{\mathrm{TV}}(d_{x,i-1,j}^{k-1}-d_{x,i,j}^{k-1}+d_{y,i,j-1}^{k-1}-d_{y,i,j}^{k-1})-\gamma\mu_{\mathrm{TV}}(b_{x,i-1,j}^{k-1}-b_{x,i,j}^{k-1}+b_{y,i,j-1}^{k-1}-b_{y,i,j}^{k-1})]\end{aligned} \tag{3-104}$$

求解式（3-102）表示的最优化问题时

$$d_x^k=\max(s^{k-1}-1/\gamma,0)\frac{\nabla_x v^{k-1}+b_x^{k-1}}{s^{k-1}} \tag{3-105}$$

$$d_y^k=\max(s^{k-1}-1/\gamma,0)\frac{\nabla_y v^{k-1}+b_y^{k-1}}{s^{k-1}} \tag{3-106}$$

其中

$$s^{k-1}=\sqrt{\left|\nabla_x v^{k-1}+b_x^{k-1}\right|^2+\left|\nabla_y v^{k-1}+b_y^{k-1}\right|^2} \tag{3-107}$$

$$b_x^k=b_x^{k-1}+(\nabla_x v^k-d_x^k) \tag{3-108}$$

$$b_y^k=b_y^{k-1}+(\nabla_y v^k-d_y^k) \tag{3-109}$$

3.4.3　正则化对比研究

为了进一步改善反演效果，在反演过程中加载全变差模型约束。仍以 3.2.5 节“中”字模型为例，设置三组双参数反演实验：（S1）不加载正则化项；（S2）加载传统的全变差正则化项；（S3）加载改进全变差正则化项。反演过程中取 $\beta=1.0$，其他的设置与 3.2.5 节一致。

图 3-49（a）~（c）为三组不同正则化方案的介电常数反演剖面图，图 3-49（d）~（f）为三组不同正则化方案的电导率反演剖面图；图 3-50、图 3-51 为三组不同正则化方案的单道切线图。综合对比反演结果图可知，方案 S1 的图 3-49（a）和（d）反演效果最差，异常体分界面模糊且存在振荡现象；方案 S2 的图 3-49（b）与（e）反演效果相对较好，异常体分界面更加清晰，振荡现象相对减弱；方案 S3 的图 3-49（c）与（f）反演图像最

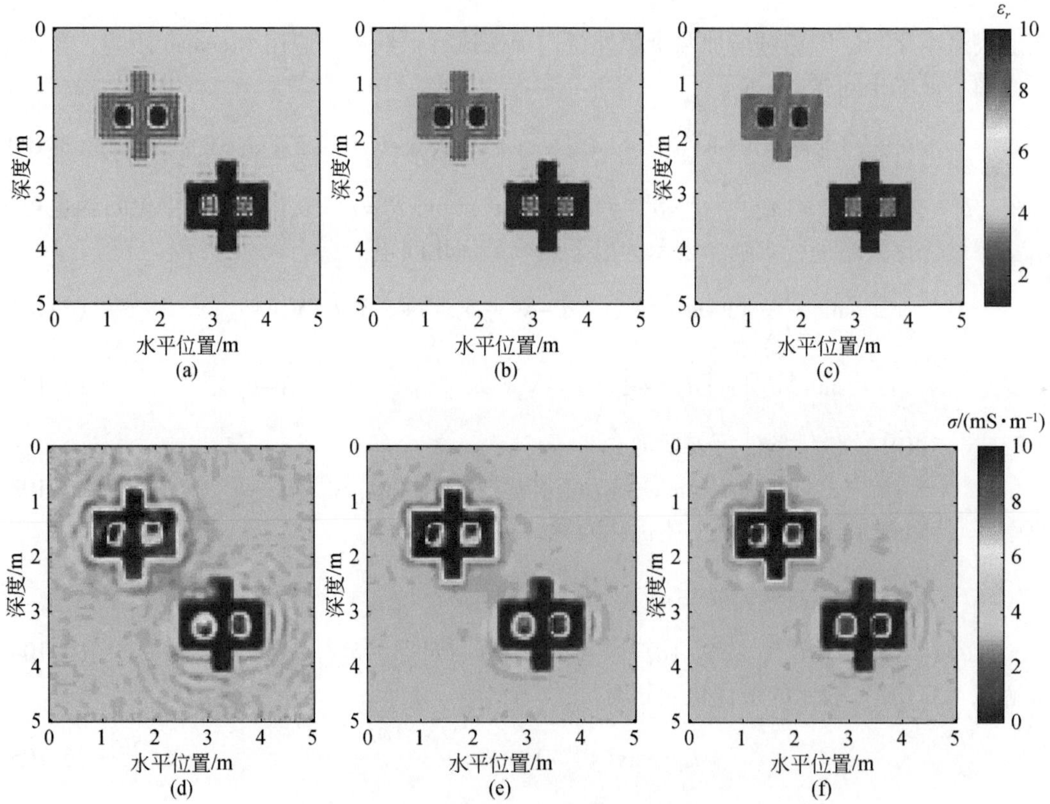

图 3-49　“中”字模型使用不同正则化方案的反演结果

（a）和（d）是未加载正则化时的反演结果；（b）和（e）是传统全变差正则化方案的反演结果；（c）和（f）是改进全变差方案的反演结果

清晰，分界面最为明显，振荡现象明显减弱，异常体重构效果最好。若不加载正则化，由于目标函数仅强调数据的拟合，导致目标函数的非线性，全变差正则化项的引入可以使数据拟合与模型约束之间达到更好的平衡，而传统的全变差正则化方法虽然在一定程度上压制了背景的非物理振荡，但是整体效果还有待提高，改进的全变差正则化方法能更好地压制背景的非物理振荡，提高反演剖面的分辨率，使得分界面更加明显，且介质电导率幅值更加接近真实模型，在一定程度上提高了电导率模型的反演质量。

表 3-8　“中”字模型不同正则化方案反演结果参数

反演方案	最终数据目标函数值	介电常数重构误差	电导率重构误差
无正则化	4. 27	0. 158	0. 430
传统全变差	1. 11	0. 108	0. 359
改进全变差	0. 750	0. 067	0. 294

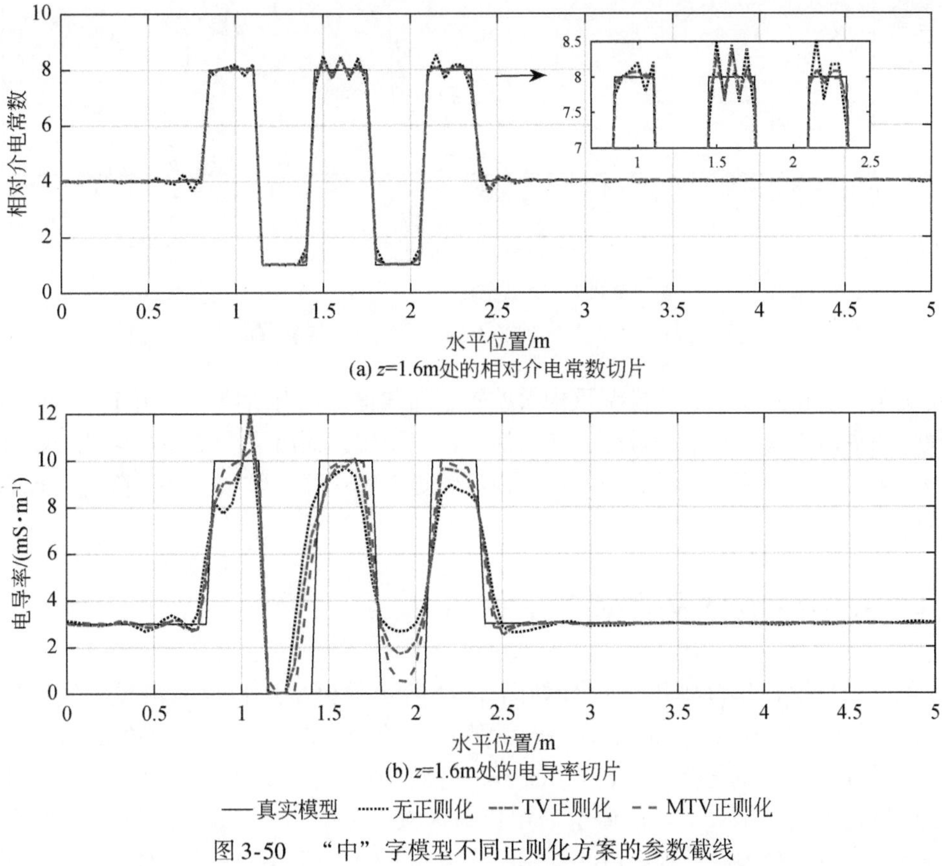

(a) z=1.6m处的相对介电常数切片

(b) z=1.6m处的电导率切片

图 3-50　“中”字模型不同正则化方案的参数截线

为了比较改进全变差正则化方法与传统全变差正则化方法对于反演收敛性的影响，并定量说明改进全变差正则化方法的重构效果，表 3-8 为三组不同正则化方案反演结果参

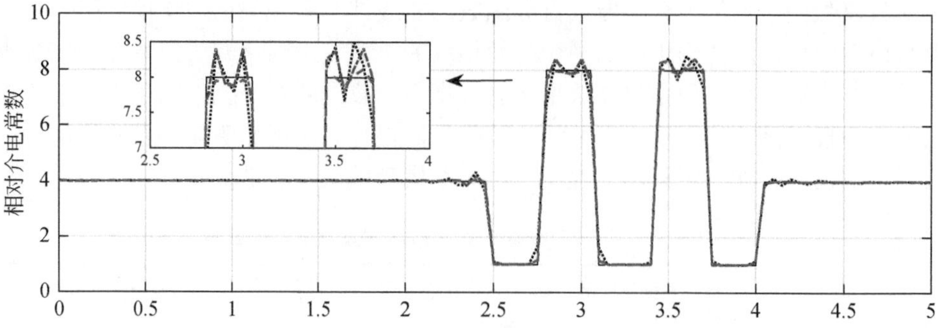

(a) z=3.25m处的相对介电常数切片

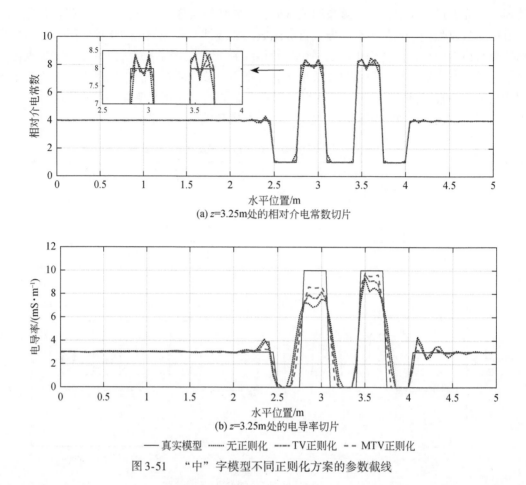

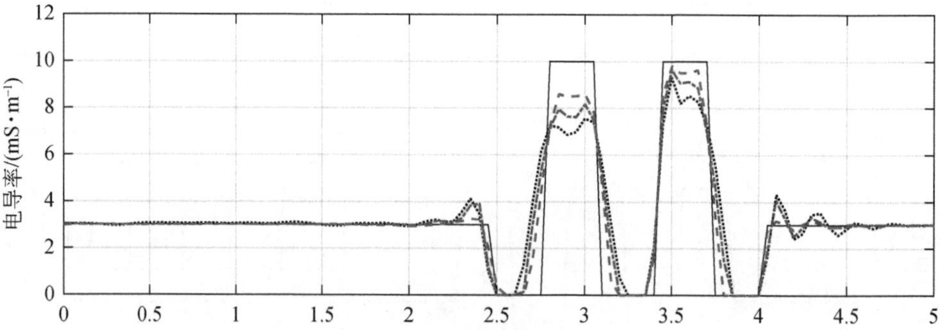

(b) z=3.25m处的电导率切片

图 3-51 “中”字模型不同正则化方案的参数截线

数，传统全变差正则化方法的模型重构误差较不加载正则化有所降低，由于平滑参数的引入，模型约束对平滑参数高度敏感，使反演更加不稳定；而改进全变差正则化方法使用先验模型约束，从而保证了反演的稳定性，使反演更加快速稳定收敛，同时降低了模型重构误差。

3.4.4 复杂模型合成数据反演

为了更好地模拟实际情况，设计如图 3-52 所示的模型进行反演测试，模型区域为 10m×5m，其中图 3-52（a）的相对介电常数模型的变化范围设为 3～30 区间，图 3-52（c）的电导率模型的变化范围在 0～20mS/m 区间。地表之上设置 0.5m 的空气层，上层复杂分层区域代表地表相对干燥的砂层回填覆盖区域；深度约 4m 的界面代表了地下水位；地下具有变化范围较大的不规则层状结构，模型中左侧浅部存在两个强衰减层，电导率为 10mS/m，这可能掩盖下面的结构；模型中部存在两个透镜体。

反演离散网格大小为 0.05m×0.05m，将该模型区域离散为 111×201 网格（不含 PML 区域），通过限定反演中空气层的参数，避免源和接收器位置处的奇异性，待求的地下介电常数和电导率参数为20301个。采用多偏移距共炮点的GPR数据采样方式，设置21个源，水平间隔0.5m，101个接收器，水平间隔0.1m，源和接收器均位于地面之上两个网格点-0.1m深处。反演的介电常数与电导率的初始模型设置如图3-52（b）与图3-52（d）所示，它们仅仅描绘了介质参数变化的大致趋势，是图3-52（a）与图3-52（c）中的真实模型高斯平滑后的结果。

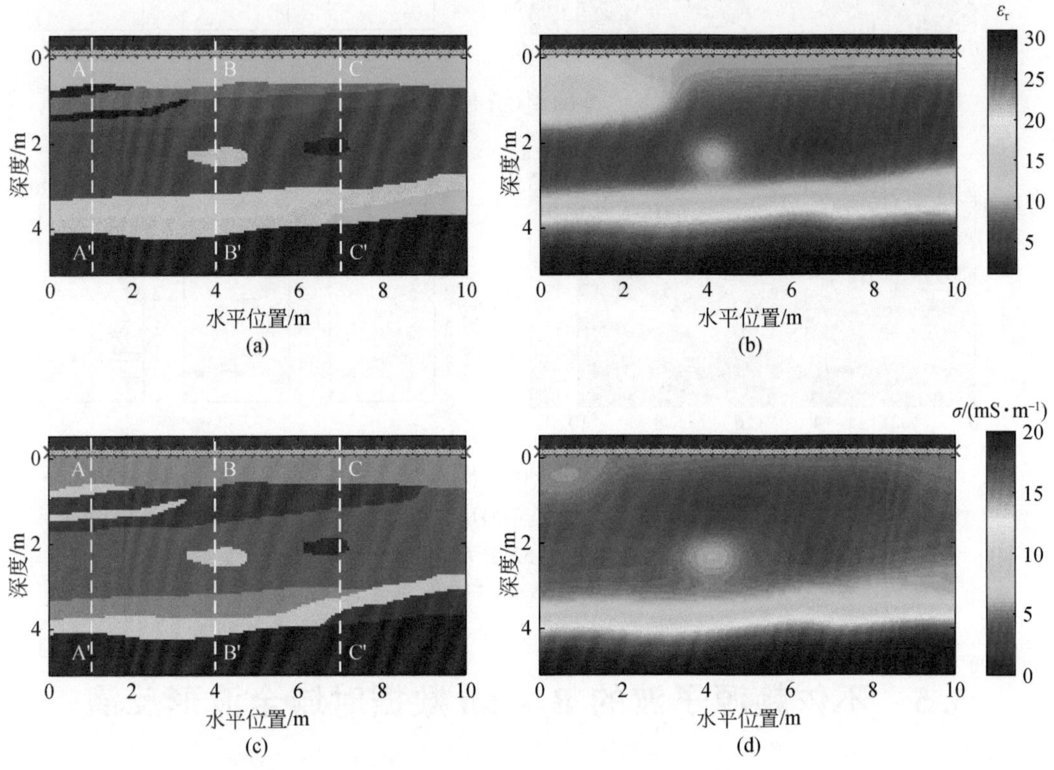

图3-52　复杂模型的真实的相对介电常数（a）和电导率分布（c），反演初始模型的介电常数（b）和电导率（d）

红色叉和绿色小圆圈符号代表发射机和接收机的位置

为了验证该算法对噪声的适应性，将白噪声添加到正演数据中，含噪数据的信噪比（SNR）为25dB。图3-53为β=0.4时利用改进全变差正则化多尺度反演含噪数据的重构结果，在图3-53（a）介电常数图像中，该反演曲线没有对噪声信息进行拟合，得到了较为准确的浅部构造信息，尽管浅部层中含有一些振荡，但浅部的分层仍然相当准确地重构，分辨率随着深度增加显著降低，深部的界面无法识别，介电常数幅值与真实模型存在差距。图3-53（b）为电导率反演剖面图，从图中可见，地下结构的主要趋势在电阻率剖面图中也得到较好的反映，说明该反演方法具有一定的抗噪性，但反演的电导率深度曲线与真实模型存在偏差，图像重构效果比介电常数差。

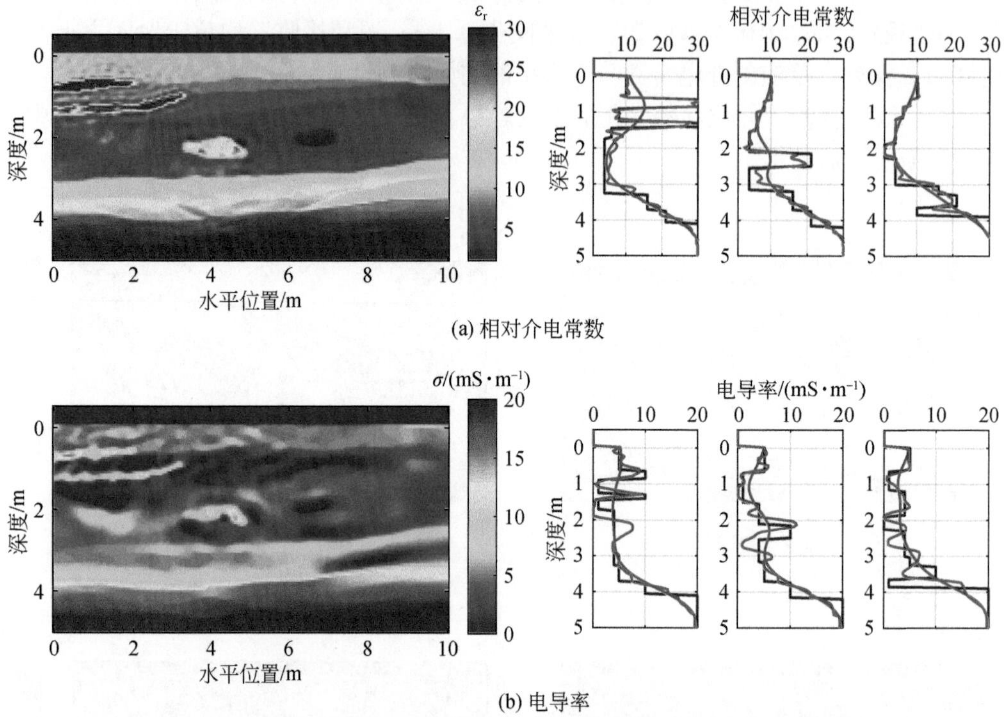

图 3-53　左边：β=0.4 时利用 MTV 多尺度策略反演噪声数据得到的介电常数（a）和电导率（b）反演结果。右边：沿图 3-52 中 AA′、BB′和 CC′处的一维深度切线

黑色曲线表示真实模型，红色曲线表示反演结果，蓝色曲线表示初始模型

3.5　不依赖源子波的 B-scan 数据时域全波形反演

前文的全波形反演方法都是基于源子波已知的假设，在实际 GPR 应用中难以获取准确的激励源子波，错误的源子波的信息会降低全波形反演的可靠性和准确性，因此如何降低或消除源子波对反演结果的影响至关重要。

许多学者对源子波未知的问题进行了研究，所提出的方法大致可以总结为三类：

（1）源子波参数化反演方法，将激励源子波作为待反演参数，迭代更新激源子波。该方法相当于将正演数据转化为观测数据，即以观测数据子波为标准，将正演数据投影至观测数据。

（2）反褶积方法（源子波归一化）（Lee and Kim，2003；周辉等，2014），从实测数据中选出参考波形数据道，在频率域中利用参考波形对观测数据进行归一化处理，消除或削弱实测数据中的源子波的影响，在时间域处理中还需将该频率域数据乘以模拟数据子波信息，然后转换到时间域作为反演数据。该方法相当于将实测数据转化为正演数据，以正演数据子波为标准，将观测数据投影至正演数据。

（3）褶积方法（Choi and Alkhalifah，2011；Zhang et al.，2016；刘四新等，2016），首先从实测数据和正演数据中分别选出对应的参考道，然后将实际数据与正演数据参考道进行褶积处理，同理将正演数据与实测数据参考道进行褶积，然后以两者之差构建数据目标函数，理论上褶积后的实测数据与正演数据中源子波信息相同，能消除源子波不准确对于反演结果的影响。该方法以正演数据、实测数据源子波为标准，分别将观测数据和正演数据投影至新的源子波对应的数据域中。

褶积运算也可看作滤波过程，通过由低频率到高频率地选择模拟数据的源子波的中心频率达到频率多尺度策略，因此褶积型数据目标函数与多尺度反演框架具有良好的兼容性。

3.5.1　褶积数据目标函数

本书在刘四新等（2016）方法的基础上，将褶积方法应用于地面 GPR 数据的 TD-FWI 中，构建褶积型数据目标函数：

$$\Phi_d(\boldsymbol{m})=\frac{1}{2}\left\|\boldsymbol{d}_{\text{cal}}(\boldsymbol{m};\boldsymbol{x},t)*\boldsymbol{d}_{\text{obs}}(\boldsymbol{x}_{\text{ref}},t)-\boldsymbol{d}_{\text{cal}}(\boldsymbol{x}_{\text{ref}},t)*\boldsymbol{d}_{\text{obs}}(\boldsymbol{x},t)\right\|_2^2 \tag{3-110}$$

其中，$*$ 表示褶积符号，$\boldsymbol{d}_{\text{cal}}(\boldsymbol{m};\boldsymbol{x},t)$ 表示正演数据，$\boldsymbol{d}_{\text{obs}}(\boldsymbol{x},t)$ 为观测数据，$\boldsymbol{d}_{\text{obs}}(\boldsymbol{x}_{\text{ref}},t)$、$\boldsymbol{d}_{\text{cal}}(\boldsymbol{x}_{\text{ref}},t)$ 分别表示观测数据和正演数据的参考道。采用格林函数 $\boldsymbol{G}$ 与源子波 $\boldsymbol{f}$ 的褶积重写上式：

$$\begin{aligned}\Phi_d(\boldsymbol{m})&=\frac{1}{2}\left\|\boldsymbol{d}_{\text{cal}}(\boldsymbol{m};\boldsymbol{x},t)*\boldsymbol{d}_{\text{obs}}(\boldsymbol{x}_{\text{ref}},t)-\boldsymbol{d}_{\text{cal}}(\boldsymbol{x}_{\text{ref}},t)*\boldsymbol{d}_{\text{obs}}(\boldsymbol{x},t)\right\|_2^2\\&=\frac{1}{2}\left\|\boldsymbol{G}_{\text{cal}}*\boldsymbol{f}_{\text{cal}}*\boldsymbol{G}_{\text{obs}}^{\text{ref}}*\boldsymbol{f}_{\text{obs}}-\boldsymbol{G}_{\text{cal}}^{\text{ref}}*\boldsymbol{f}_{\text{cal}}*\boldsymbol{G}_{\text{obs}}*\boldsymbol{f}_{\text{obs}}\right\|_2^2\\&=\frac{1}{2}\left\|(\boldsymbol{G}_{\text{cal}}\boldsymbol{G}_{\text{obs}}^{\text{ref}}-\boldsymbol{G}_{\text{cal}}^{\text{ref}}*\boldsymbol{G}_{\text{obs}})*\boldsymbol{f}_{\text{cal}}*\boldsymbol{f}_{\text{obs}}\right\|_2^2\end{aligned} \tag{3-111}$$

令

$$\boldsymbol{G}_1=\boldsymbol{G}_{\text{cal}}\boldsymbol{G}_{\text{obs}}^{\text{ref}},\boldsymbol{G}_2=\boldsymbol{G}_{\text{cal}}^{\text{ref}}*\boldsymbol{G}_{\text{obs}},\boldsymbol{f}=\boldsymbol{f}_{\text{cal}}*\boldsymbol{f}_{\text{obs}} \tag{3-112}$$

则

$$\Phi(\boldsymbol{m})=\frac{1}{2}\left\|\boldsymbol{G}_1*\boldsymbol{f}-\boldsymbol{G}_2*\boldsymbol{f}\right\|_2^2 \tag{3-113}$$

上式中，褶积后的两个数据采用了相同的源子波，因此源子波的影响已被消除。

3.5.2　含时窗的褶积型数据目标函数

为了避免参考道对反演结果的影响，本书引入时窗工具来筛选参考道信息。为了使参考道仅含直达波信息，构建含时窗的褶积型目标函数，此时目标函数可以改写为

$$\Phi_d(\boldsymbol{m})=\frac{1}{2}\left\|\boldsymbol{d}_{\text{cal}}*(W\boldsymbol{d}_{\text{obs}}^{\text{ref}})-(W\boldsymbol{d}_{\text{cal}}^{\text{ref}})*\boldsymbol{d}_{\text{obs}}\right\|_2^2 \tag{3-114}$$

其中，W 表示时窗，其作用是下层界面反射波信号，仅保留直达波信息。W 表达式为

$$W(t)=\frac{1}{1+(t/t_c)^{2n}} \tag{3-115}$$

令

$$G_1 = G_{\text{cal}} G_{\text{obs}}^{\text{ref}}, G_2 = G_{\text{cal}}^{\text{ref}} * G_{\text{obs}}, \quad f_W = W f_{\text{cal}} * f_{\text{obs}} \tag{3-116}$$

则

$$\Phi(\boldsymbol{m}) = \frac{1}{2} \| \boldsymbol{G}_1 * \boldsymbol{f}_W - \boldsymbol{G}_2 * \boldsymbol{f}_W \|_2^2 \tag{3-117}$$

式中，褶积后的两个数据采用了相同的源子波，因此源子波的影响已被消除。

求取式（3-114）对于参数 $\boldsymbol{m}$ 的梯度，可得

$$\frac{\partial \Phi_d(\boldsymbol{m})}{\partial \boldsymbol{m}} = \left[\frac{\partial \boldsymbol{d}_{\text{cal}}}{\partial \boldsymbol{m}} * (W \boldsymbol{d}_{\text{obs}}^{\text{ref}}) - \frac{\partial (W \boldsymbol{d}_{\text{cal}}^{\text{ref}})}{\partial \boldsymbol{m}} * \boldsymbol{d}_{\text{obs}} \right]^{\text{T}} \boldsymbol{r} \tag{3-118}$$

其中，$\boldsymbol{r} = \boldsymbol{d}_{\text{cal}} * (W \boldsymbol{d}_{\text{obs}}^{\text{ref}}) - (W \boldsymbol{d}_{\text{cal}}^{\text{ref}}) * \boldsymbol{d}_{\text{obs}}$ 为褶积残差，表示褶积观测数据与褶积模拟数据的残差。由上式可以发现，褶积型数据目标函数对于模型参数的导数包含两项，第 1 项与模拟数据相关，第 2 项与参考道相关。当时窗和参考道选择合理时，$W \boldsymbol{d}_{\text{cal}}^{\text{ref}}$ 仅含有直达波信息，此时 $\partial (W \boldsymbol{d}_{\text{cal}}^{\text{ref}}) / \partial \boldsymbol{m} = 0$，此时第 2 项可以忽略，上式可以化简为

$$\frac{\partial \Phi_d(\boldsymbol{m})}{\partial \boldsymbol{m}} = \left[\frac{\partial \boldsymbol{d}_{\text{cal}}}{\partial \boldsymbol{m}} * (W \boldsymbol{d}_{\text{obs}}^{\text{ref}}) \right]^{\text{T}} \boldsymbol{r} \tag{3-119}$$

将上式的卷积运算符展开，重新组合可得

$$\frac{\partial \Phi_d(\boldsymbol{m})}{\partial \boldsymbol{m}} = \left[\frac{\partial \boldsymbol{d}_{\text{cal}}}{\partial \boldsymbol{m}} \right]^{\text{T}} \boldsymbol{r}' \tag{3-120}$$

其中，$\boldsymbol{r}' = (W \boldsymbol{d}_{\text{obs}}^{\text{ref}}) \otimes \boldsymbol{r}$ 为相关残差，表示实测数据参考道与残差的互相关结果，$\otimes$ 为相关算符。因此

$$\frac{\partial \Phi_d(\boldsymbol{m})}{\partial \boldsymbol{m}} = \int_0^T \boldsymbol{w}^{\text{T}} \frac{\partial \boldsymbol{L}}{\partial \boldsymbol{m}} \boldsymbol{u} \, \mathrm{d}t \tag{3-121}$$

$\boldsymbol{u}$ 表示模拟波场，$\boldsymbol{w}$ 表示虚拟源 $\boldsymbol{r}'$ 对应的伴随波场，满足如下源伴随方程：

$$\boldsymbol{L}^* \boldsymbol{w} = \boldsymbol{R} \boldsymbol{r}' \tag{3-122}$$

$\boldsymbol{R}$ 表示观测算子。

3.5.3　合成数据反演算例

为了验证以上算法的准确性，本书采用隧道渗漏水模型 B-scan 合成数据进行了测试。采用 Blackman-Harris 窗函数的一阶导函数（简称 Blackman-Harris 脉冲）作为合成观测数据的子波，合成观测数据的其他参数与 3.3.3 节模型保持一致。在该合成数据集上测试所提出的反演算法。在本次反演过程中采用 Ricker 子波作为模拟数据子波。图 3-54（a）展示了中心频率为 400MHz 的 Blackman-Harris 脉冲和 Ricker 子波。图 3-54（b）给出了一个截断时间为 10ns 的窗函数，阶数 $N=5$。

反演的初始模型为两层渐变模型，如图 3-47（a）和（b）所示。图 3-55 展示卷积性目标函数的一些特征，其中图 3-55（a）为采用 400MHz Blackman-Harris 脉冲的真实模型 B-scan 合成观测数据，图 3-55（b）为采用中心频率为 400MHz Blackman-Harris 脉冲的初始模型模拟数据，图 3-55（c）为（a）和（b）的残差。图 3-55（d）为 B-scan 合成观测

数据（a）与200MHz雷克子波模拟数据参考道褶积得到的雷达图，图3-55（e）为200MHz雷克子波的初始模型模拟数据与合成观测数据参考道褶积得到的雷达图，图3-55（f）为（d）和（e）的残差。

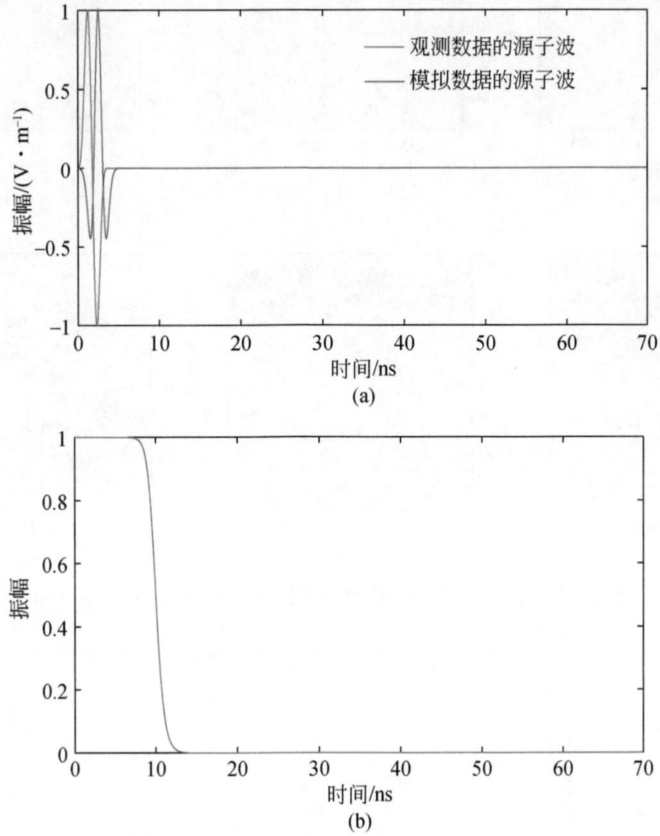

图3-54　用于获得观测数据和模拟数据的源子波（a）和截断时间为10ns的窗函数（b）

图3-56给出了观测数据参考道与模拟数据参考道。

从图3-55可以看出，残差图3-55（c）和（f）只包含地下界面和渗漏通道的反射波，而不包含直达波信息，即使使用了不同的激励源子波，褶积型目标函数的残差图（f）中并不包含直达波信息。通过对比两个残差图可以发现，褶积型目标函数的残差与使用准确源子波残差（c）具有相似的反射特征；其次褶积残差可以看作已知源残差的低通滤波版本，这是因为模拟记录参考道扮演了低通滤波器角色。因此可以通过选择模拟源子波的中心频率达到频率选择的效果。

本次反演过程中采用了从低频率到高频率的频率选择策略（Bunks et al.，1995）。将雷克子波用于模拟记录，并将其最大频率分别设置为80MHz、200MHz和300MHz，与3.3.3节保持一致。对每个频带进行了200次迭代，使用上一个尺度的结果作为下一个尺度的初始模型。为了保持子波能量不变，SDGF的振幅随最大频率的增加而增大，同时也表明，随着源小波的最大频率的增加，峰值频率也会增加。图3-57分别显示了使用80MHz、200MHz和300MHz子波时的反演结果。对比不同的主频的反演结果，可以清楚地

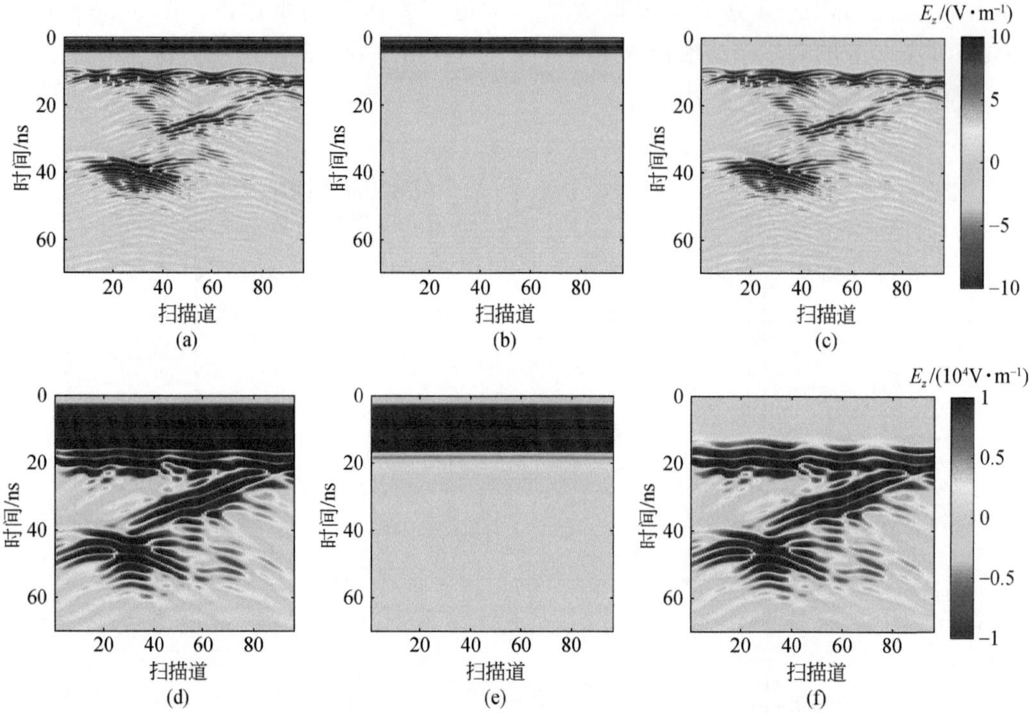

图 3-55　真实模型和初始模型不同子波下的雷达 B-scan 图

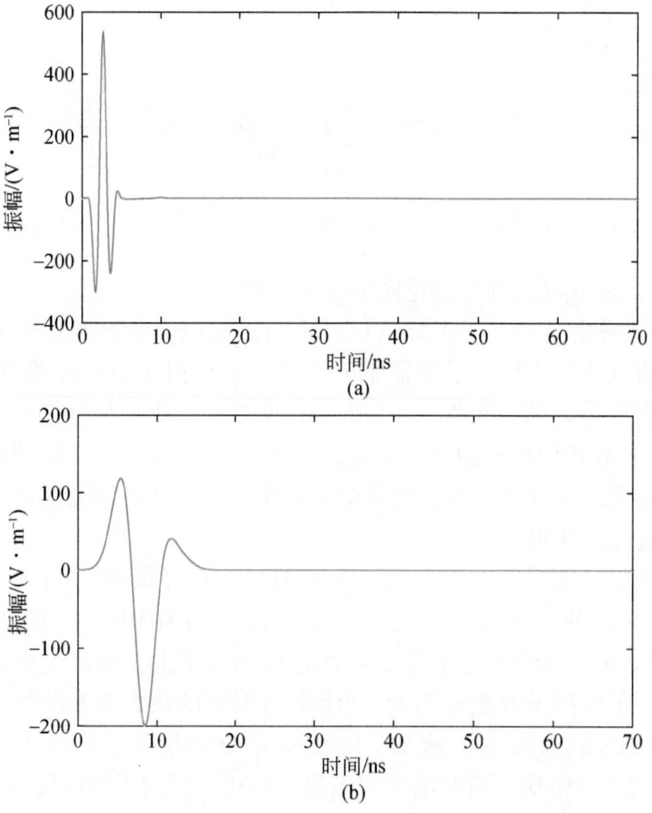

图 3-56　观测数据参考道（a）与模拟数据参考道（b）

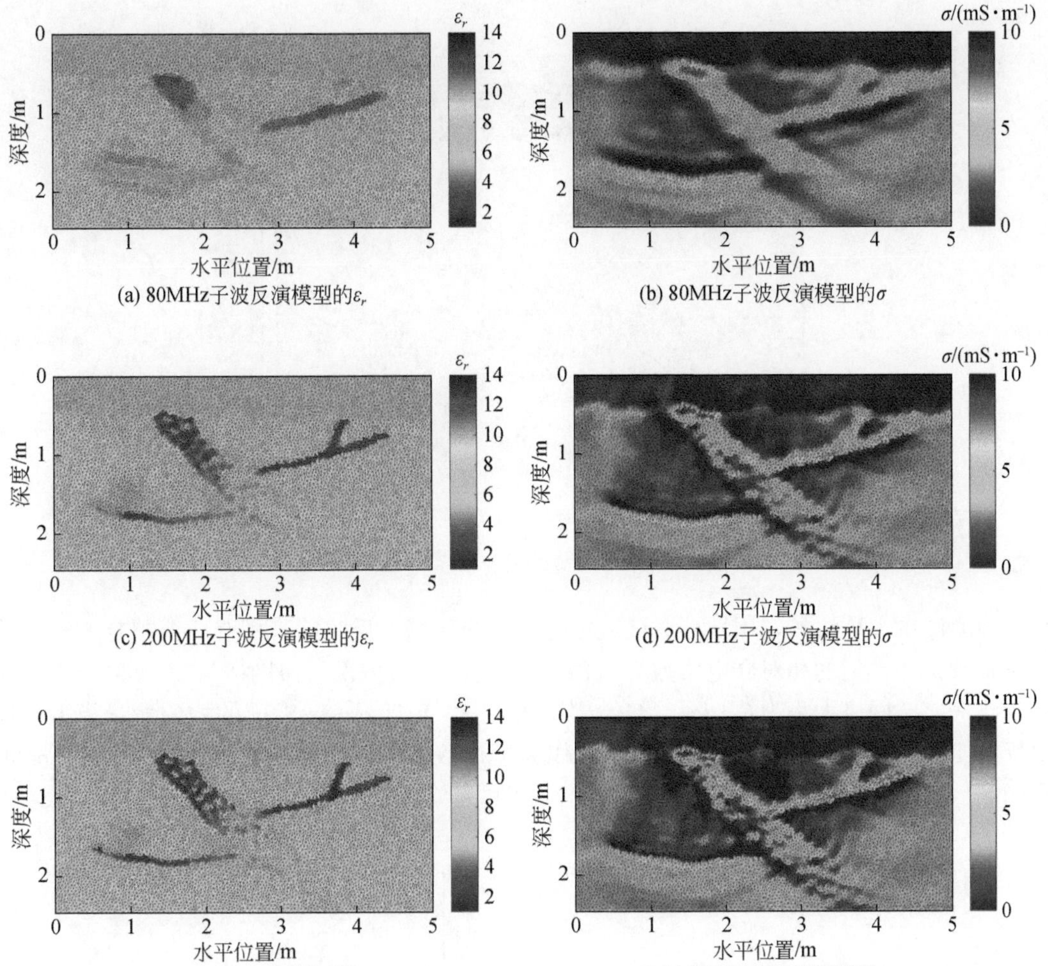

(a) 80MHz子波反演模型的ε_r　(b) 80MHz子波反演模型的σ

(c) 200MHz子波反演模型的ε_r　(d) 200MHz子波反演模型的σ

(e) 300MHz子波反演模型的ε_r　(f) 300MHz子波反演模型的σ

图 3-57　采用不同频率模拟源子波的反演结果

看到反演的整体收敛性，随着反演主频的升高，反演结果的分辨率得到显著提高。分析最终反演结果可知，反演结果能准确地刻画异常体的形状、重构物性参数，说明本节所提出的算法在不依赖源子波的情况下，仍能较好地重构地下介质的电性参数。

3.5.4　实测数据反演算例

图 3-58 所示的归一化 B-Scan 剖面为实验室沙坑管线模型的实际测量数据，在填满均匀干石英砂的砂槽中埋设 2 根塑料空气管，直径分别为 0.16m 和 0.11m，埋深分别为 0.19m 和 0.27m。采用美国 GSSI 公司生产的 SIR-4000 型探地雷达仪器 900MHz 天线进行测量，共采集 42 道数据，道间距为 5cm，每道 1024 个采样点。从剖面图中无法直接准确识别管线的材质、精确埋深和管径大小。

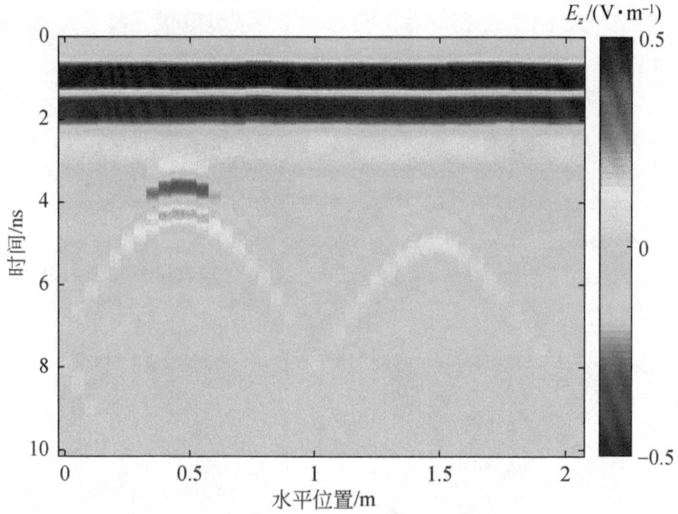

图 3-58　用来反演的 B-scan 雷达实测数据

为测试本节算法的实用性，对该数据进行反演测试。反演前采用双曲线拟合方法计算得到背景介质模型的相对介电常数为 3. 8；反演过程设置内部反演网格为 217×80，其中 10 层为空气层，网格大小为 0. 01m，初始模型为 $\varepsilon_r=3.8$ 且 $\sigma=1\text{mS/m}$ 的均匀背景模型。本次反演使用 900MHz 的高斯脉冲一阶导数作为模拟数据的源子波，使用截断时间为 3ns 的窗函数，如图 3-59 所示。

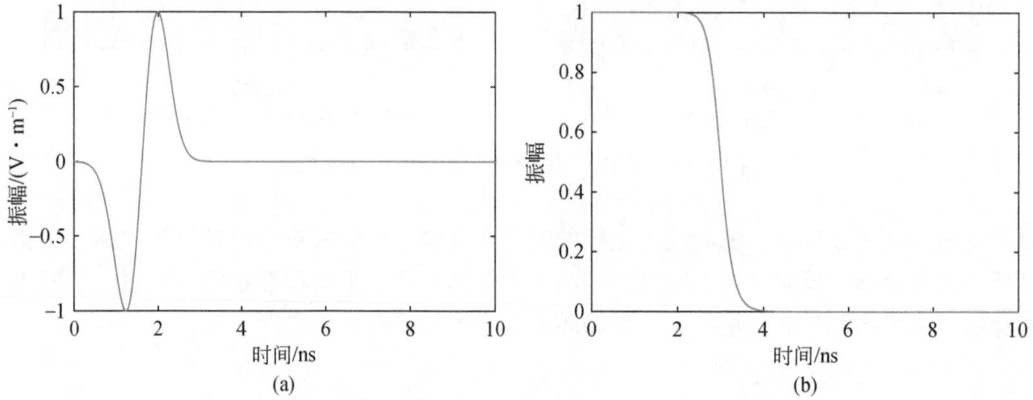

图 3-59　模拟数据的源子波（a）和截断时间为 3ns 的窗函数（b）

图 3-60（a）展示了实测数据与模拟数据参考道［图 3-61（b）］褶积结果，图 3-60（b）为初始模型模拟数据与实测数据参考道［图 3-61（a）］褶积结果，图 3-60（c）为两者的残差。从残差图中可以发现，2 ~ 5ns 仅有细微扰动直达信息基本已经消除，残差图中主要事件为两根管线的双曲异常。

图 3-62（a）和（b）分别为介电常数和电导率的反演结果。反演迭代 42 次，耗时

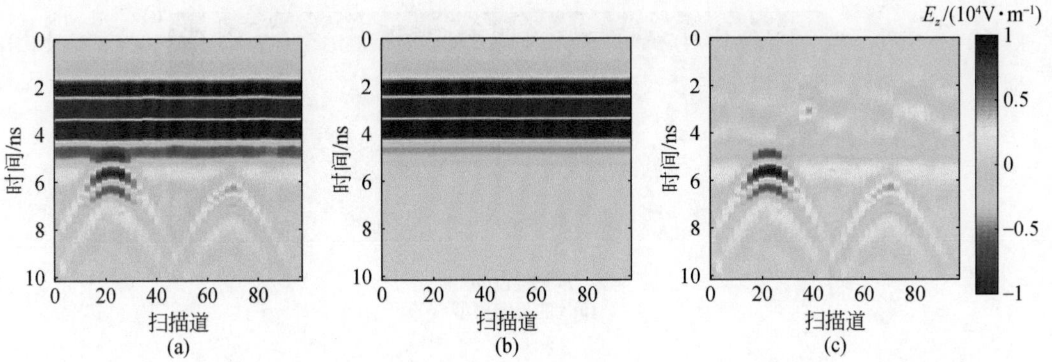

图 3-60　实测数据与模拟数据参考道褶积结果（a），初始模型模拟数据与实测数据参考道褶积结果（b），两者残差（c）

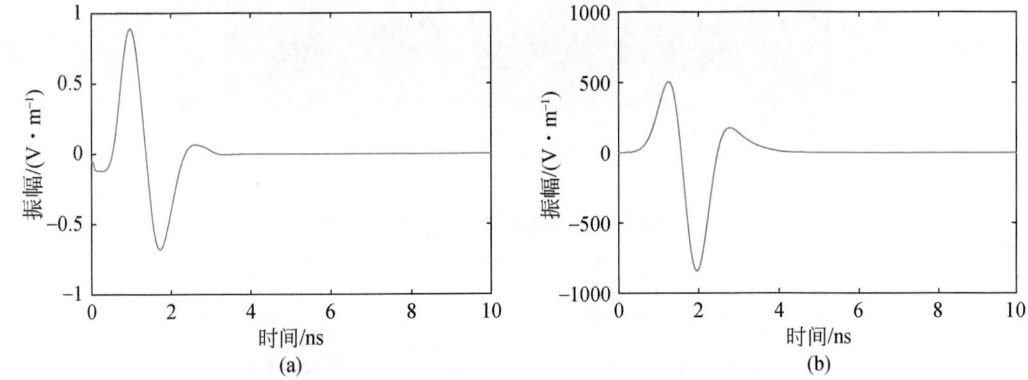

图 3-61　观测数据参考道（a）与模拟数据参考道（b）

58. 42min。图 3-62 中黑色实线表示两根管线的正确位置，其中图 3-62（a）介电常数反演结果异常位置与管线真实位置基本重合，异常体所在位置蓝色介电常数为 1 与空气介电常数相同，红色介电常数位于 5 ~ 6 区间与塑料材质介电常数分布基本符合。由于采用固定偏移距观测方式，介电常数反演结果的下半部分异常与真实模型存在细微偏差。图 3-62（b）电导率反演结果异常位置与管线真实位置基本重合，异常体所在位置处蓝色电导率接近 0，与真实模型接近。从图 3-62 反演结果可以发现左侧管线埋深为 0. 19m，与真实模型同；水平最大跨度为 0. 15m，与真实模型相差 0. 01m。图中右侧埋深为 0. 26m，与真实模型相差 0. 01m；水平最大跨度为 0. 09m，与真实模型相差 0. 02m。总体而言，从反演结果图中可以准确判断两根管线的材质、埋深和管径参数，反演结果正确。

图 3-63 所示褶积后的观测数据与最终反演模型的褶积合成数据的 wiggle 图。黑色道对应褶积观测数据，红色虚线道对应反演最终模型的褶积合成数据。黑色道和红色道之间的匹配很好，基本重合。

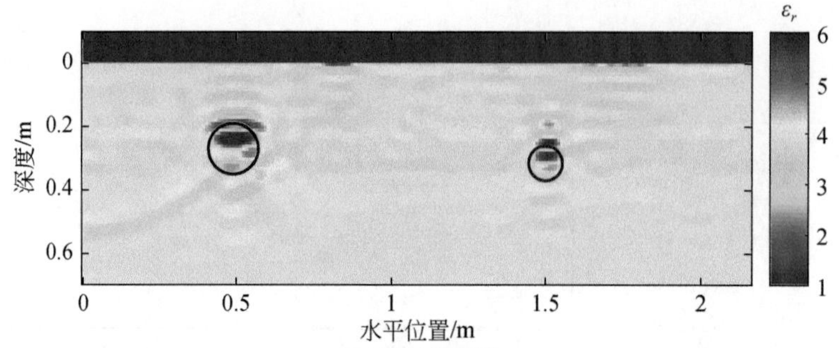

(a) ε_r的反演模型

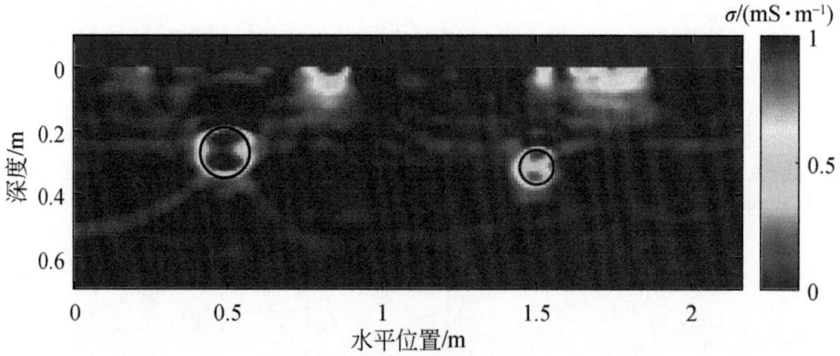

(b) σ的反演模型

图 3-62　实测数据反演结果

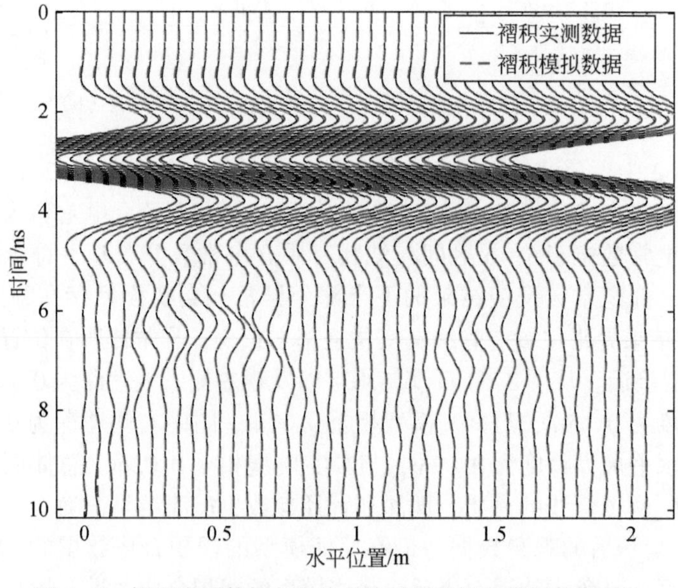

图 3-63　褶积实测数据与最终反演结果的褶积模拟数据对比

第4章　二维频率域有限元正演及全波形反演

探地雷达时间域全波形反演显示直观，且正演算法多从时间域开展，导致目前探地雷达波形反演方法亦偏重于时间域反演，然而时间域全波形反演亦有其固有缺点：它需要存储所有时刻的波场数据，会消耗大量的计算时间和内存。相对于时间域反演，频率域反演具有灵活多变的频率策略，并且频带选取灵活，各频率分量相对独立，易于并行运算；在频率域进行反演计算时，通过合理选取少数频率分量数据，即可达到与时间域反演一致的反演结果（Pratt and Worthington，1990；Lavoué et al.，2014），有利于反演问题的快速求解，也能够避免频率域反演方法中反演所有频率分量（相当于在时间域反演）时存在的数据冗余，反演效率较高。因此，开展快速、有效的频率域正、反演研究十分重要。

4.1　频率域有限元 GPR 正演模拟

4.1.1　控制方程

根据电磁场与电磁波的理论，当假设地下媒介在 y 方向没有变化，计算域位于 xOz 平面内时，雷达波在媒质中的传播遵循二维 TM 模式的标量波动方程：

$$\frac{\partial}{\partial x}\left(\frac{\partial E_y}{\partial x}\right)+\frac{\partial}{\partial z}\left(\frac{\partial E_y}{\partial z}\right)+(\omega^2\mu\varepsilon-\mathrm{j}\omega\mu\sigma)E_y=-\mathrm{j}\omega\mu J_y\delta(x-x_i)\delta(z-z_i) \tag{4-1}$$

式中，E_y 为电场 y 方向的分量；J_y 为电流源 y 方向的分量；x_i，z_i 为第 i 个激励源的空间坐标（$i=1$，2，…，N_s，N_s表示源的个数）。若考虑目标介质为非磁介质，则磁导率为均匀的，则取 $\mu=\mu_0=4\pi\times10^{-1}\mathrm{H/m}$。

为了顺利开展 GPR 正演，需要在人工截断边界加载吸收边界条件，根据电磁波场理论，时谐场的 UPML 吸收边界的 Maxwell 方程可表示为（Jin，2014）

$$\frac{\partial}{\partial x}\left(\frac{s_z}{s_x}\frac{\partial E_y}{\partial x}\right)+\frac{\partial}{\partial z}\left(\frac{s_x}{s_z}\frac{\partial E_y}{\partial z}\right)+s_xs_zk^2E_y=-\mathrm{j}\omega\mu J_y\delta(x-x_i)\delta(z-z_i) \tag{4-2}$$

其中，$k^2=\omega^2\mu\varepsilon-\mathrm{j}\omega\mu\sigma$ 为波数；$s_x=1-\mathrm{j}\sigma_x/\varepsilon_0\omega$；$s_y=1-\mathrm{j}\sigma_y/\varepsilon_0\omega$；$\varepsilon_0$ 为真空的介电常数；σ_x 和 σ_y 的具体表达式如下所示：

$$\sigma_\xi=\begin{cases}\sigma_{\xi,\max}\left(\dfrac{l_\xi}{d}\right)^m, & \text{在 PML 内部}\\ 0, & \text{在 PML 外部}\end{cases} \tag{4-3}$$

其中，$\xi\in\{x, z\}$，σ_ξ 是 x 和 z 方向中的 UPML 参数；d 为 UPML 层的厚度；l_ξ 表示 UPML 区域内的计算点至 UPML 区域内边界的距离；$\sigma_{\xi,\max}$为最大损耗参数；m 是 UPML 的指数参数，通常在 3 和 4 之间，一般取 $m=4$。R 表示法向入射的目标反射系数，通常取 $R=\mathrm{e}^{-10}$，

最大损耗参数 $\sigma_{\xi,\max}$ 表示为

$$\sigma_{\xi,\max}=-\frac{(m+1)\ln R}{2\eta_0 d\sqrt{\varepsilon_r}} \tag{4-4}$$

其中，$\eta_0=\sqrt{\mu_0/\varepsilon_0}$ 为自由空间波阻抗。

令 $\alpha_x=s_z/s_x$，$\alpha_z=s_x/s_z$，$\chi=s_x s_z$，$u=E_y$，$q=-\mathrm{j}\omega\mu J_y\delta(x-x_i)\,\delta(z-z_i)$，式（4-2）可写为

$$\frac{\partial}{\partial x}\left(\alpha_x\frac{\partial u}{\partial x}\right)+\frac{\partial}{\partial z}\left(\alpha_z\frac{\partial u}{\partial z}\right)+\chi k^2 u=q \tag{4-5}$$

4.1.2　节点有限单元法

1. 标量波动方程的弱解形式

基于 UPML 吸收边界的微分方程（4-5），由 Galerkin FEM 构造方法，可得

$$\int_\Omega \varphi\left[\frac{\partial}{\partial x}\left(\alpha_x\frac{\partial u}{\partial x}\right)+\frac{\partial}{\partial z}\left(\alpha_z\frac{\partial u}{\partial z}\right)+\chi k^2 u-q\right]\mathrm{d}\Omega=0 \tag{4-6}$$

式（4-6）中 φ 为测试函数，应用分部积分公式并代入 UPML 边界条件，可得到式（4-5）的弱解形式：

$$\iint_\Omega\left[-\left(\alpha_x\frac{\partial\varphi}{\partial x}\frac{\partial u}{\partial x}+\alpha_z\frac{\partial\varphi}{\partial z}\frac{\partial u}{\partial z}\right)+\chi k^2\varphi u-\varphi q\right]\mathrm{d}\Omega=0 \tag{4-7}$$

将模拟区域剖分成 NE 个四边形单元，将电场 u 在各个单元上应用双线性插值（徐世浙，1994）。对式（4-6）进行积分处理，根据分部积分原理，该方程相应的弱解形式为

$$\iint_\Omega\left[-\left(\alpha_x\frac{\partial\varphi}{\partial x}\frac{\partial u}{\partial x}+\alpha_y\frac{\partial\varphi}{\partial y}\frac{\partial u}{\partial y}\right)+\chi k^2\varphi u-\varphi q\right]\mathrm{d}\Omega=-\int_\Gamma\varphi\left(\alpha_x\frac{\partial u}{\partial x}n_x+\alpha_y\frac{\partial u}{\partial y}n_y\right)\mathrm{d}\Gamma \tag{4-8}$$

其中，φ 为权函数，而由于计算边界为完美电导，上式右端项为 0，因此弱解形式可简化为

$$\iint_\Omega\left[-\left(\alpha_x\frac{\partial\varphi}{\partial x}\frac{\partial u}{\partial x}+\alpha_y\frac{\partial\varphi}{\partial y}\frac{\partial u}{\partial y}\right)+\chi k^2\varphi u-\varphi q\right]\mathrm{d}\Omega=0 \tag{4-9}$$

2. 网格剖分与插值基函数

为求解该方程，先将待求解区域采用图 4-1 所示的非规则四边形进行离散。

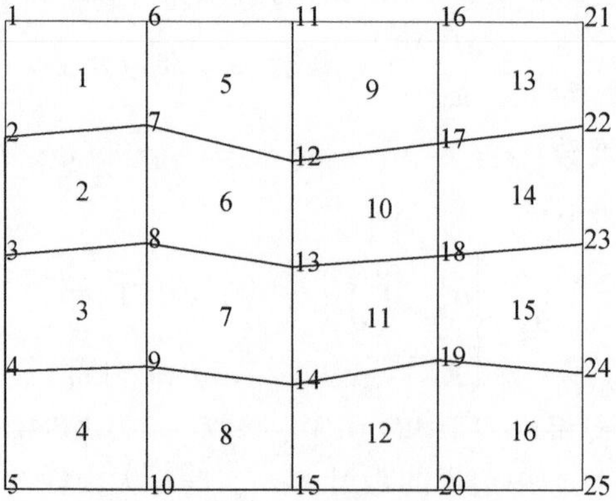

图 4-1　网格剖分及节点编号示意图

二维求解区域已被剖分成许多个四边形单元，将任一子单元映射到准求解母单元（如图 4-2），单元形函数为（徐世浙，1994）

$$N_i^e=\frac{1}{4}(1+\xi_i\xi)(1+\eta_i\eta) \tag{4-10}$$

其中，ξ_i、η_i 是点 i（i=1，2，3，4）的坐标。

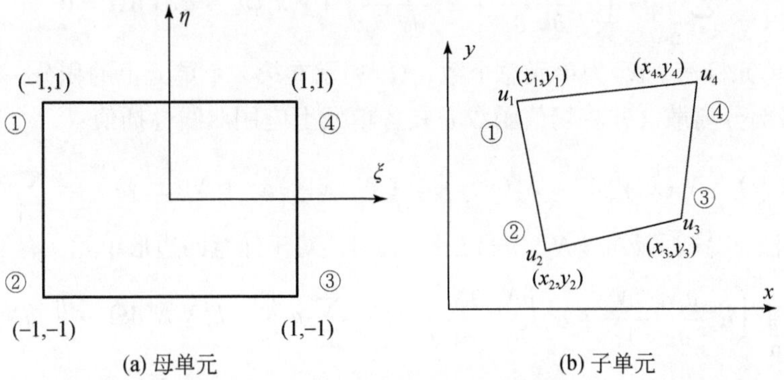

图 4-2　母单元、子单元示意图

对单元进行积分时，首先对面积元 dxdy 进行变换，把它变成 dξdη，根据雅可比变换有

$$\mathrm{d}x\mathrm{d}y=\begin{vmatrix}\dfrac{\partial x}{\partial \xi} & \dfrac{\partial y}{\partial \xi}\\ \dfrac{\partial x}{\partial \eta} & \dfrac{\partial y}{\partial \eta}\end{vmatrix}\mathrm{d}\xi\mathrm{d}\eta=|\boldsymbol{J}|\,\mathrm{d}\xi\mathrm{d}\eta \tag{4-11}$$

其中 $|\boldsymbol{J}|$ 是雅可比变换行列式，表示为

$$\boldsymbol{J}=\begin{bmatrix}\dfrac{\partial x}{\partial \xi} & \dfrac{\partial y}{\partial \xi}\\ \dfrac{\partial x}{\partial \eta} & \dfrac{\partial y}{\partial \eta}\end{bmatrix}=\begin{bmatrix}\dfrac{\partial N_1}{\partial \xi} & \dfrac{\partial N_2}{\partial \xi} & \dfrac{\partial N_3}{\partial \xi} & \dfrac{\partial N_4}{\partial \xi}\\ \dfrac{\partial N_1}{\partial \eta} & \dfrac{\partial N_2}{\partial \eta} & \dfrac{\partial N_3}{\partial \eta} & \dfrac{\partial N_4}{\partial \eta}\end{bmatrix}\begin{bmatrix}x_1 & y_1\\ x_2 & y_2\\ x_3 & y_3\\ x_4 & y_4\end{bmatrix} \tag{4-12}$$

根据式（4-10）有

$$\boldsymbol{J}=\frac{1}{4}\begin{bmatrix}-(1+\eta) & -(1-\eta) & 1-\eta & 1+\eta\\ 1-\xi & -(1-\xi) & -(1+\xi) & 1+\xi\end{bmatrix}\begin{bmatrix}x_1 & y_1\\ x_2 & y_2\\ x_3 & y_3\\ x_4 & y_4\end{bmatrix}=\frac{1}{4}\begin{bmatrix}\alpha\eta+c_1 & \beta\eta+c_2\\ \alpha\xi+c_3 & \beta\xi+c_4\end{bmatrix} \tag{4-13}$$

其中

$$\alpha=-x_1+x_2-x_3+x_4,\beta=-y_1+y_2-y_3+y_4,c_1=-x_1-x_2+x_3+x_4$$
$$c_2=-y_1-y_2+y_3+y_4,c_3=x_1-x_2-x_3+x_4,c_4=y_1-y_2-y_3+y_4$$

因此，雅可比变换行列式可写为

$$|\boldsymbol{J}|=\frac{1}{16}\begin{vmatrix}\alpha\eta+c_1 & \beta\eta+c_2\\ \alpha\xi+c_3 & \beta\xi+c_4\end{vmatrix}=A\xi+B\eta+C=\boldsymbol{J}(\xi,\eta) \tag{4-14}$$

其中 $A=(\beta c_1-\alpha c_2)/16$，$B=(\alpha c_4-\beta c_3)/16$，$C=(c_1c_2-c_2c_4)/16$，因此，雅可比行列式 $|\boldsymbol{J}|$ 是 ξ、η 的线性函数，用 $\boldsymbol{J}(\xi,\ \eta)$ 表示，它只与单元的 4 个顶点坐标有关。

3. 单元分析与总体合成

计算区域划分单元后，总体积分可以写成各个单元积分之和：

$$\sum_{e=1}^{N_e}\iint_{\Omega^e}\left[-\left(\alpha_x^e\frac{\partial\varphi}{\partial x}\frac{\partial u}{\partial x}+\alpha_y^e\frac{\partial\varphi}{\partial y}\frac{\partial u}{\partial y}\right)+\chi_e k_e^2\varphi u-\varphi q\right]\mathrm{d}\Omega=0 \tag{4-15}$$

式中，e 表示单元标号；N_e 为单元总个数；Ω^e 表示在第 e 个单元上的积分。若采用四边形单元进行网格剖分离散，并将场值函数 u 在各单元上应用双线性插值：

$$u(x,y)=N_1(x,y)u_1+N_2(x,y)u_2+N_3(x,y)u_3+N_4(x,y)u_4=\sum_{j=1}^{4}N_ju_j \tag{4-16}$$

根据 Galerkin 法，令权函数 $\varphi=N_i$，$i=1$，2，3，4，对于任意四边形单元，有如下单元积分：

$$-\sum_{j=1}^{4}u_j\iint_{\Omega^e}\left(\alpha_x^e\frac{\partial N_i^e}{\partial x}\frac{\partial N_j^e}{\partial x}+\alpha_y^e\frac{\partial N_i^e}{\partial y}\frac{\partial N_j^e}{\partial y}\right)\mathrm{d}\Omega+\sum_{j=1}^{4}u_j\iint_{\Omega^e}\chi_e k_e^2N_i^eN_j^e\mathrm{d}\Omega-\iint_{\Omega^e}qN_i^e\mathrm{d}\Omega=0 \tag{4-17}$$

若假设单元足够小，则介质参数在单元内近似为均匀的，与积分无关，式（4-17）可改写为

$$-\sum_{j=1}^{4}K_{i,j}^eu_j+\sum_{j=1}^{4}M_{i,j}^eu_j=q_i^e \tag{4-18}$$

式（4-18）中 K_{ij}^e 为单元刚度矩阵，M_{ij}^e 为单元质量矩阵，q_i^e 为单元源向量。

$$K_{ij}^e=\iint_{\Omega^e}\left(\alpha_x^e\frac{\partial N_i^e}{\partial x}\frac{\partial N_j^e}{\partial x}+\alpha_y^e\frac{\partial N_i^e}{\partial y}\frac{\partial N_j^e}{\partial y}\right)\mathrm{d}\Omega \tag{4-19}$$

$$M_{ij}^e=\iint_{\Omega^e}\chi_e k_e^2N_i^eN_j^e\mathrm{d}\Omega \tag{4-20}$$

$$q_i^e=\iint_{\Omega^e}qN_i^e\mathrm{d}\Omega \tag{4-21}$$

将两者的微分关系代入，可得矩阵中每一项的具体表达式：

$$M_{ij}^e=\beta_e k_e^2\int_{-1}^{1}\int_{-1}^{1}N_i(\xi,\eta)N_j(\xi,\eta)J(\xi,\eta)\mathrm{d}\xi\mathrm{d}\eta \tag{4-22}$$

$$K_{ij}^e=\int_{-1}^{1}\int_{-1}^{1}\frac{\alpha_x^eF_{ix}(\xi,\eta)F_{jx}(\xi,\eta)+\alpha_y^eF_{iy}(\xi,\eta)F_{jy}(\xi,\eta)}{|\boldsymbol{J}|}\mathrm{d}\xi\mathrm{d}\eta \tag{4-23}$$

$$q_i^e=\iint_e qN_i\boldsymbol{J}(\xi,\eta)d\xi d\eta \tag{4-24}$$

其中 $F_{ix}(\xi,\ \eta)=\dfrac{\partial y}{\partial\eta}\dfrac{\partial N_i}{\partial\xi}-\dfrac{\partial y}{\partial\xi}\dfrac{\partial N_i}{\partial\eta}$，$F_{iy}(\xi,\ \eta)=-\dfrac{\partial x}{\partial\eta}\dfrac{\partial N_i}{\partial\xi}+\dfrac{\partial x}{\partial\xi}\dfrac{\partial N_i}{\partial\eta}$，可通过式（4-10）与式（4-12）求得。对上述式（4-22）~式（4-24）采用高斯数值积分即可求得单元矩阵。

再将单元场向量、激励源及单元系数矩阵扩展成整体矩阵，有如下矩阵表达：

$$-\boldsymbol{Ku}+\boldsymbol{Mu}=\boldsymbol{q} \tag{4-25}$$

从而形成多源系统的线性方程组：

$$\boldsymbol{Au}=\boldsymbol{q} \tag{4-26}$$

式中，$\boldsymbol{A}=\boldsymbol{M}-\boldsymbol{K}$ 是与频率相关的所有源共用的系数矩阵；$\boldsymbol{q}$ 是离散化激励源项；$\boldsymbol{u}$ 是对应节点的离散电场值。使用 LU 分解法求解线性方程组（4-26），LU 直接求解的优点是只对系数矩阵求逆一次就能同时获得所有源激励的解，若观测系统中存在很多源，可以显著提高反演的计算效率。

由于 $\boldsymbol{A}$ 与频率相关，一个新的频率需要重新对 $\boldsymbol{A}$ 进行计算。$\boldsymbol{u}$ 是二维网格节点的离散电场值，为了获得观测数据 $\boldsymbol{d}_{\text{cal}}$，需要知道接收点对应的位置矩阵 $\boldsymbol{P}$，因此测量数据与正演场值关系可表示为

$$\boldsymbol{d}_{\text{cal}}=\boldsymbol{P}\boldsymbol{u} \tag{4-27}$$

4.1.3　数值算例

1. 程序验证试验

为验证 GPR 二维 FEFD 数值模拟的有效性，分析 GPR 频率域正演响应，在均匀介质区域分别计算线电流辐射场的频率域有限元数值解与解析解。已知均匀介质区域线电流辐射场的解析式为（葛德彪和闫玉波，2005）

$$\tilde{E}_y(\rho,\omega)=\frac{\omega\mu}{4}IH_0^{(2)}(k\rho) \tag{4-28}$$

式中，$H_0^{(2)}(\cdot)$ 为第二类零阶 Hankel 函数；k 为频率域波数；ρ 为距线电流源的距离。

模拟在四边形网格剖分情况下进行，计算区域大小为 10. 0m×5. 0m，离散网格间距取 0. 05m，背景介质的相对介电常数为 4，电导率为 3mS/m，激励源在模拟区域中心，天线频率为 100MHz，计算区域四周加载 10 层 UPML 吸收边界。定义 u_t 为与解析解相对应的值，u_f 为与数值解相对应的值，由于频率域解为复数，u_t 和 u_f 可对应取解的实部、虚部或振幅、相位。

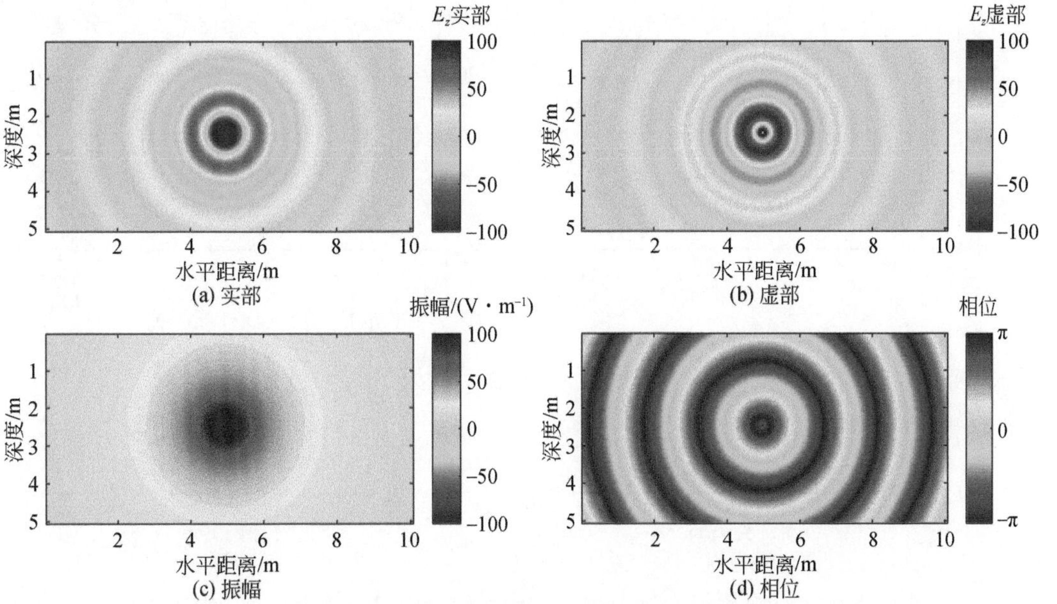

图 4-3　均匀介质模型频率域解析解（100MHz）

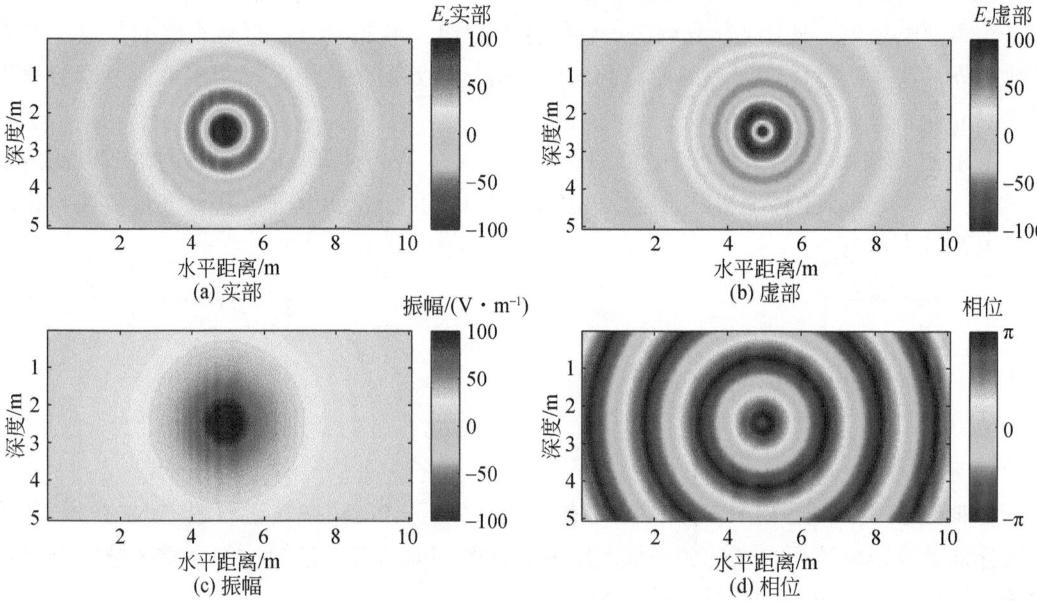

图 4-4　均匀介质模型频率域 FEM 数值解（100MHz）

图 4-3 和图 4-4 分别为均匀介质背景下 100MHz 线电流源辐射场解析解和有限元数值解的频率响应，图 4-5 为深度为 2.5m 处的频率域解析解与 FEFD 数值解对比图，其中（a）~（d）分别为解的实部、虚部、振幅和相位。从解的分布来看，频率域 GPR 二维波场

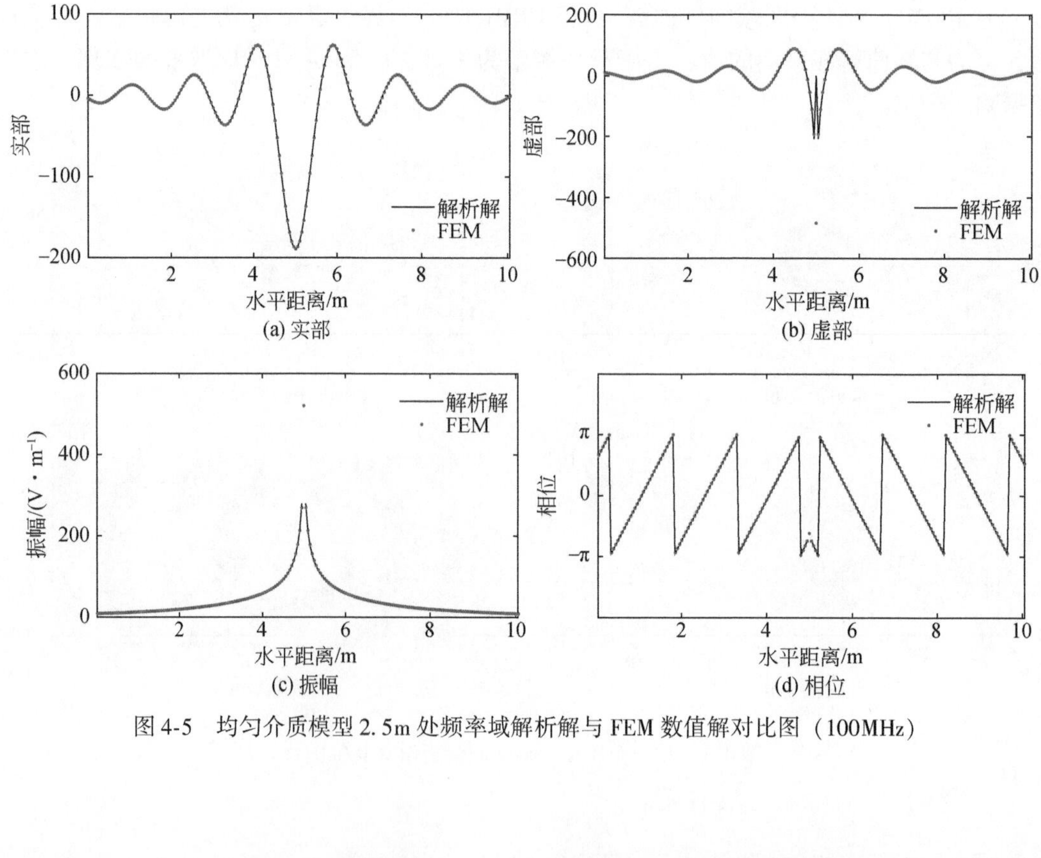

图 4-5　均匀介质模型 2.5m 处频率域解析解与 FEM 数值解对比图（100MHz）

呈圆环状分布，振幅随着与源的距离的增加而逐渐减小，相位在［$-\pi$，π］范围内循环变化；从解析解与数值解的对比来看，除激励源加载处，UPML条件下的频率域有限元数值解与解析解在计算区域几乎保持着高度吻合，说明UPML吸收边界条件的加载解决了截断边界处的虚假反射问题，证实FEFD的数值模拟方法是有效的。

2. 复杂模型测试

以图4-6的复杂模型为例，在（5m，-0.1m）处分别加载100MHz和400MHz的线电流源，使用FEFD方法进行求解，得到图4-7和图4-8所示的频率域数值解分布图，其中(a)~(d)分别为解的实部、虚部、振幅和相位。电磁波频率越高，波长越短，在图4-7和图4-8中表现为频率增大，同心圆之间的距离越来越小，单位面积上同心圆个数越来越多。

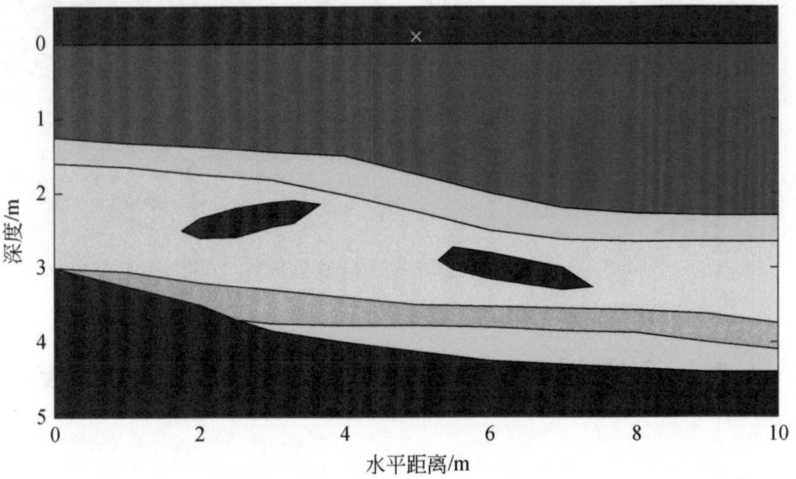

图4-6　复杂介质模型图

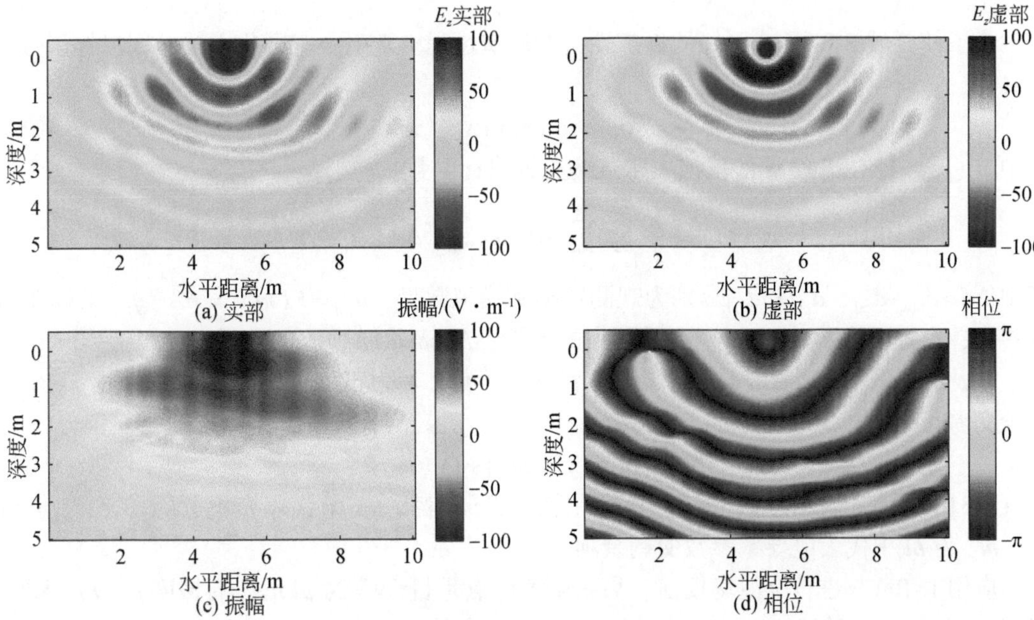

图4-7　复杂介质模型频率域FEM数值解（100MHz）

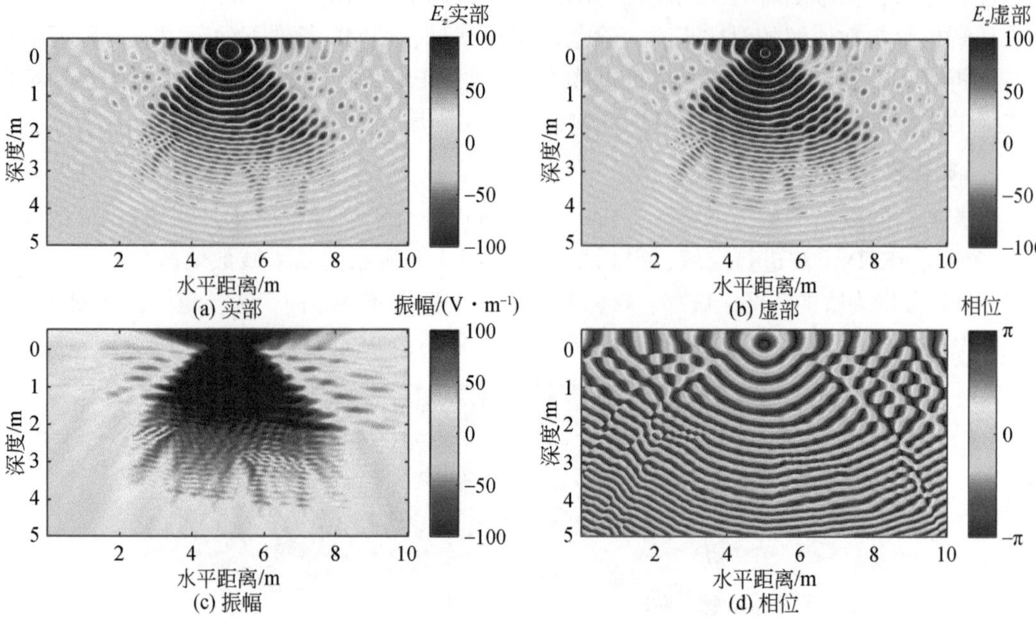

图 4-8　复杂介质模型频率域 FEM 数值解（400MHz）

4.2　全变差约束的全波形双参数 FD-FWI

4.2.1　反演目标函数的构建与梯度计算

为了使频域 FWI 具有更好的稳定性，在反演过程中常引入正则化方法，则目标函数可定义为

$$\varphi(\boldsymbol{m})=\varphi_d(\boldsymbol{m})+\lambda\varphi_m(\boldsymbol{m}) \tag{4-29}$$

其中 $\varphi_d(\boldsymbol{m})$ 是 GPR 全波形反演中常规的数据目标函数：

$$\varphi_d(\boldsymbol{m})=\frac{1}{2}\sum_{i=1}^{N_\omega}\sum_{j=1}^{N_S}\Delta\boldsymbol{d}\,(\omega_i,s_j)^{\mathrm{T}}\Delta\boldsymbol{d}\,(\omega_i,s_j)^{*} \tag{4-30}$$

其中 $\Delta\boldsymbol{d}=\boldsymbol{d}_{\mathrm{obs}}-\boldsymbol{d}_{\mathrm{cal}}$，$\boldsymbol{d}_{\mathrm{obs}}$和$\boldsymbol{d}_{\mathrm{cal}}$分别为观测数据和模拟数据，$\boldsymbol{d}_{\mathrm{cal}}=F(\boldsymbol{m})=\boldsymbol{PA}^{-1}\boldsymbol{q}$，上标 T 表示转置，上标 * 表示共轭，$N_\omega$ 表示频率的数量，N_S 表示激励源的数量，ω_i 表示第 i 个频率，$\boldsymbol{s}_j$ 表示第 j 个激励源。$\varphi_m(\boldsymbol{m})$ 是模型目标函数，λ 为正则化因子，本书采用 $L1$ 范数的全变差正则化，定义为

$$\varphi_m(\boldsymbol{m})=\mathrm{TV}(\boldsymbol{m}_\varepsilon)+\mathrm{TV}(\boldsymbol{m}_\sigma) \tag{4-31}$$

式（4-31）中 TV 表示近似全变差正则化算子，$\boldsymbol{m}_\varepsilon$ 表示 $\boldsymbol{m}$ 中代表介电常数参数的前 NE 项，$\boldsymbol{m}_\sigma$ 为 $\boldsymbol{m}$ 中代表电导率参数的剩余项。

应用 L-BFGS 进行全波场反演，另一个关键点是目标函数 $\varphi(\boldsymbol{m})$ 的梯度 $\boldsymbol{g}(\boldsymbol{m})$ 求取，根据式（4-29）可得

$$\nabla\varphi(\boldsymbol{m})=\nabla\varphi_d(\boldsymbol{m})+\lambda\,\nabla\varphi_m(\boldsymbol{m}) \tag{4-32}$$

其中$\nabla\varphi_m(\boldsymbol{m})$为正则化项的导数，根据式（4-31）可得

$$\nabla\varphi_m(\boldsymbol{m})=\nabla\mathrm{TV}(\boldsymbol{m}_\varepsilon)+\nabla\mathrm{TV}(\boldsymbol{m}_\sigma) \tag{4-33}$$

$\nabla\varphi_d(\boldsymbol{m})$为数据目标函数的导数，根据式（4-30）可得

$$\nabla\varphi_d(\boldsymbol{m})=\sum^{N_\omega}\sum^{N_S}\Re\{\boldsymbol{J}^{\mathrm{T}}\Delta\,\boldsymbol{d}^*\} \tag{4-34}$$

式（4-34）中$\boldsymbol{J}$为模拟数据关于模型参数的偏导数矩阵，亦称雅可比矩阵。

$$J_{ij}=\frac{\partial d_i}{\partial m_j},i=1,2,\cdots,N,j=1,2,\cdots,M \tag{4-35}$$

对式（4-26）两边同时求导，对于第j个模型参数m_j

$$\frac{\partial\boldsymbol{A}}{\partial m_j}\boldsymbol{u}+\boldsymbol{A}\,\frac{\partial u}{\partial m_j}=0 \tag{4-36}$$

其中$j=1$，2，…，M，对式（4-27）进行同样的处理，可得

$$\frac{\partial\boldsymbol{d}}{\partial m_j}=\boldsymbol{P}\,\frac{\partial\boldsymbol{u}}{\partial m_j} \tag{4-37}$$

联立式（4-36）与式（4-37）可得

$$\frac{\partial\boldsymbol{d}}{\partial m_j}=\boldsymbol{P}\boldsymbol{A}^{-1}\left(-\frac{\partial\boldsymbol{A}}{\partial m_j}\boldsymbol{u}\right)=\boldsymbol{P}_j\boldsymbol{A}^{-1}\boldsymbol{f}^j \tag{4-38}$$

其中$\boldsymbol{f}^j$表示第j个模型参数的虚拟源项。因此雅可比矩阵可以表示为

$$\boldsymbol{J}=\boldsymbol{P}\boldsymbol{A}^{-1}[\boldsymbol{f}^1,\boldsymbol{f}^2,\cdots,\boldsymbol{f}^M]=\boldsymbol{P}\boldsymbol{A}^{-1}\boldsymbol{F} \tag{4-39}$$

使用式（4-39）计算$\boldsymbol{J}$时，除了需要计算虚震源外，还需要M次正向波传问题求解。然而，没有必要显式计算$\boldsymbol{J}$，将式（4-39）代入式（4-34）得到：

$$\nabla\varphi_d(\boldsymbol{m})=\sum^{N_\omega}\sum^{N_s}\Re\{(\boldsymbol{P}\boldsymbol{A}^{-1}\boldsymbol{F})^{\mathrm{T}}\Delta\,\boldsymbol{d}^*\}=\sum^{N_\omega}\sum^{N_s}\Re\{\boldsymbol{F}^{\mathrm{T}}\,\boldsymbol{v}\} \tag{4-40}$$

式（4-40）中$\boldsymbol{v}$为伴随（反传）波场：

$$\boldsymbol{v}=(\boldsymbol{A}^{-1})^{\mathrm{T}}\,\boldsymbol{P}^{\mathrm{T}}\Delta\,\boldsymbol{d}^* \tag{4-41}$$

计算伴随波场，只需一次附加的正演求解，由于正问题和伴随问题是在相同模型中求解，所以$\boldsymbol{A}$的 LU 因子仍可以用于伴随问题。进一步分析$\boldsymbol{F}^{\mathrm{T}}$可得

$$\nabla\varphi_d(\boldsymbol{m})=-\sum^{N_\omega}\sum^{N_s}\Re\{\boldsymbol{u}^{\mathrm{T}}\boldsymbol{G}\boldsymbol{v}\} \tag{4-42}$$

其中$\boldsymbol{G}$矩阵如下所示：

$$\boldsymbol{G}=\left[\frac{\partial\boldsymbol{A}^{\mathrm{T}}}{\partial m_1},\frac{\partial\boldsymbol{A}^{\mathrm{T}}}{\partial m_2},\cdots,\frac{\partial\boldsymbol{A}^{\mathrm{T}}}{\partial m_M}\right] \tag{4-43}$$

式（4-43）中$\partial\boldsymbol{A}^{\mathrm{T}}/\partial m_j$只有与$m_j$介质所对应的单元$e$具有非零系数，要求解式（4-43），需要求得介电常数和电导率对于单元阻抗矩阵的贡献：

$$\frac{\partial\boldsymbol{A}_e}{\partial\varepsilon_e}=\omega^2\mu_0\int_{\Omega_e}\chi\,\boldsymbol{N}^{\mathrm{T}}\boldsymbol{N}\mathrm{d}\Omega_e,\ \frac{\partial\boldsymbol{A}_e}{\partial\sigma_e}=-\,\mathrm{j}\omega\mu_0\int_{\Omega_e}\chi\,\boldsymbol{N}^{\mathrm{T}}\boldsymbol{N}\mathrm{d}\Omega_e \tag{4-44}$$

4.2.2 参数归一化及非线性变换

1. 参数归一化

GPR 全波形反演需要对介电常数、电导率同时反演。介电常数、电导率在数量级上相差很大，给反演计算带来了诸多不便。因此，需要对参数进行尺度变换（Meles et al., 2012a）。考虑到相对介电常数 $\varepsilon_r=\varepsilon/\varepsilon_0$ 可以根据真空介电常数来定义，因此，可以类似地引入相对电导率 $\sigma_r=\sigma/\sigma_0$，取参考介质的电导率 $\sigma_0=2\pi f_0\varepsilon_0$，$f_0$ 表示中心频率，可以保证相对介电常数 ε_r 和相对电导率 σ_r 处于同一个量级。参考 Lavoué 等（2014）的做法，在反演过程中引入无量纲比例因子 β，将模型参数 $\boldsymbol{m}$ 设定为相对介电常数和相对电导率的线性组合，重写尺度变化之后的模型向量和梯度向量的明确表达式为

$$\boldsymbol{m}=(\varepsilon_r,\sigma_r/\beta)^{\mathrm{T}} \tag{4-45}$$

式（4-45）中 β 为参数调节因子，在优化过程中通过控制 σ_r 对 ε_r 的权重，避免由相对电导率与相对介电常数定义不准确引起反演过程的不稳定性。再将参数调节因子式（4-45）代入式（4-44）中，可得到频率域 GPR 双参数偏导数求取公式：

$$\frac{\partial \boldsymbol{A}_e}{\partial m_j}=\begin{cases}\varepsilon_0\dfrac{\partial \boldsymbol{A}_e}{\partial \varepsilon_j}, & j\in[1,\mathrm{NE}]\\[2ex] \beta\sigma_0\dfrac{\partial \boldsymbol{A}_e}{\partial \sigma_{p-\mathrm{NE}}}, & j\in[\mathrm{NE}+1,M]\end{cases} \tag{4-46}$$

再将 $\partial\boldsymbol{A}_e/\partial m_j$ 扩展成全体节点的矩阵，即可得到 $\partial\boldsymbol{A}/\partial m_j$。

2. 参数非线性变换

此外，为了充分利用已知的先验信息，使反演更符合实际情况，在反演过程中采用非线性变换更新模型，使模型在更新过程中具有上下限的先验信息 $m_{\min}\leqslant m\leqslant m_{\max}$ 的约束。本节采用 Habashy 和 Abubakar（2004）给出的非线性变换方法：

$$m=\frac{m_{\max}+m_{\min}}{2}+\frac{m_{\max}-m_{\min}}{2}\sin\theta \tag{4-47}$$

这种非线性变换将迫使模型参数 m 位于由 $m_{\max}$ 和 $m_{\min}$ 规定的范围内。对于第 $k+1$ 次迭代的 m_k 可以采用如下公式进行更新：

$$m_{k+1}=\frac{m_{\max}+m_{\min}}{2}+\left(m_k-\frac{m_{\max}+m_{\min}}{2}\right)\cos\left(\frac{\alpha_k p_k}{\xi_k}\right)+\xi_k\sin\left(\frac{\alpha_k p_k}{\xi_k}\right) \tag{4-48}$$

其中

$$\xi_k=\sqrt{(m_{\max}-m_k)(m_k-m_{\min})} \tag{4-49}$$

这种变化的好处是不会改变原始模型参数，且不需显式计算式（4-47）中的非线性变换参数 θ。

4.2.3　影响因素分析

1. 参数调节因子与频率采样策略

为了分析各种参数对反演精度、稳定性的影响，设置如图 4-9 所示的两个交叉十字的异常体模型 1（Meles et al.，2012a；Lavoué et al.，2014），模型 1 中的背景介质的 $\varepsilon_r=4$ 和 $\sigma=3\text{mS/m}$。左边异常体 1 的 $\varepsilon_r=1$ 和 $\sigma=0\text{mS/m}$；右边异常体 2 的 $\varepsilon_r=8$ 和 $\sigma=10\text{mS/m}$，模型离散网格的空间步长为 0.0833m。目标周围设置 40 个源和 120 个接收器（分别用×和 o 表示），每个源的信号将由所有接收器记录。该异常体具有较大的对比度，模型结构和两个异常体之间产生的多重散射均增加了反演的复杂性。

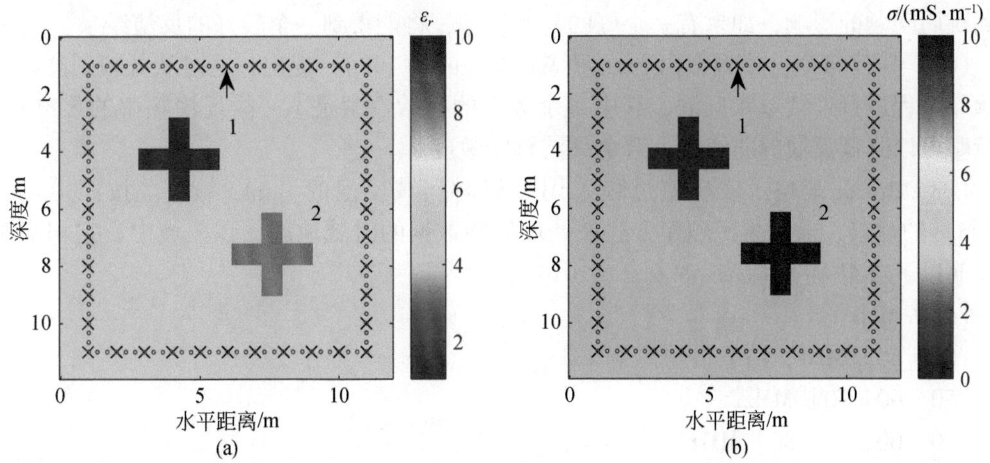

图 4-9　合成模型 1 的相对介电常数（a）和电导率（b）分布，包括两个交叉十字的异常体
黑色叉和红色小圆圈分别代表发射机和接收机的位置

图 4-10 显示了源位于（6.0m，1.0m）处，图 4-9 箭头所示位置的真实模型和初始模型的时域剖面图，其中时域剖面图是由频率域计算数据通过逆傅里叶变换得到的。其中

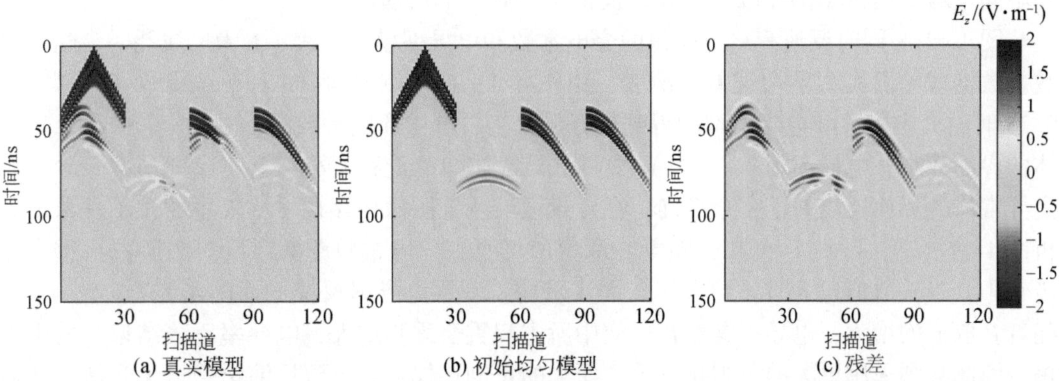

图 4-10　模型 1 的在频域中计算了 100MHz 中心频率的数据，经过逆傅里叶变换得到的时域共炮点记录

1～30 道对应 $z=0m$ 处接收器由左至右记录的信号，31～60 道对应 $z=11m$ 处接收器由左至右记录的信号，61～90 道对应 $x=0m$ 处接收器由上至下记录的信号，其中 91～120 道对应 $x=11m$ 处接收器由上至下记录的信号。由于初始模型是均匀的背景模型，图 4-10（c）所示的初始残差是由异常体形成的反射及绕射波。

2. 频率反演策略和参数调整因子对反演结果的影响

根据 Sirgue 和 Pratt（2004）的频率选择策略，为了与 100MHz 天线的频率带宽保持一致，选用 50MHz、60MHz、70MHz、80MHz、100MHz、150MHz 和 200MHz 7 个频率计算模型 1 中的合成观测数据 $\boldsymbol{d}_{\text{obs}}$。下面将测试不同频率反演策略及不同参数调节因子 β 对反演效果的影响。

本书中重点分析 3 种不同频率域反演策略，它们分别为：

（S1）同时策略：同时反演 7 个选定频率的数据，这种策略更依赖初始模型，更容易受到跳周问题的影响，如果有一个好的初始模型，将能得到一个较好的反演结果。

（S2）顺序策略：该方案由 Pratt 和 Worthington（1990）提出，通过从低频到高频层次的顺序过程进行连续单频反演，其中每个频率的初始模型是上一个反演频率的最终结果，该策略可以降低反演的非线性，避免周波跳跃效应。

（S3）Bunks 策略：该反演过程采用类似时间域反演的 Bunks 策略。按照 Bunks 等（1995）的建议，通过累积顺序方法来处理低频数据的时域地震，在频域中，它相当于连续反演以下 7 组频率（Lavoué et al.，2014）：

［50］MHz，

［50　60］MHz，

［50　60　70］MHz，

［50　60　70　80］MHz，

…

［50　60　70　80　100　150　200］MHz

为了综合分析频率反演策略和参数调整因子对反演的影响，选用不同的 β 值，在加载常规 Tikhonov（TK）模型约束情况下，对模型 1 进行 3 种不同策略的反演。反演时的初始模型为均匀背景。图 4-11～图 4-13 分别为 β 取 0.25、0.5、1.0 和 2.0 情况下，采用了 3 种不同策略反演 50MHz 到 200MHz 之间的 7 个频率的反演结果。

图 4-11 为同时反演策略下获得的介电常数和电导率模型，表 4-1 为反演耗时、迭代次数、数据残差及模型重构误差情况表。由图 4-11（a）和图 4-11（e）可以发现，当 $\beta=0.25$ 时，介电常数和电导率都能得到较好的重构，其中介电常数图 4-11（a）中两个异常体的界面清晰，电导率图 4-11（e）中两个异常体的位置和大小与真实模型基本一致，但是异常体的界面反演并不完全准确，在背景区域两个图像均存在一些较小的扰动现象。分析图 4-11（a）～（d）可知，随着 β 取值的增大，介电常数参数在反演中所占权重会逐步较小，当 β 取值过大时，异常体 2 无法重构。观察电导率反演剖面图 4-11（e）～（h），随着 β 取值的增大，电导率参数在反演中所占权重会逐步增大，电导率反演结果会发生振荡。因此必须采用更大的正则化权重，而大的正则化权重会导致反演结果过于光滑，从而陷入局部极值。

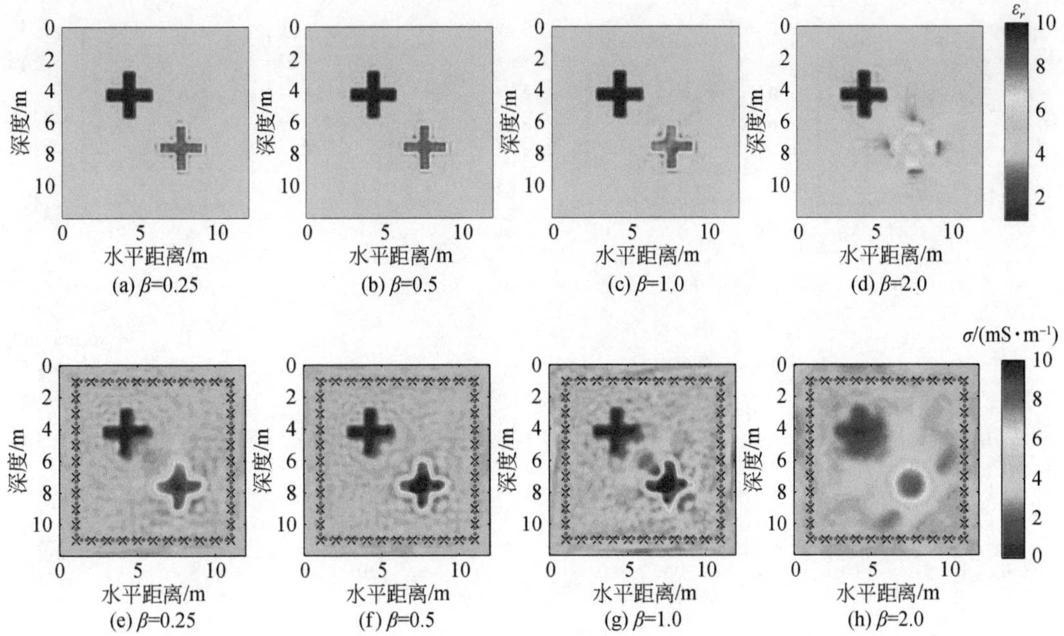

图 4-11　策略 S1，同时反演 7 个频率（Tikhonov 正则化）

表 4-1　策略 S1，同时反演 7 个频率时的反演参数和迭代次数（Tikhonov 正则化）

	β=0.25	β=0.5	β=1.0	β=2.0
CPU 时间/min	9.72	11.25	7.52	6.84
迭代次数	422	402	278	217
数据残差	0.0324	0.0249	0.0585	0.2104
重构误差（介电常数）	0.2324	0.2301	0.2793	0.6231
重构误差（电导率）	0.4431	0.3888	0.4606	0.6387

因此对于同时反演策略而言，合理的 β 值可以保证反演快速稳定地收敛到全局极小值，最优的 β 值选取非常重要，仅在一个较小的 β 区间才能保证反演的快速稳定收敛。

图 4-12 为顺序反演策略下获得的介电常数和电导率模型，表 4-2 为反演耗时、迭代次数、数据残差及模型重构误差情况表。分析图 4-12（a）~（d）可知，该反演策略能很好地重构介电常数模型，随着 β 取值的增大，对介电常数的反演结果仅有细微的影响。观察电导率反演剖面图 4-12（e）~（h），随着 β 取值的增大，电导率参数在反演中所占权重会逐步增大，电导率仍可以在一定程度上重构，但是在背景区域存在一些较大的扰动，会出现不稳定及振荡现象。对比图 4-11 可以发现，在相同的 β 参数下，顺序反演策略较同时反演策略的反演结果有较大的改善，其反演时间也有一定程度上的增加。说明顺序反演策略可以改善反演问题的非线性，扩大合适 β 值的选取区间。

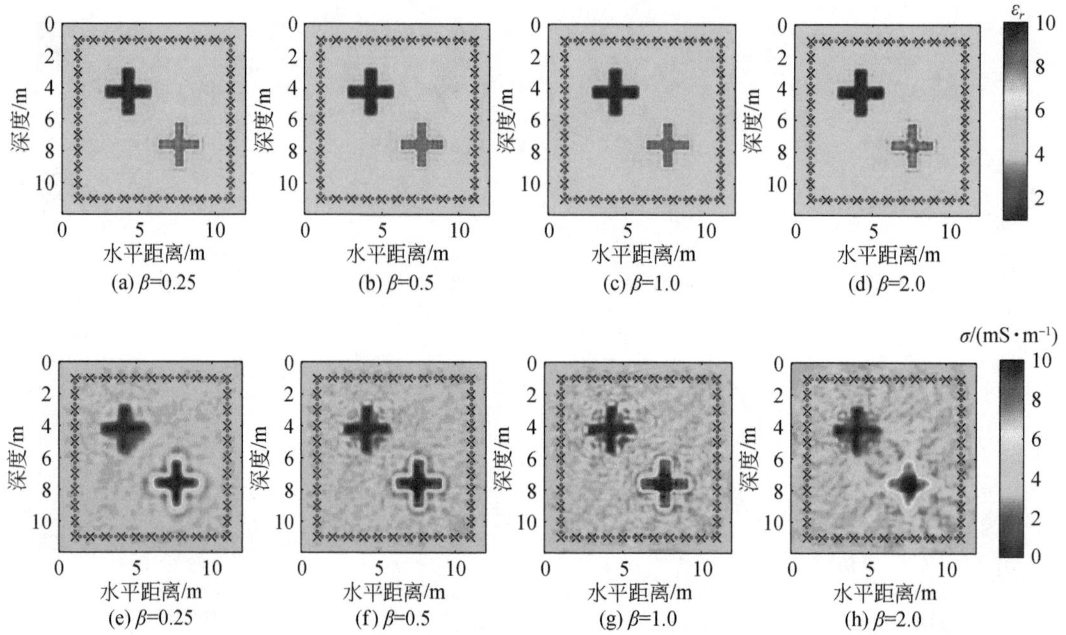

图 4-12　策略 S2，顺序反演 7 个频率（Tikhonov 正则化）

表 4-2　策略 S2，顺序反演 7 个频率时的反演参数和迭代次数（Tikhonov 正则化）

	β=0.25	β=0.5	β=1.0	β=2.0
CPU 时间/min	26.83	27.97	23.48	16.81
迭代次数	2124	2017	1903	1189
数据残差	0.1053	0.0937	0.1211	0.1408
重构误差（介电常数）	0.2226	0.2091	0.2248	0.2337
重构误差（电导率）	0.3631	0.3649	0.3969	0.4810

图 4-13 为 Bunks 反演策略获得的介电常数和电导率模型，表 4-3 为反演耗时、迭代次数、数据残差及模型重构误差情况表。对比图 4-12 可以发现，在相同的 β 参数下，Bunks 反演策略的反演结果较顺序反演策略具有一定改善：电导率成像更为准确，压制了背景的微小波动。Bunks 策略可以将频率层次和大频率带宽的优势结合起来，因此相对于顺序反演，可以进一步改善反演问题的非线性，扩大 β 值的选取区间，但反演时间较长。

为了进一步探讨频率反演策略和参数调节因子 β 对反演效果的影响，选取了一组 β 参数（0.05，0.1，0.15，0.25，0.35，0.5，1.0，2.0，4.0）进行了反演测试（Tikhonov 正则化），将 3 种不同频率反演策略反演结果的最终数据目标函数值和模型重构误差（$\|\boldsymbol{m}_k-\boldsymbol{m}_{\text{true}}\|_2/\|\boldsymbol{m}_0-\boldsymbol{m}_{\text{true}}\|_2$），通过初始数据目标函数归一化绘制在图 4-14 中。图中符号“×”表示同时策略的反演结果，“○”表示顺序策略的反演结果，“△”表示 Bunks 策略的反演结果。

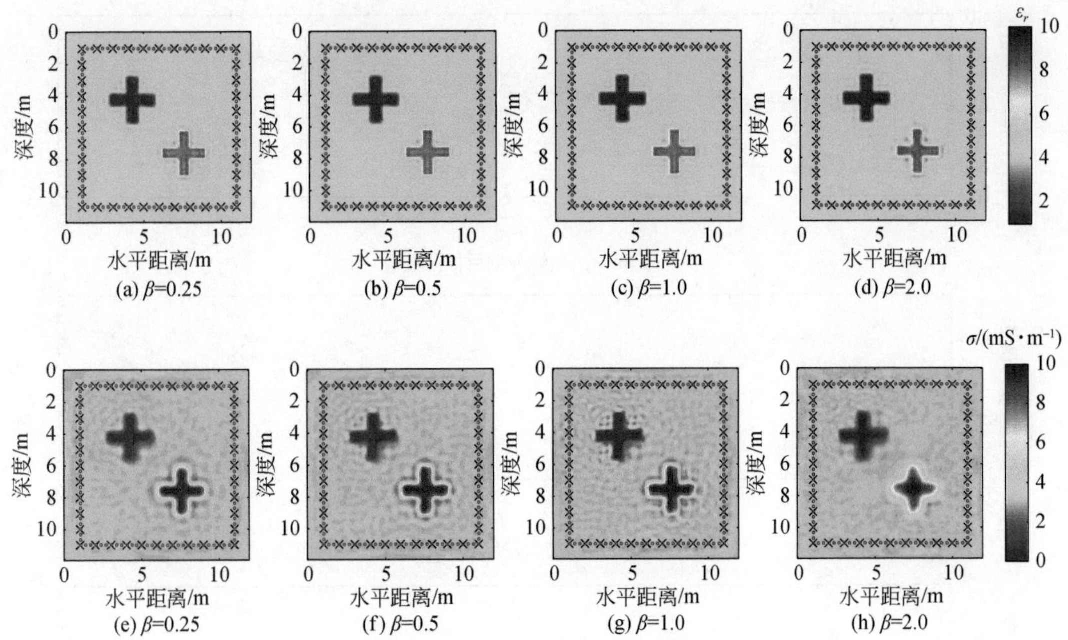

图4-13 策略S3，Bunks策略（Tikhonov正则化）

表4-3 策略S3，Bunks策略反演参数和迭代次数（Tikhonov正则化）

	β=0.25	β=0.5	β=1.0	β=2.0
CPU时间/min	32.83	30.08	29.56	31.02
迭代次数	1720	1774	1705	1189
数据残差	0.0173	0.0194	0.0217	0.0423
重构误差（介电常数）	0.2194	0.2251	0.2311	0.2533
重构误差（电导率）	0.3332	0.3272	0.3377	0.4351

分析图4-14可知，最终数据拟合差随β因子变化趋势和重构误差趋势基本相同。当最终数据目标函数值在0.01以下时，介电常数的重构误差在0.4以下，电导率的重构误差在0.6以下，此时对应的β值为最优的取值区间。此时，策略S1的最优取值区间为$\beta\in[0.15, 1]$，策略S2的最优取值区间为$\beta\in[0.15, 2]$，策略S3的最优取值区间为$\beta\in[0.15, 4]$；当$\beta\in[0.1, 0.5]$时策略S2的最终数据目标函数值小于策略S3；在相同的β取值下，策略S3的最终数据目标函数值最小。因此，同时反演策略对β选取更为敏感，仅有较小区间使得模型收敛到全局极小，该频率反演策略更容易受到跳周期问题的影响。分层多尺度方法的顺序反演策略和从低频到高频逐频反演Bunks策略，都可以降低全波形反演过程的非线性，扩大最优β值的选取区间，其中Bunks策略具有更好的效果。

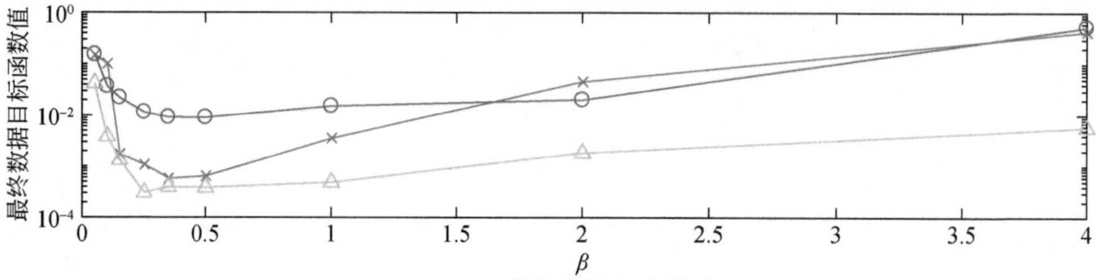

(a) β的最终数据目标函数值

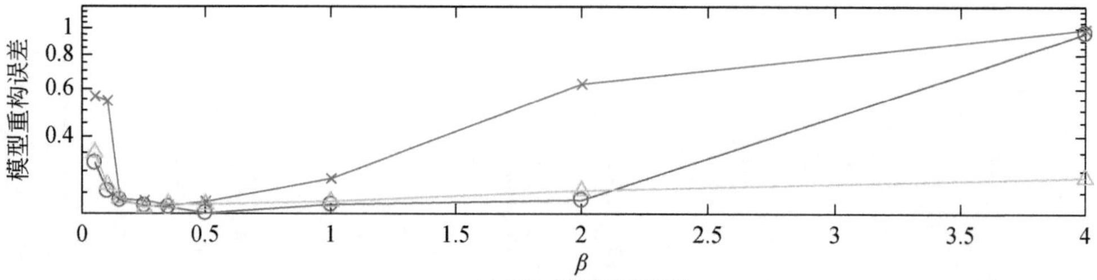

(b) β的ε_r模型重构误差

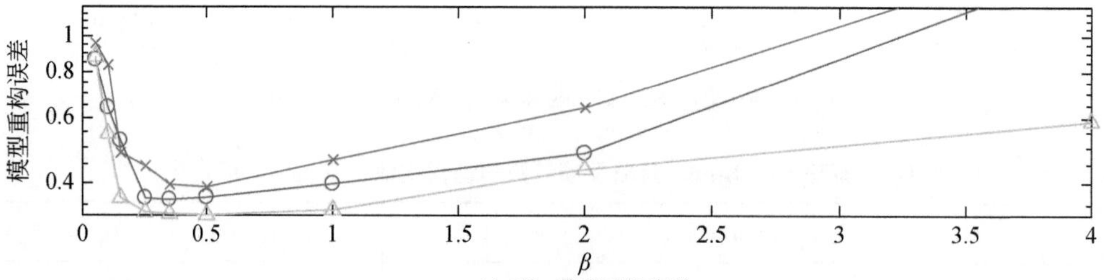

(c) β的σ模型重构误差

图 4-14　最终数据目标函数（a），相对介电常数模型重构误差（b），电导率模型重构误差（c）

由图 4-11 ~ 图 4-14 可以得到如下结论：在 GPR 双参数反演中，较大的 β 值会导致电导率反演结果出现不稳定性，故最优 β 值的选取至关重要。当采用较大的 β 值时，反演过程中通过电导率更新来引导反演，而电导率主要对应的是波的衰减作用，当电导率达到一个准确模型之后，会产生一个较大的差异才能拟合数据中的波动信息，不能保证一个合理的反演路径，因此当使用较大的比例因子时，反演过程的电导率会发生不稳定性，不能收敛到全局极小，导致最终数据目标函数值较大。

该数值试验表明，在双参数同步反演的框架内，应该通过介电常数更新来引导反演，当介电常数被正确地重构后，可以提供可靠的猜测模型，能够保证电导率结果朝着真实的参数收敛。反之，如果 β 值选取不当，譬如采用很小的 β 值，反演中给介电常数赋予过大的权重，则介电常数模型在迭代中较早重构，电导率的重构精度将会被影响，也会导致最终数据目标函数值较大。

3. 模型正则化对反演结果的影响

为了研究不同正则化方法对反演结果的影响，β 参数分别选取｛0.05，0.1，0.15，0.25，0.35，0.5，1.0，2.0，4.0｝并加载全变差正则化（TV）参数条件下，进行频率域 GPR 反演测试。将 3 种不同频率反演策略反演结果的最终数据目标函数值和模型重构误差绘制在图 4-15 中。其中实线为未加载正则化项的反演结果，虚线为加载正则化的反演结果，其中符号叉表示同时反演的结果，圆圈表示顺序反演的结果，三角形表示 Bunks 策略的反演结果。

分析图 4-15 可知：对于三种反演策略而言，加载全变差正则化项后其最终数据目标函数一定程度地减小，其最佳参数调节因子区间变大为［0.1，2］，该区间对应的模型重构误差也大幅减小，对电导率重构误差有较大的改善。

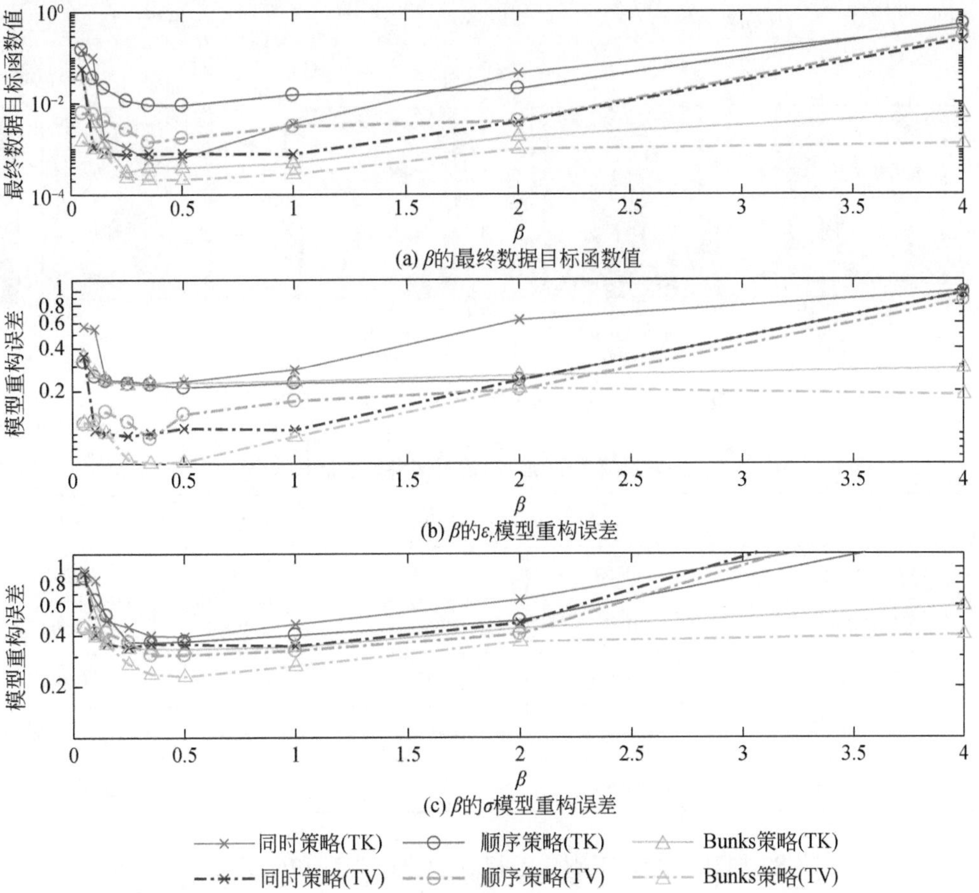

图 4-15　最终数据目标函数（a），介电常数模型重构误差（b），电导率模型重构误差（c）

为了进一步观察模型正则化对反演剖面的细节影响，图 4-16 为策略 S1 加载全变差正则化后得到的介电常数和电导率反演结果。表 4-4 为反演耗时、迭代次数、数据残差及模型重构误差情况表。对比图 4-11 和图 4-16，可以发现加载全变差正则化可以扩大同步反演策略下的最佳参数调节因子的选择区间，令介电常数的重构更加精确，极大地降低电导率剖面中的不稳定现象，使背景参数与真实模型更为接近。由于同时反演策略容易受到跳周问题的影响，而全变差正则化方法提高了反演的稳定性，降低了反演的非线性。但是对于过大的参数调节因子，必须加载更大的正则化因子，其反演结果相对于其他的结果较差。

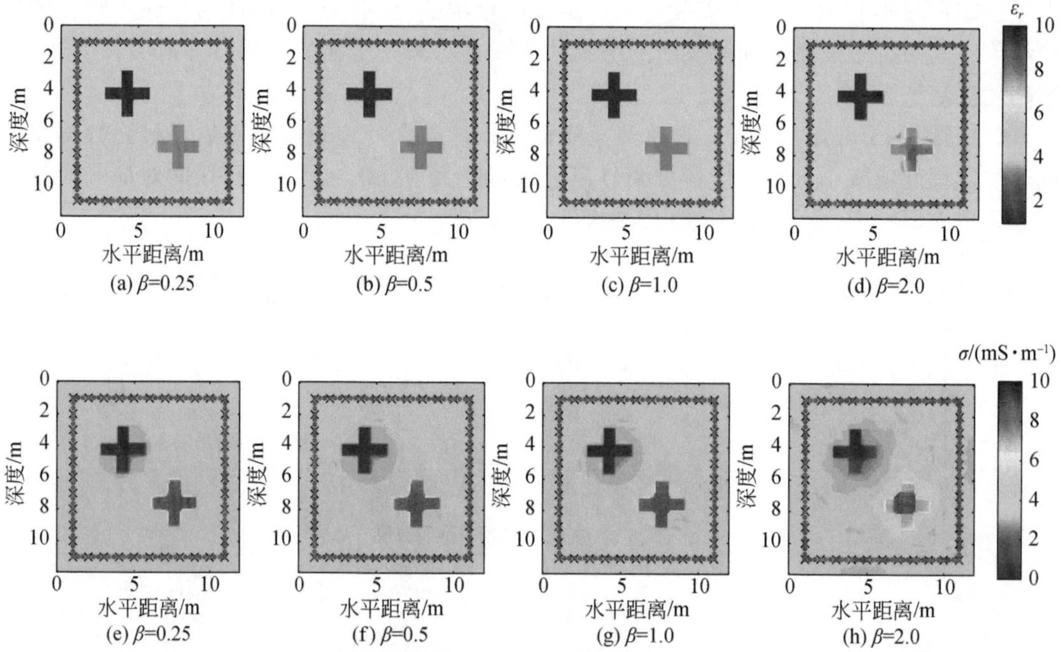

图 4-16　策略 S1，加载 TV 正则化项同时反演 7 个频率的反演结果

表 4-4　策略 S1，同时反演 7 个频率时的反演参数和迭代次数（TV 正则化）

	β=0. 25	β=0. 5	β=1. 0	β=2. 0
CPU 时间/min	40. 50	23. 46	25. 37	0. 01
迭代次数	1082	598	628	509
数据残差	0. 0269	0. 0278	0. 0272	0. 0605
重构误差（介电常数）	0. 0961	0. 1085	0. 1054	0. 2339
重构误差（电导率）	0. 3361	0. 3503	0. 3411	0. 9576

图 4-17 为策略 S2 加载全变差正则化后得到的介电常数和电导率反演结果。

表 4-5 为反演耗时、迭代次数、数据残差及模型重构误差情况表。图 4-18 为策略 S3 加载全变差正则化后得到的介电常数和电导率反演结果。表 4-6 为反演耗时、迭代次数、数据残差及模型重构误差情况表。

对比图 4-12 和图 4-17 以及图 4-13 和图 4-18，加载全变差正则化能有效改善电导率反演的稳定性，提高反演结果界面的分辨率，它允许参数调节因子区间取值范围更大。当 β 值过大时（β>2），迭代次数增加，正则化不能完全消除电导率剖面的不稳定现象，也不能完全地消除双参数反演的非线性，因此参数调节因子的选取仍至关重要。

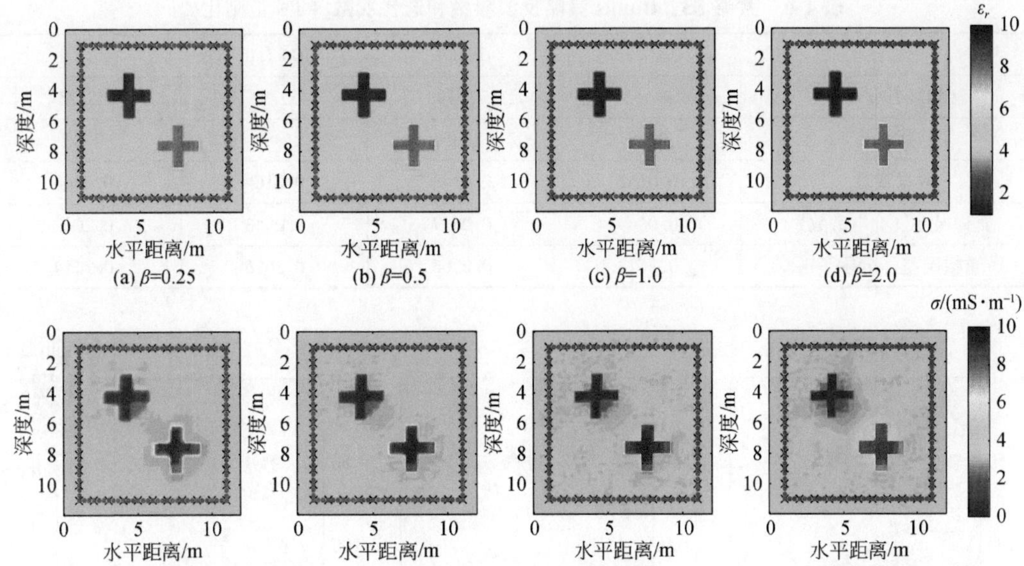

(a) β=0.25　(b) β=0.5　(c) β=1.0　(d) β=2.0
(e) β=0.25　(f) β=0.5　(g) β=1.0　(h) β=2.0

图 4-17　策略 S2，加载 TV 正则化项顺序反演 7 个频率的反演结果

表 4-5　策略 S2，顺序反演 7 个频率时的反演参数和迭代次数（TV 正则化）

	β=0.25	β=0.5	β=1.0	β=2.0
CPU 时间/min	72.70	66.97	72.09	87.19
迭代次数	1760	1543	1782	2152
数据残差	0.0513	0.0414	0.0552	0.0627
重构误差（介电常数）	0.1210	0.1366	0.1694	0.2021
重构误差（电导率）	0.3626	0.3037	0.3223	0.4035

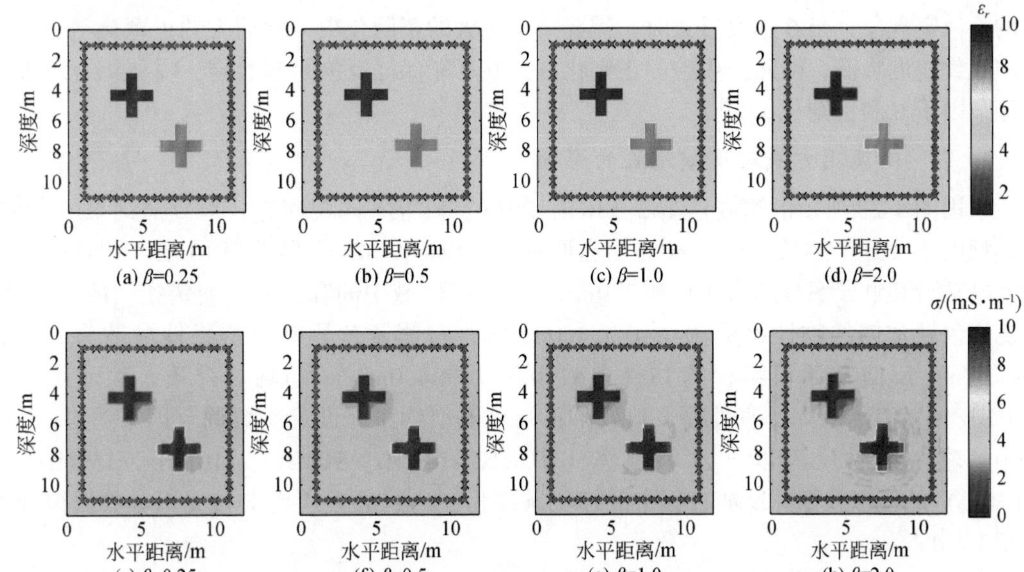

(a) β=0.25　(b) β=0.5　(c) β=1.0　(d) β=2.0
(e) β=0.25　(f) β=0.5　(g) β=1.0　(h) β=2.0

图 4-18　策略 S3，Bunks 策略加载 TV 正则化项的反演结果

表 4-6　策略 S3，Bunks 策略反演参数和迭代次数（TV 正则化）

	$\beta=0.25$	$\beta=0.5$	$\beta=1.0$	$\beta=2.0$
CPU 时间/min	96.53	72.39	57.71	85.25
迭代次数	2078	1535	1382	2188
数据残差	0.0152	0.0144	0.0166	0.0308
重构误差（介电常数）	0.0649	0.0627	0.0953	0.2062
重构误差（电导率）	0.2673	0.2266	0.2616	0.3614

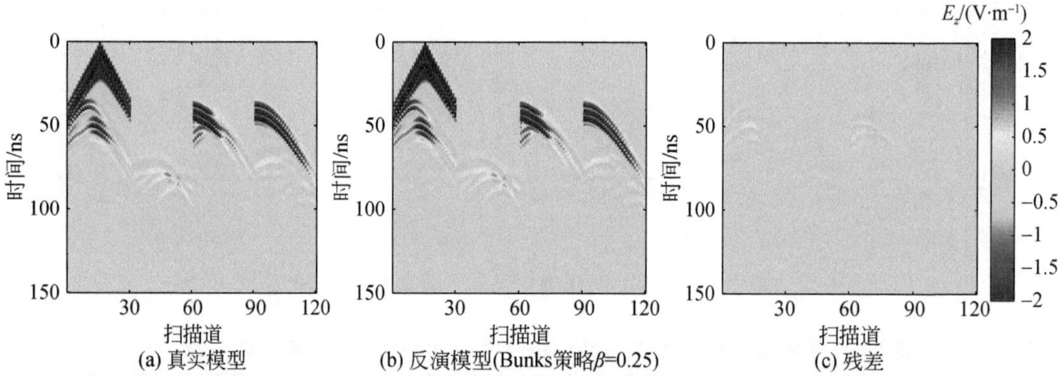

图 4-19　模型 1 的在频域中计算了 100MHz 中心频率的数据，经过逆傅里叶变换得到的时域共炮点记录

图 4-19 显示了源位于位置（6.0m，1.0m）处真实模型和 Bunks 策略 $\beta=0.25$ 反演结果的时域剖面图。图中可见，最终反演结果的模拟数据和观测数据吻合较好，在残差图 4-19（c）中显示仅有细微的差别。

通过该数值实验，可以发现：相对于传统 Tikhonov 正则化，全变差正则化可以使双参数反演更加稳定，这是由于正则化的加载限制了电导率的更新，可以在一定程度上缓解反演的不稳定现象。当 β 选取过大时，需要一个较大的正则化项，然而大的正则化项会导致反演收敛速度降低。因此，单独的正则化方案并不能保证反演足够稳定，需要综合考虑参数调节因子 β 和正则化。

4. 不同的观测方式对反演结果的影响

采用图 4-20 所示的镶嵌模型 2（Ren，2018）研究不同观测方式对反演结果的影响。该模型由 80×80 个边长为 0.05m 的四边形单元组成，UPML 边界设为 10 层。背景介质相对介电常数和电导率分别为 9.0 和 7.0mS/m，模拟区域中间存在两个交错相间的异常体，左侧红色异常体的物性参数为 7.0 和 4.0mS/m，右侧蓝色异常体的物性参数为 5.0 和 1.0mS/m。反演初始模型设为物性参数为 7.0 和 4.0mS/m 的均匀介质。激励源采用 100MHz 的雷克子波。反演过程中加载了正则化模型约束，设置参数调节因子为 $\beta=0.5$，采用策略一同时反演以下六个频率（50MHz，70MHz，90MHz，110MHz，130MHz 和 150MHz）的模拟数据。反演过程中的终止条件为：达到最大迭代次数或相对数据拟合差小于 1×10^{-4}。

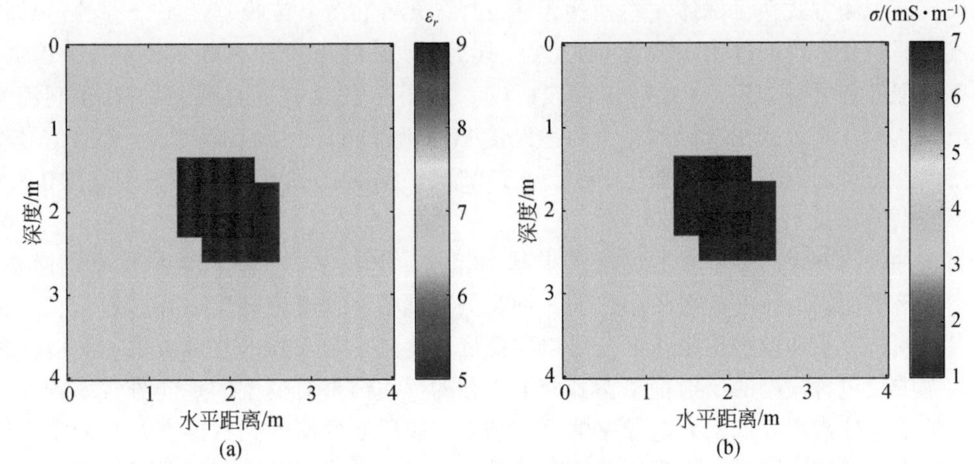

图 4-20　真实模型介电常数分布（a）和真实模型电导率分布（b）

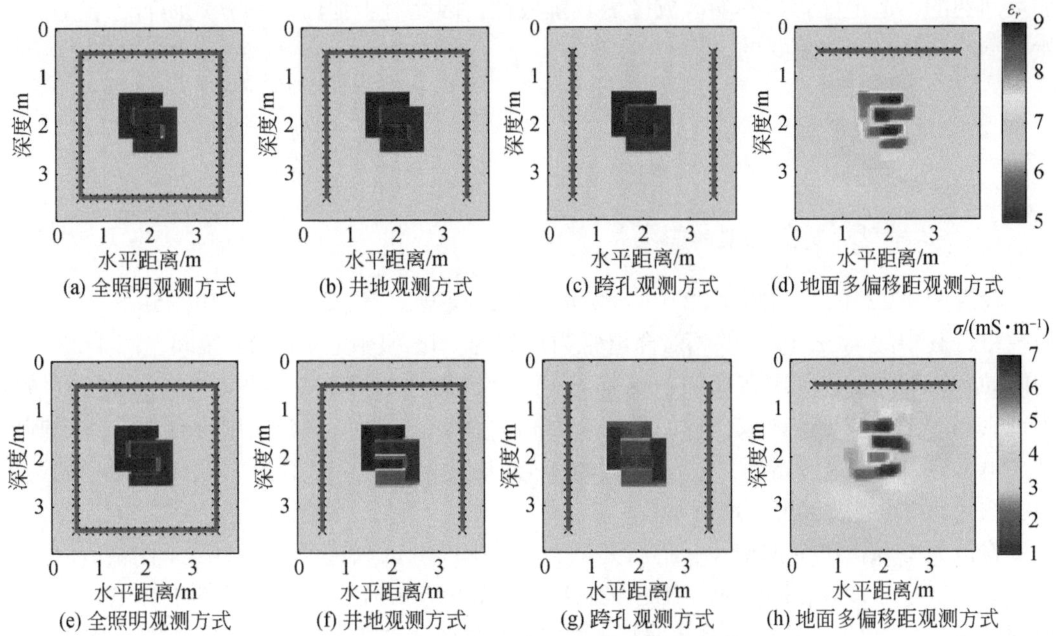

图 4-21　模型 2 不同观测方式同时策略反演结果

黑色叉和红色小圆圈分别代表发射机和接收机的位置

图 4-21 显示了四种不同观测方式下 Bunks 策略的反演结果。图 4-21（a）和图 4-21（e）为全照明观测方式反演结果，该观测方式在目标体四边设置 40 个源和 240 个接收器，每个源的信号将由所有接收器记录，其反演迭代次数为 461，耗时 10. 23min，介电常数相关系数为 0. 997，电导率模型的相关系数为 0. 9961；图 4-21（b）和图 4-21（f）为井地观测方式反演结果，该观测方式在目标体上左右三边设置 31 个源和 180 个接收器，每个源的信号将由所有接收器记录，反演迭代次数至 853 次，耗时 12. 65min，介电常数相关系数为 0. 997，电导率模型的相关系数为 0. 9625；图 4-21（c）和图 4-21（g）为跨孔观测方式反

演结果，该观测方式在目标体左右两边设置 22 个源和 120 个接收器，每个源的信号将由所有接收器记录，反演迭代次数至 1412 次，耗时 17.39min，介电常数相关系数为 0.9958，电导率模型的相关系数为 0.9727；图 4-21（d）和图 4-21（h）为地面多偏移距观测方式反演结果，该观测方式在目标体左右两边设置 11 个源和 60 个接收器，每个源的信号将由所有接收器记录，反演迭代次数至 1551 次，耗时 21.04min，介电常数相关系数为 0.8808，电导率模型的相关系数为 0.4164。

前 3 种观测方式的介电常数反演结果基本相同，电导率的反演结果也仅有细微差别，这是由于该模型的对比度相对较小，前 3 种观测数据中包含模型的反射和透射信息，在合适的参数调整因子和模型正则化下，可以保证反演达到一个较好的收敛效果。而地面多偏移距数据中仅包含模型的反射信息，其介电常数的反演结果对模型的垂向分辨率较高，对于模型的水平分辨率较低，而电导率的反演结果仅能反演模型的大致形态，与真实模型相比已经产生了畸变，同时在模型周围出现了伪像。进一步对地面多偏移距方式使用 Bunks 策略进行反演，重构结果并没有显著改善。与其他观测方式相比，地面 GPR 测量方式增加反问题的不适定性，其多参数成像更具挑战性，因此对于地面观测方式而言，合适的初始模型的选择是至关重要的。

4.2.4 数值算例

1. 初始模型对复杂模型的影响

设置图 4-22（a）与图 4-22（b）所示的复杂模型 3，模型区域为 10m×5m，为多层介质模型，其中图 4-22（a）的相对介电常数模型的变化范围设为 1～14 区间，图 4-22（b）的电导率模型的变化范围在 0～12mS/m 区间。地表之上设置 0.5m 的空气层，上层区域代表地表相对干燥的砂层区域，第二层为 0.3m 厚的薄层，第三层介质中存在两个不规则的高介电常数的高电导率异常体，模型右侧深 4m 位置存在一个低介电常数低电导率的透镜体，约 4.5m 的界面代表了地下水位。

将该模型以 0.05m 网格步长进行离散，不含 UPML 区域共计 111×201 个网格。限定反演中空气层中的参数，同时避免源和接收器位置处的奇异性，则待求的地下介电常数和电导率的参数为 20301 个。采用共偏移距的 GPR 数据采样方式，设置 21 个源，水平间隔 0.5m，101 个接收器，水平间隔 0.1m，源和接收器均位于地面之上两个网格点 -0.1m 深处。反演的介电常数与电导率的初始模型 1（IM1）设置如图 4-22（c）与图 4-22（d）所示，初始模型 2（IM2）设置如图 4-22（e）与图 4-22（f）所示，它们是图 4-22（a）与图 4-22（b）中的真实模型高斯平滑后的结果，仅仅描绘了介质参数变化的大致趋势。

频率采样对于这种复杂介质的成像至关重要，选择密集频率采样的 10 个频率进行反演：50MHz，60MHz，70MHz，80MHz，90MHz，100MHz，125MHz，150MHz，175MHz 和 200MHz。将白噪声添加到合成频率数据，信噪比为 25dB（散射场）。反演过程中加载全变差正则化项，设置参数调节因子 $\beta = 0.4$，保证反演过程由介电常数起主要引导作用。

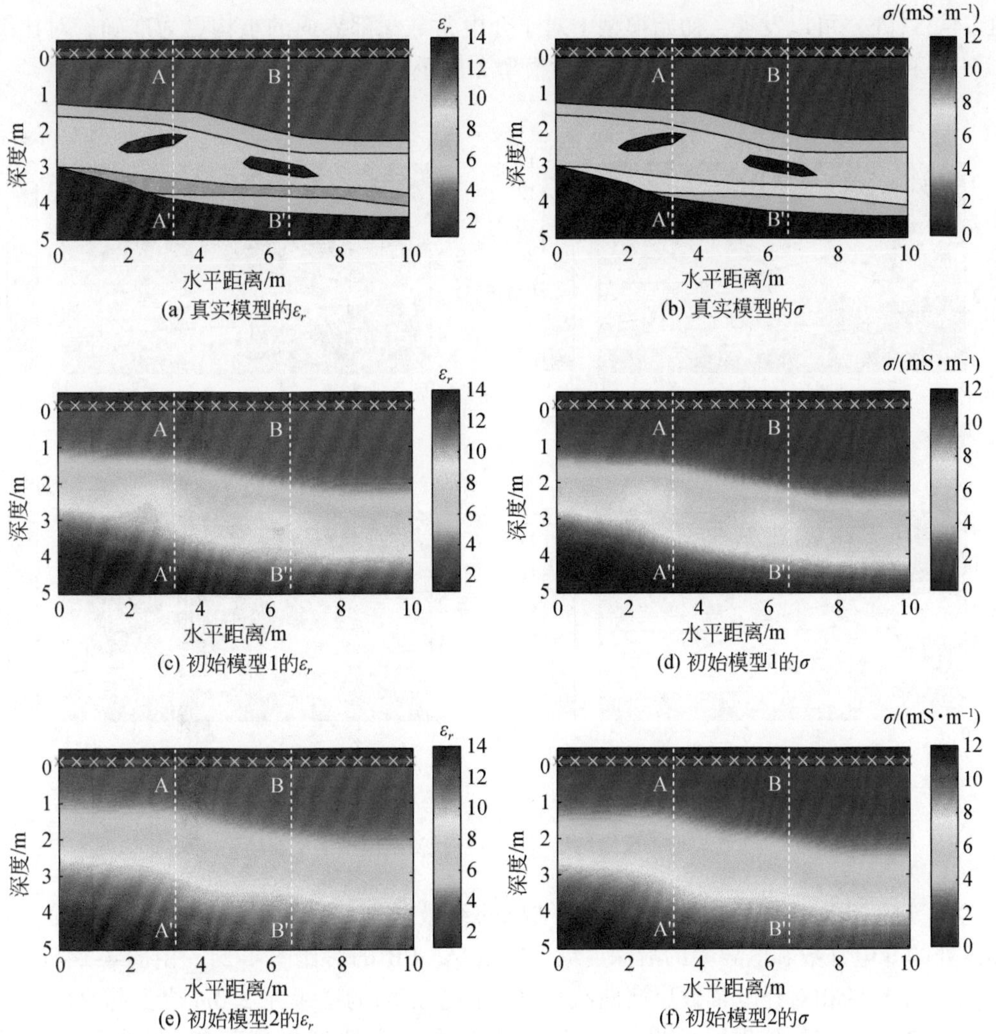

图4-22　模型3的真实的相对介电常数（a）和电导率（b）分布，反演初始模型1的介电常数（c）和电导率（d）分布，反演初始模型2的介电常数（e）和电导率（f）分布

绿色叉和红色小圆圈分别代表发射机和接收机的位置

图4-23为采用初始模型1和初始模型2的反演结果。其中图4-23（a）与图4-23（b）分别为初始模型1的介电常数与电导率剖面图，反演迭代次数为2035，总耗时184.99min，RMS为2.3629，介电常数相关系数为0.9743，电导率模型的相关系数为0.9378；图4-23（c）与图4-23（d）分别为初始模型2反演得到的介电常数与电导率剖面图，反演迭代次数为1592，耗时119.58min，RMS为2.5472，介电常数相关系数为0.9670，电导率模型的相关系数为0.9200。

由图4-23可见，两种初始模型的介电常数反演结果界面都比较清晰，对于薄层、透镜体以及中间两个异常体均能较好重构，但是幅值与真实模型仍存在一定偏差；电导率的图像中仅能体现界面变化的大体区域，介质界面、异常体与透镜体的位置发生错位，异常体无法较好重构。两个不同初始模型得到的反演结果亦存在细微的差别。对比图4-23（a）和图4-23（c）可以发现，初始模型1对于介电常数深部界面的重构更为准确。对比图4-23（b）和图4-23（d）可以发现，初始模型1的重构结果与真实模型更为接近。

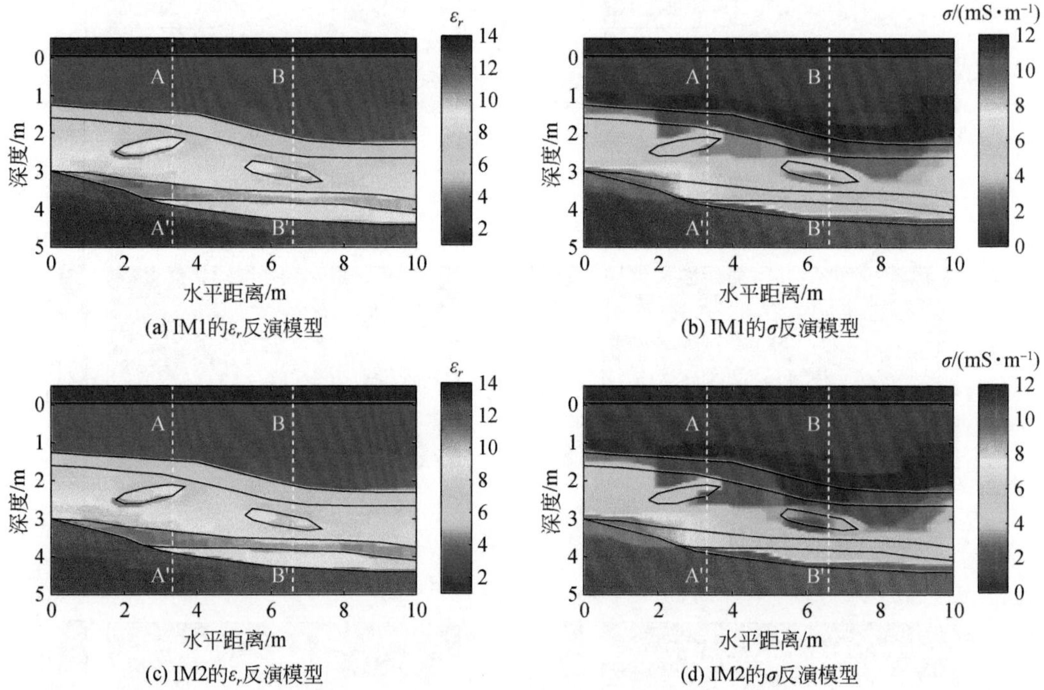

图4-23　初始模型1反演结果（a，c）和初始模型2反演结果（b，d）

为了进一步对比两种初始模型反演结果的细微区别，分析图4-22中横坐标3.3m和6.6m处的介电常数和电导率的沿深度纵切线AA′、BB′的对比图4-24。由图4-24（a）和图4-24（b）的相对介电常数反演曲线可知，两个策略的结果在2.0m之上与真实模型基本一致，2～5m仅能体现界面的起伏情况，反演结果与真实模型存在一定偏差；总体而言，初始模型1的反演结果与真实结果更为接近。由图4-24（c）和图4-24（d）的电导率反演曲线可知，两种初始模型的结果在总体上的变化趋势与真实结果基本一致，两者的值与真实结果均出现了错位及偏离现象。由于介电常数主要体现的是波动效应，对界面反映更加明显；电导率主要体现扩散效应，其体积效应更加明显。因此，无法从反演数据中恢复含有精确界面信息的电导率结果。

图4-25为归一化的目标函数收敛曲线和模型重构误差图，虚线表示初始模型1的反演结果，实线表示初始模型2的反演结果。在图4-25（a）中可以发现初始模型1最终反演目标函数最小，收敛最好。图4-25（b）中蓝色表示的介电常数重构误差曲线较红色表示的电导率重构误差曲线整体要小。初始模型1的最终模型重构误差相对同时策略较小，与真实结果更为接近。

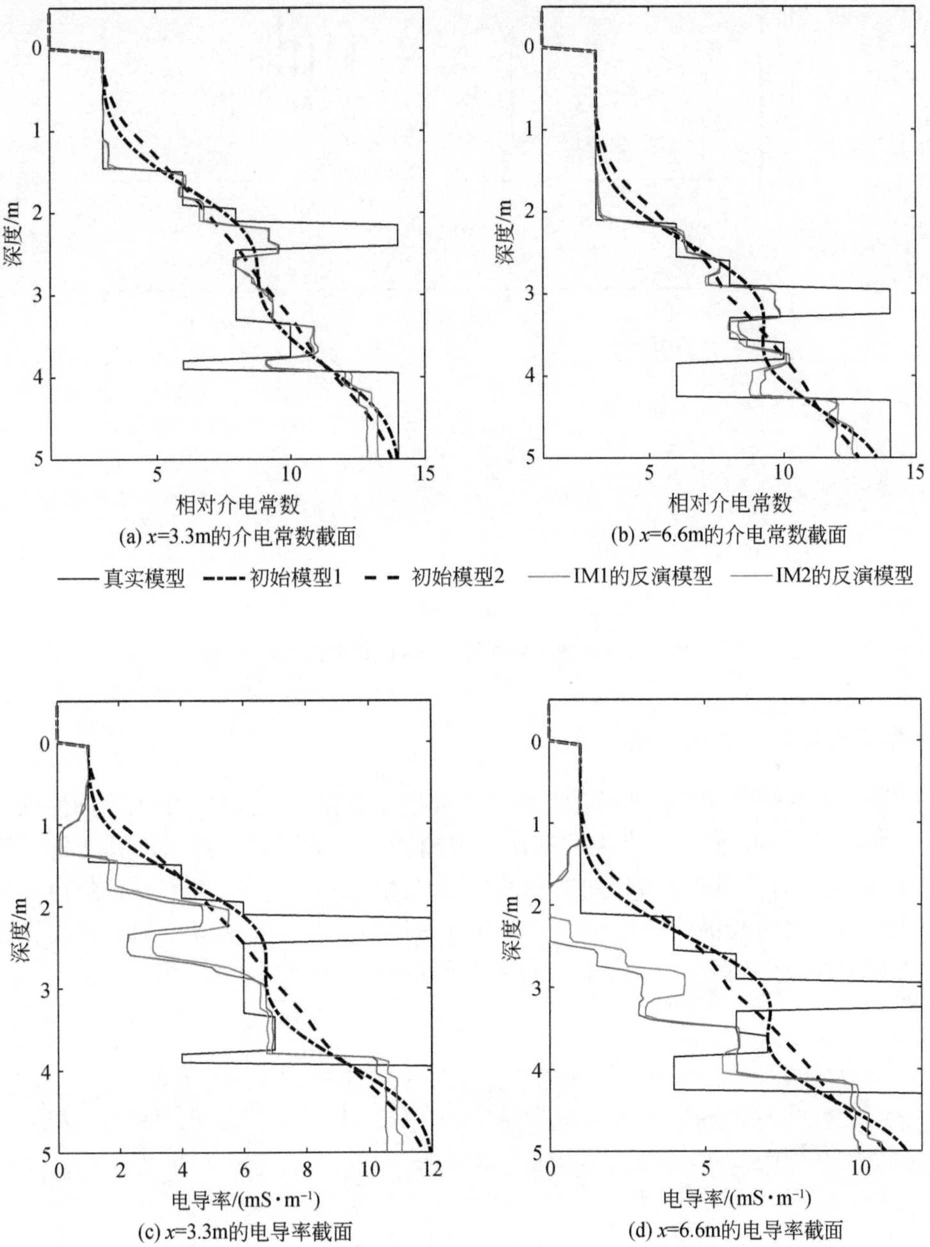

(a) x=3.3m的介电常数截面

(b) x=6.6m的介电常数截面

(c) x=3.3m的电导率截面

(d) x=6.6m的电导率截面

图 4-24　AA′、BB′处的介电常数和电导率的沿深度纵切线

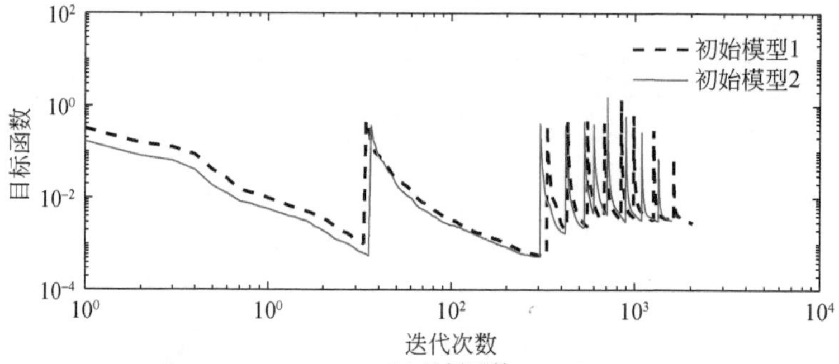

(a) 目标函数

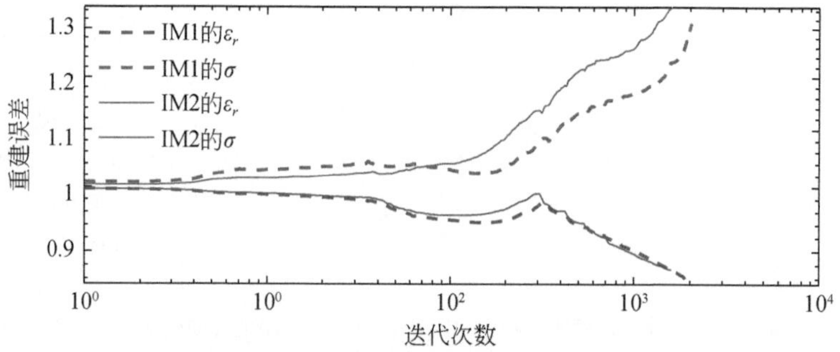

(b) 重构误差

图 4-25　目标函数收敛曲线图（a）和重构误差图（b）

2. 噪声对复杂模型的影响

为了测试总场噪声对反演算法的影响，在模型 3 的合成数据中，加入不同信噪比 SNR =25dB、20dB 及 15dB 的总场噪声数据作为观测数据，采用本书所提出算法进行反演测试。图 4-26 所示为不同噪声等级对时域共炮点观测数据的影响。在有较低噪声等级的数据中，主要的反射曲线仍然是可见的，深部反射信号受到一定破坏，随着噪声等级的增大，主要反射曲线受到干扰，且 50ns 以后的反射信号基本淹没在噪声中。

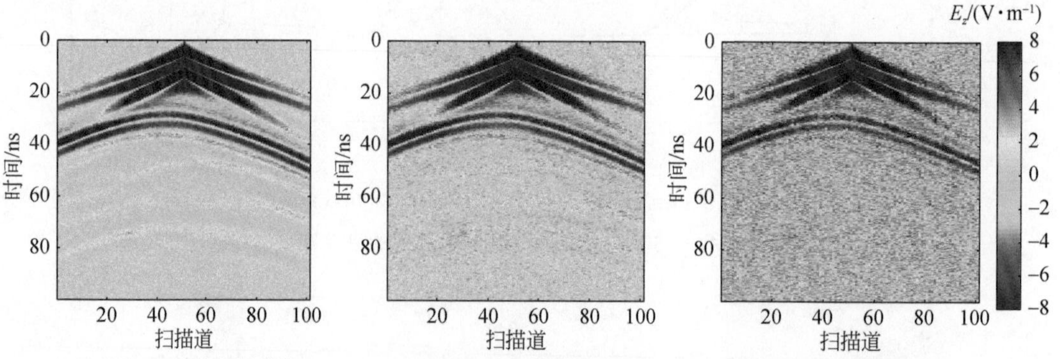

(a) SNR=25dB的总场噪声　(b) SNR=20dB的总场噪声　(c) SNR=15dB的总场噪声

图 4-26　不同噪声等级时域共炮点观测数据（源于 x =5m）

本次反演其他参数与模型 3 相同，初始模型采用 IM1。反演结果如图 4-27 所示。不同噪声的迭代次数分别为 1463、1053、907；计算时间分别为 140.60min、132.69min、96.68min；最终 RMS 为 2.18×10^4、6.89×10^4、2.17×10^5；介电常数的自相关系数分别为 0.9658、0.9648、0.958；电导率的自相关系数分别为 0.9304、0.9187、0.9128。

如图 4-27（a）、（c）和（e）所示，在介电常数图像中，当 SNR≥20dB 时，主要反射界面和两个异常体仍能重构，浅部界面清晰，但是分辨率随着深度显著降低，且高介电常数层并不明显，在 SNR=15dB 的结果中仍能一定程度分辨浅部界面和异常体，由于主要反射曲线受到噪声干扰，反演结果中出现拟合噪声及间断振荡现象。观察图 4-27（b）、（d）和（f），当 SNR=25dB 时，电导率结果仅提供电导率结构的主要趋势，SNR=20dB 地空分界面出现轻微的振荡，SNR=15dB 反演结果出现多处斑点伪像。

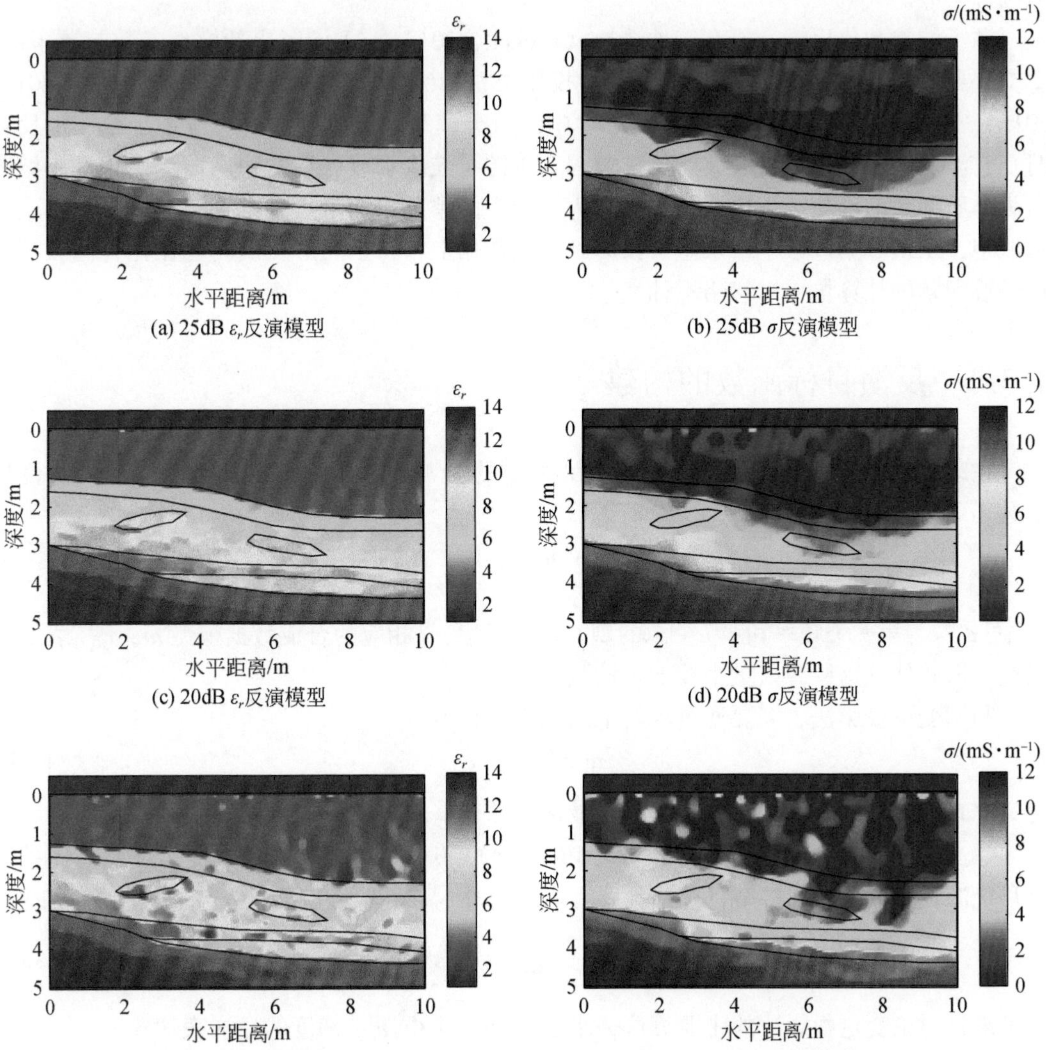

(a) 25dB ε_r反演模型　(b) 25dB σ反演模型

(c) 20dB ε_r反演模型　(d) 20dB σ反演模型

(e) 15dB ε_r反演模型　(f) 15dB σ反演模型

图 4-27　不同噪声等级观测数据的介电常数和电导率重构结果

根据反演结果发现，相对于介电常数重构结果，电导率对噪声敏感性更强。在一定噪声等级范围内，所提出算法能较好地重构地下介质分布，浅部界面清晰，随着数据信噪比降低，反演结果逐渐变差；可以预见当反演数据信噪比过低时，反演可能出现过拟合现象，导致反演失败。

4.3 基于变量投影方法的不依赖子波 FD-FWI

实际上，探地雷达数据既是地下介质的函数，也是激励源的函数，源子波估计是反演中的关键步骤。只有通过获得有效的源子波，才有可能尽可能完整地匹配观测的波形。源子波参数化反演方法是常见的处理方法，该方法将激励源子波作为待反演参数，迭代更新激励源子波。

源子波参数化反演一般有三种选择（Rickett, 2013）：①同时更新模型参数与源子波；②交替更新模型参数与源子波；③变量投影方法（Aravkin et al., 2012；Li et al., 2013, 2015）。变量投影方法用来解决应用数学中的可分离最小二乘问题。当应用于全波形反演时，它涉及通过最小二乘滤波器估计过程，将源子波表示成模型的隐函数。由于源小波表示为介质参数的函数，不再需要将其视为反演中的单独未知量。基本上，在每次目标函数求取中，正演数据以最小二乘意义投影到观测数据上，与全波形反演问题相比，滤波器估计子波问题的计算量可以忽略不计。

4.3.1 反演目标函数的构建

在理想情况下，同时反演源函数和模型的全波形反演问题可以表示为如下目标函数：

$$\Phi(\boldsymbol{m}, \boldsymbol{c}) = \frac{1}{2}\sum_{k,j} \left\| \boldsymbol{d}_{k,j}^{\mathrm{obs}} - c_{k,j}\boldsymbol{d}_{k,j}^{\mathrm{cal}}(\boldsymbol{m}) \right\|_2^2 \tag{4-50}$$

式中，$\boldsymbol{d}_{k,j}^{\mathrm{obs}}$ 为第 k 个频率和第 j 个源的观测数据；$\boldsymbol{d}_{k,j}^{\mathrm{cal}}$ 是相应的合成数据模型 $\boldsymbol{m}$；$c_{k,j}$ 表示源权重，需要估计这些源权重来校准正演数据。

利用变量投影法，需要通过求解下式求出源权值：

$$\min_{c}\Phi(\boldsymbol{m}, \boldsymbol{c}) \tag{4-51}$$

定义上式的解为 $\bar{\boldsymbol{c}}(\boldsymbol{m})$，值得注意的是最优的源权重的隐式定义为

$$\nabla_c \Phi(\boldsymbol{m}, \bar{\boldsymbol{c}}) = 0 \tag{4-52}$$

将最优源权重 $\bar{\boldsymbol{c}}(\boldsymbol{m})$ 回带至目标函数式（4-50）中，将得到一个仅含 $\boldsymbol{m}$ 的简化目标函数

$$\bar{\Phi}(\boldsymbol{m}) = \Phi(\boldsymbol{m}, \bar{\boldsymbol{c}}(\boldsymbol{m})) = \frac{1}{2}\sum_{k,j} \left\| \boldsymbol{d}_{k,j}^{\mathrm{obs}} - \bar{c}_{k,j}(\boldsymbol{m})\,\boldsymbol{d}_{k,j}^{\mathrm{cal}}(\boldsymbol{m}) \right\|_2^2 \tag{4-53}$$

接下来将讨论变量投影法的主要算法，求解 $\bar{\boldsymbol{c}}(\boldsymbol{m})$ 及 $\bar{\Phi}(\boldsymbol{m})$ 梯度的显式表达式。

4.3.2 梯度计算

变量投影技术的主要驱动因素是内部优化问题式（4-52）易于求解。在这种情况下，其满足一个封闭形式的解（Li et al., 2013）：

$$\bar{c}_{k,j} = (\boldsymbol{d}_{k,j}^{\text{cal}})^{*} \boldsymbol{d}_{k,j}^{\text{obs}} \Big/ \left\| \boldsymbol{d}_{k,j}^{\text{cal}} \right\|_2^2 \tag{4-54}$$

梯度的计算可以通过链式法则来完成

$$\nabla_m \overline{\Phi}(\boldsymbol{m}) = \nabla_m \Phi(\boldsymbol{m}, \bar{\boldsymbol{c}}) + \nabla_c \Phi(\boldsymbol{m}, \bar{\boldsymbol{c}}) \nabla_m \bar{\boldsymbol{c}} \tag{4-55}$$

由此可知，如果通过 $\nabla_c \Phi = 0$ 来得到 $\bar{\boldsymbol{c}}$。上式等号右边第 2 项为 0，因此有

$$\nabla_m \overline{\Phi}(\boldsymbol{m}) = \nabla_m \Phi(\boldsymbol{m}, \bar{\boldsymbol{c}}) \tag{4-56}$$

根据式（4-53）可得

$$\nabla_m \overline{\Phi}(\boldsymbol{m}) = \sum_{k,j} \left(\bar{c}_{k,j} \frac{\partial \boldsymbol{d}_{k,j}^{\text{cal}}}{\partial \boldsymbol{m}} + \boldsymbol{s}_{k,j} \frac{\partial \bar{c}_{k,j}}{\partial \boldsymbol{m}} \right)^{*} (\boldsymbol{d}_{k,j}^{\text{obs}} - \bar{c}_{k,j} \boldsymbol{d}_{k,j}^{\text{cal}}) \tag{4-57}$$

根据文献（Rickett, 2013）：

$$\left(\boldsymbol{d}_{k,j}^{\text{cal}} \frac{\partial \bar{c}_{k,j}}{\partial \boldsymbol{m}} \right)^{*} (\boldsymbol{d}_{k,j}^{\text{obs}} - \bar{c}_{k,j} \boldsymbol{d}_{k,j}^{\text{cal}}) = 0 \tag{4-58}$$

因此

$$\nabla_m \overline{\Phi}(\boldsymbol{m}) = \sum_{k,j} \left(\bar{c}_{k,j} \frac{\partial \boldsymbol{d}_{k,j}^{\text{cal}}}{\partial \boldsymbol{m}} \right)^{*} (\boldsymbol{d}_{k,j}^{\text{obs}} - \bar{c}_{k,j} \boldsymbol{d}_{k,j}^{\text{cal}}) \tag{4-59}$$

其中

$$\frac{\partial \boldsymbol{d}_{k,j}^{\text{cal}}}{\partial \boldsymbol{m}} = \boldsymbol{P}_j \boldsymbol{A}_k^{-1} \left(- \frac{\partial \boldsymbol{A}_k}{\partial \boldsymbol{m}} \boldsymbol{u}_{k,j} \right) \tag{4-60}$$

将式（4-60）代入式（4-59）可得

$$\nabla_m \overline{\Phi}(\boldsymbol{m}) = \sum_{k,j} (\bar{c}_{k,j} \boldsymbol{u}_{k,j})^{*} \left(- \frac{\partial \boldsymbol{A}_k}{\partial \boldsymbol{m}} \right)^{*} \boldsymbol{v}_{k,j} \tag{4-61}$$

式（4-61）中 $\boldsymbol{v}_{k,j}$ 为伴随（反传）波场：

$$\boldsymbol{A}_k^{*} \boldsymbol{v} = \boldsymbol{P}_j^{*} (\boldsymbol{d}_{k,j}^{\text{obs}} - \bar{c}_{k,j} \boldsymbol{d}_{k,j}^{\text{cal}}) \tag{4-62}$$

计算伴随波场，只需一次附加的正演，由于正问题和伴随问题是在相同模型中求解，所以 $\boldsymbol{A}$ 的 LU 因子仍可以用于伴随问题。式中 $\partial \boldsymbol{A}_k / \partial \boldsymbol{m}$ 只有与 m_l 介质所对应的单元 e 具有非零系数，其中 $l \in [1, 2\text{NE}]$，NE 为待反演的单元总数，需要求得介电常数和电导率对于单元阻抗矩阵 $\boldsymbol{A}_e$ 的贡献：

$$\frac{\partial \boldsymbol{A}_e}{\partial \varepsilon_e} = \omega^2 \mu_0 \int_{\Omega_e} \chi \, \boldsymbol{N}^{\text{T}} \boldsymbol{N} \text{d}\Omega_e, \quad \frac{\partial \boldsymbol{A}_e}{\partial \sigma_e} = - j\omega\mu_0 \int_{\Omega_e} \chi \, \boldsymbol{N}^{\text{T}} \boldsymbol{N} \text{d}\Omega_e \tag{4-63}$$

再代入式（4-45），可得

$$\frac{\partial \boldsymbol{A}_e}{\partial m_l}=\begin{cases}\varepsilon_0\omega^2\mu_0\int_{\Omega_e}\chi\,\boldsymbol{N}^{\mathrm{T}}\boldsymbol{N}\mathrm{d}\Omega_e, & l\in[1,\ \mathrm{NE}]\\ -\beta\sigma_0 i\omega\mu_0\int_{\Omega_e}\chi\,\boldsymbol{N}^{\mathrm{T}}\boldsymbol{N}\mathrm{d}\Omega_e, & l\in[\mathrm{NE}+1,\ M]\end{cases}\tag{4-64}$$

再将 $\partial\boldsymbol{A}_e/\partial m_l$ 扩展成全体节点的矩阵，即可得到 $\partial\boldsymbol{A}_k/\partial m_l$ 。

4.3.3　合成数据反演算例

为了验证本节算法的准确性，本书采用 3.4.4 节所示复杂模型进行了测试。合成观测数据采用 DGTD 算法获得，如图 4-28 所示，源子波采用主频为 200MHz 的 Ricker 子波。

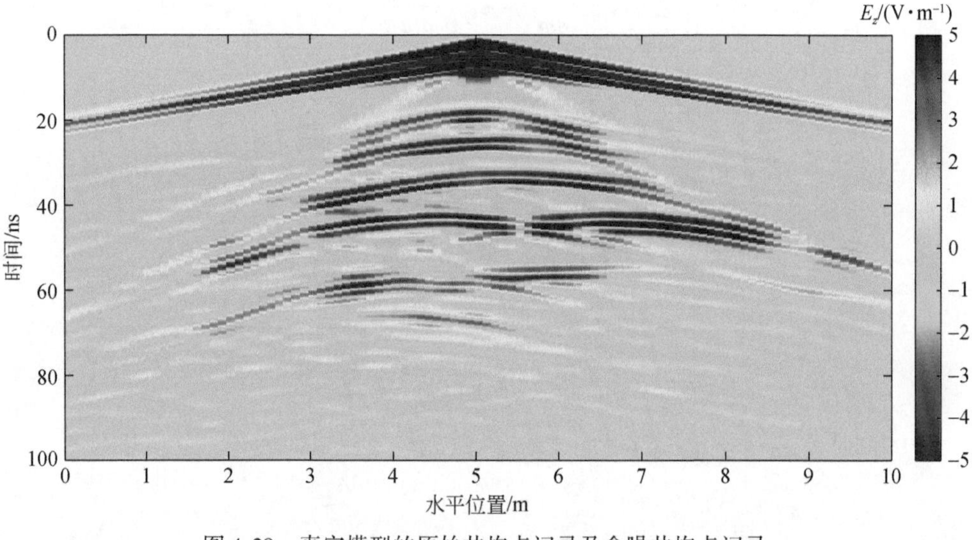

图 4-28　真实模型的原始共炮点记录及含噪共炮点记录

图 4-29 显示了源在时域和频域的波形。使用快速傅里叶变换将时域合成数据转到频域，反演初始模型与 3.4.4 节相同。反演过程中使用 12 个频率（50MHz、60MHz、70MHz、80MHz、90MHz、100MHz、110MHz、120MHz、130MHz、150MHz、170MHz、200MHz），使用 Bunks 频率采样策略，每组频率反演的最大迭代次数为 100 次，当目标函数小于初始迭代目标函数的 10^{-5}或步长小于 10^{-5}时终止迭代，在整个反演过程中使用 TV 正则化对模型进行约束。设置两组反演实验：（S1）反演中模拟数据使用错误的子波，采用变量投影方法对数据进行标定；（S2）反演中模拟数据采用准确子波，作为参照。

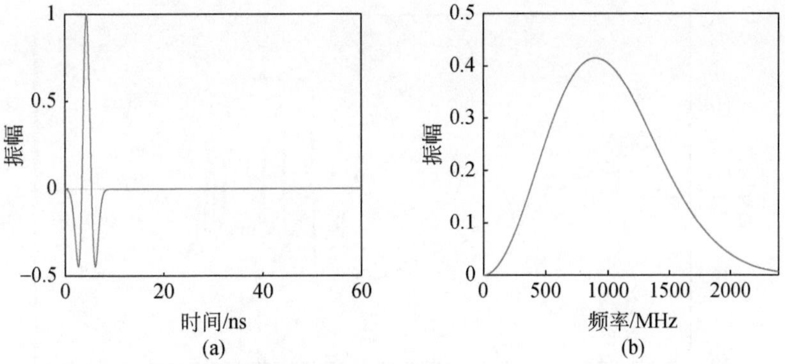

图 4-29　合成数据时域源子波波形（a）及其频谱（b）

图4-30（a）和（c）为两组方案的介电常数反演剖面图，（c）和（d）为三组不同正则化方案的电导率反演剖面图；从图中可见，使用 S1 变量投影作为校正方案的反演结果与已知源幅值的反演结果几乎相同。这表明，采用变量投影的反演方法可以较准确地标定源子波。图 4-31 为归一化的目标函数收敛曲线和模型重构误差图，虚线表示 S1 的反演结果，实线表示 S2 的反演结果。从图中可见，用未知源波形反演的数据和用已知源波形反演的数据一样收敛。

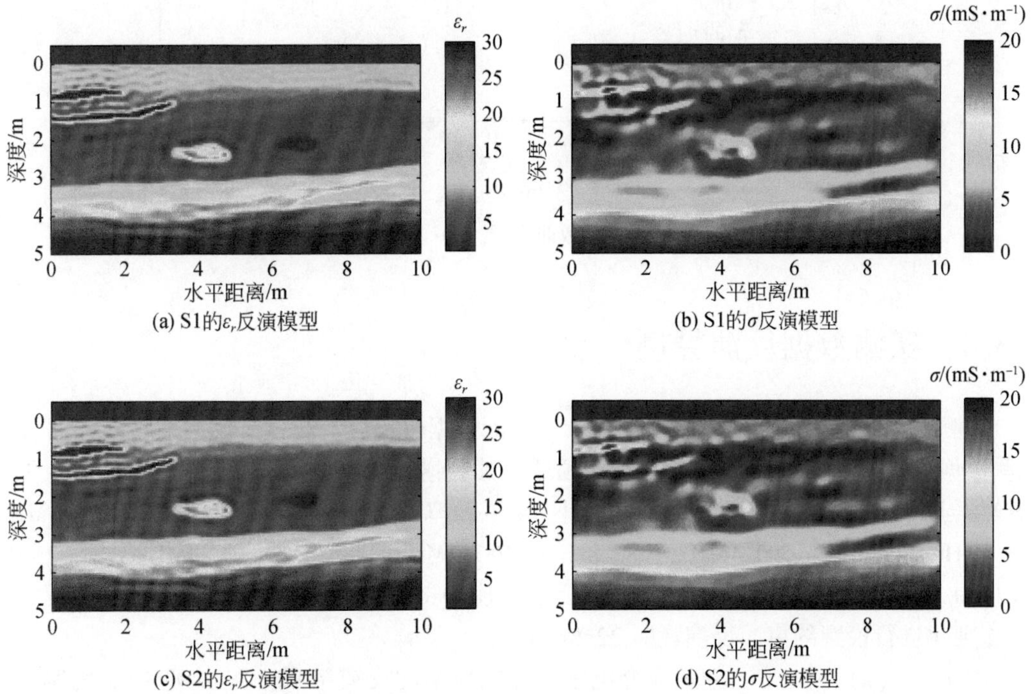

图 4-30　复杂模型使用不同方案的反演结果，（a）和（b）是采用 S1 变量投影策略的结果，（c）和（d）是 S2 使用正确子波的反演结果

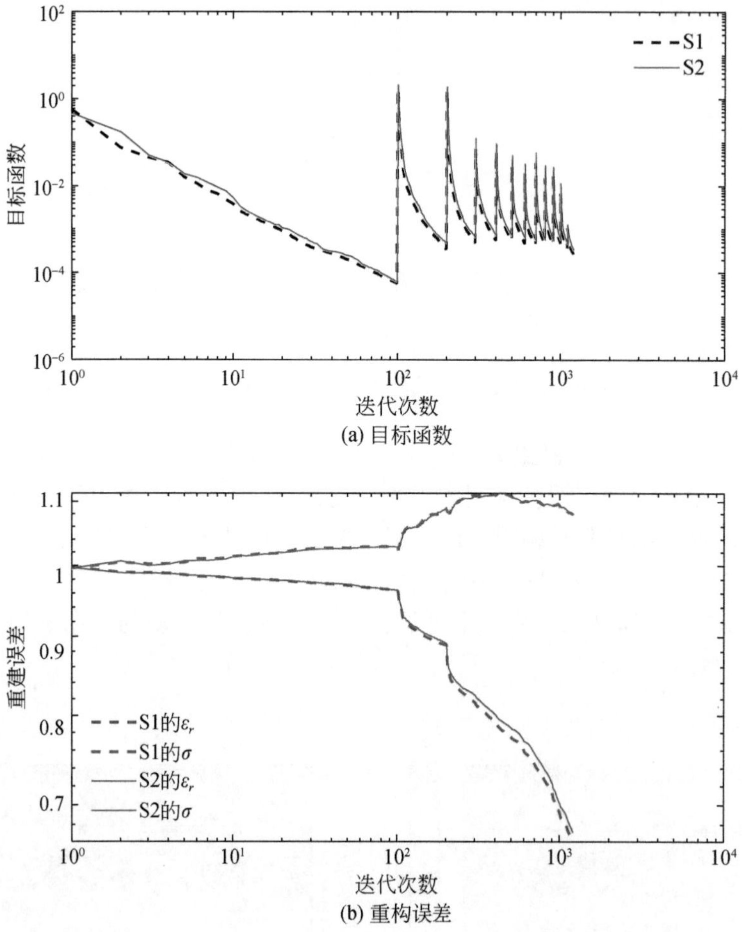

图4-31　目标函数收敛曲线图（a）和重构误差图（b）

4.3.4　实测数据反演算例

为测试本节算法的实用性，对3.5.4节实测数据进行反演测试。反演前将图3-58所示观测数据进行快速傅里叶变换，变换到频域。其频谱振幅与相位如图4-32所示。反演初始模型与3.5.4节相同，反演中考虑以下14个频率（98.4MHz、196.8MHz、295.2MHz、393.6MHz、492MHz、590.4MHz、688.8MHz、787.2MHz、885.6MHz、984MHz、108.2MHz、1181MHz、1279MHz和1378MHz）进行反演，使用Bunks频率采样策略，反演过程采用TV正则化进行模型约束，反演耗时22.6min。

图4-33（a）和（b）分别为介电常数和电导率的反演结果。图4-33中黑色实线表示两根管线的正确位置，其中图4-33（a）介电常数与（b）电导率反演的异常位置与管线真实位置基本重合，从反演结果图中可以准确判断两根管线的材质、埋深和管径参数，该结果与时间域反演结果基本吻合，反演结果正确。对比两者的反演时间可以发

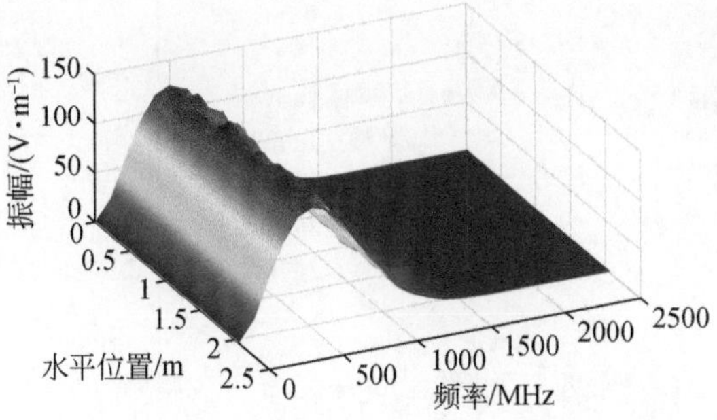

(a)

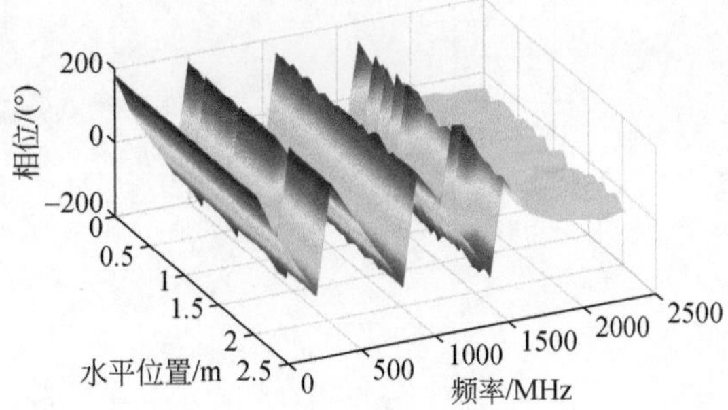

(b)

图 4-32　管线实测数据的频谱分析振幅（a）和相位（b）

现，频率域反演具有更快的速度。

图 4-34 展示了两个不同频点（393.6MHz 和 885.6MHz）的实测数据与最终反演结果的模拟数据频谱（a）和相位（b）的对比。图中模拟数据的振幅和相位与实测数据基本重合，具有较好的一致性。表明本节提出的变量投影算法可以对子波进行准确的标定。以上结果表明本书算法对实测数据具有较好的适用性。

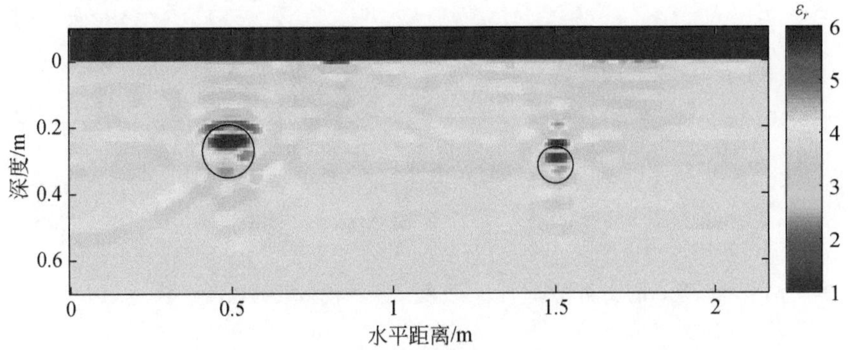

(a) ε_r的反演模型

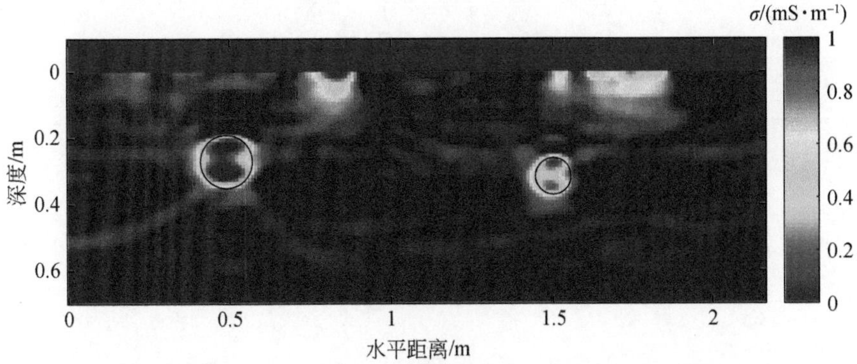

(b) σ的反演模型

图 4-33　实测数据反演结果

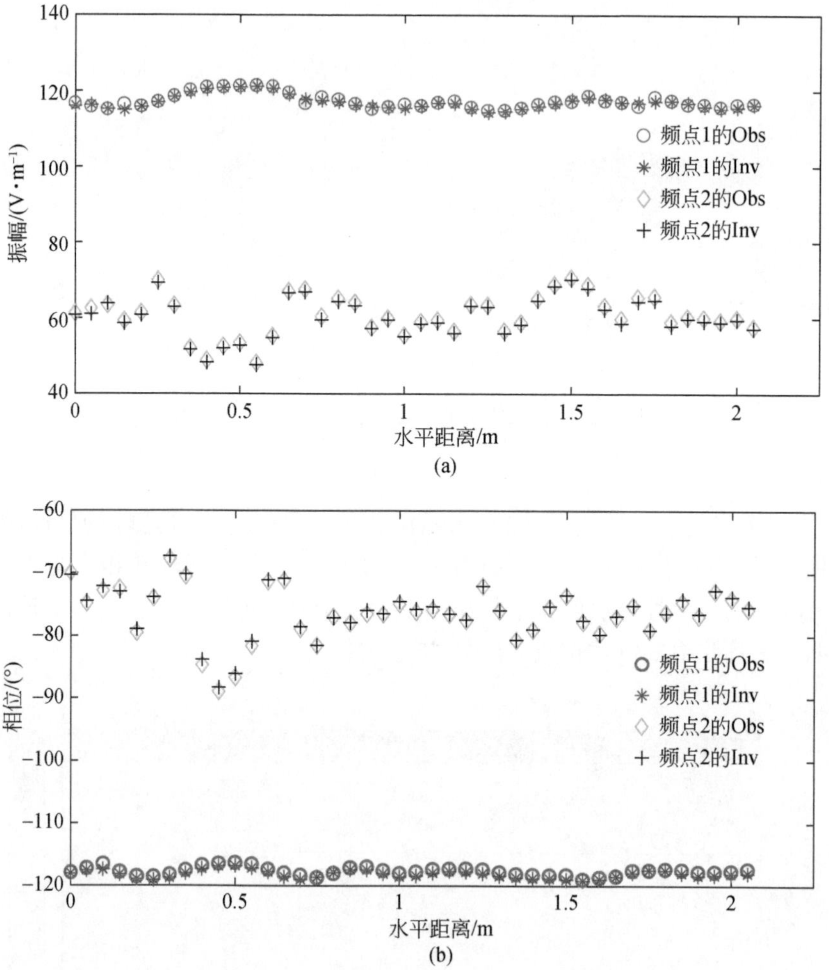

图 4-34　两个不同频点的实测数据与最终反演结果的模拟数据频谱（a）和相位（b）对比

第5章 三维频率域矢量有限元正演及全波形反演

鉴于电磁波横向波的三维散射比二维散射更复杂，模拟数据与模型参数之间非线性关系更大，解决三维反问题涉及的正问题多次计算成本远高于二维。而且三维模型中会有更多的地下参数拟合观测数据，多解性更强，外加探测成本的影响，探地雷达数据资料仍以二维数据为主，二维情况下相当于把实际的三维地质结构体视为二度体。因此，二维 GPR 数据的正反演及资料解释只是一种近似，限制了 FWI 的适用性和准确性，其计算精度与反演效果都不尽如人意，对测区多条断面进行综合解释的难度大。由此可见，开展快速、有效的三维 GPR 正反演研究对提高雷达数据的解译显得至关重要。

5.1 基于精确 PML 频率域三维 GPR 正演

5.1.1 控制方程

三维 GPR 满足的频率域 Maxwell 方程可表示为（Jin，2014）

$$\nabla\times\mu^{-1}\nabla\times\boldsymbol{E}-\omega^2\varepsilon\boldsymbol{E}+\mathrm{j}\omega\sigma\boldsymbol{E}=-\mathrm{j}\omega\boldsymbol{J} \tag{5-1}$$

式中，$\boldsymbol{E}$ 为电场强度（V/m）；ε 为介电常数（F/m）；μ 为磁导率（H/m）；σ 为电导率（S/m）；$\omega=2\pi f$ 表示角频率（rad/s）；$j=\sqrt{-1}$ 表示虚数单位，时谐因子为 $\mathrm{e}^{\mathrm{j}\omega t}$。

根据电磁波场理论，设各向异性 PML 介质中频率域的 Maxwell 两个旋度方程可表示为

$$\nabla\times\boldsymbol{E}=-\mathrm{j}\omega\bar{\boldsymbol{\mu}}\cdot\boldsymbol{H} \tag{5-2}$$

$$\nabla\times\boldsymbol{H}=\mathrm{j}\omega\bar{\varepsilon}\cdot\boldsymbol{E} \tag{5-3}$$

其中，$\bar{\boldsymbol{\varepsilon}}$ 和 $\bar{\boldsymbol{\mu}}$ 是对角的介电常数和磁导率张量，具有单轴各向异性介质的特征，它可表示成

$$\bar{\varepsilon}=\varepsilon_{\mathrm{ef}}\bar{\boldsymbol{\Lambda}},\bar{\boldsymbol{\mu}}=\mu\bar{\boldsymbol{\Lambda}} \tag{5-4}$$

$\varepsilon_{\mathrm{ef}}=\varepsilon-\sigma/\mathrm{j}\omega$ 表示等效介电常数，其中

$$\bar{\Lambda}=\left(\frac{s_y s_z}{s_x}\right)\hat{\boldsymbol{x}}\hat{\boldsymbol{x}}+\left(\frac{s_z s_x}{s_y}\right)\hat{\boldsymbol{y}}\hat{\boldsymbol{y}}+\left(\frac{s_x s_y}{s_z}\right)\hat{\boldsymbol{z}}\hat{\boldsymbol{z}} \tag{5-5}$$

s_i 为坐标伸缩因子。

由式（5-2）和式（5-3）可得频率域电场二阶矢量波动方程为

$$\nabla\times\left[\bar{\boldsymbol{\mu}}^{-1}\cdot(\nabla\times\boldsymbol{E})\right]-\omega^2\bar{\varepsilon}\cdot\boldsymbol{E}+\mathrm{j}\omega\boldsymbol{J}=0 \tag{5-6}$$

其中，$\bar{\boldsymbol{\mu}}^{-1}=\mu^{-1}\bar{\boldsymbol{\Lambda}}^{-1}$，$\boldsymbol{\Lambda}^{-1}$ 是 $\boldsymbol{\Lambda}$ 的逆矩阵

$$\boldsymbol{\Lambda}^{-1}=\left(\frac{s_x}{s_y s_z}\right)\hat{\boldsymbol{x}}\hat{\boldsymbol{x}}+\left(\frac{s_y}{s_z s_x}\right)\hat{\boldsymbol{y}}\hat{\boldsymbol{y}}+\left(\frac{s_z}{s_x s_y}\right)\hat{\boldsymbol{z}}\hat{\boldsymbol{z}} \tag{5-7}$$

5.1.2 矢量有限元算法

1. 弱解形式

因此根据 Galerkin 加权余量方法，当函数 $\boldsymbol{E}$ 为非严格解时，将其代入式（5-6）时，用函数 $\boldsymbol{v}$ 乘上述余量并沿计算域和边界积分，然后相加得到加权余量为

$$R = \iiint_V \boldsymbol{v} \cdot [\nabla \times \overline{\boldsymbol{\mu}}^{-1} \nabla \times \boldsymbol{E} - \omega^2 \overline{\varepsilon} \boldsymbol{E} + \mathrm{j}\omega \boldsymbol{J}] \mathrm{d}V \tag{5-8}$$

利用矢量格林定理

$$\iiint_V [(\nabla \times \boldsymbol{A}) \cdot (\nabla \times \boldsymbol{B}) - \boldsymbol{A} \cdot (\nabla \times \nabla \times \boldsymbol{B})] \mathrm{d}V = \oint_S (\boldsymbol{A} \times \nabla \times \boldsymbol{B}) \cdot \boldsymbol{n} \mathrm{d}S \tag{5-9}$$

因此，式右端第 1 项可以表示为

$$\iiint_V \boldsymbol{v} \cdot [\nabla \times (\overline{\boldsymbol{\mu}}^{-1} \nabla \times \boldsymbol{E})] \mathrm{d}V = \iiint_V (\nabla \times \boldsymbol{v}) \cdot (\overline{\boldsymbol{\mu}}^{-1} \nabla \times \boldsymbol{E}) \mathrm{d}V + \oint_S \boldsymbol{v} \cdot [\boldsymbol{n} \times (\overline{\boldsymbol{\mu}}^{-1} \nabla \times \boldsymbol{E})] \mathrm{d}S \tag{5-10}$$

令上述加权余量等于零，可以得到方程（5-6）和截断边界处 PML 吸收边界条件的弱解形式

$$\iiint_V (\nabla \times \boldsymbol{v}) \cdot \overline{\boldsymbol{\mu}}^{-1} \cdot (\nabla \times \boldsymbol{E}) \mathrm{d}V - \iiint_V \omega^2 \boldsymbol{v} \overline{\varepsilon} \boldsymbol{E} \mathrm{d}V + \mathrm{j}\omega \iiint_V \boldsymbol{v} \cdot \boldsymbol{J} \mathrm{d}V = 0 \tag{5-11}$$

2. 插值基函数

将积分区域用六面体单元对计算区域进行离散所形成的网格为结构网格，虽然不能模拟任意的三维空间。但由于它的基函数模型简单，易于理解，且操作容易，应用这种基函数对一些规则目标进行分析，仍不失为一种较好的选择。用六面体单元对三维区域进行剖分，并给每个单元的介质进行赋值。立方体单元沿 x 方向的长度为 l_x^e，沿 y 方向的宽度为 l_y^e，沿 z 方向的高度为 l_z^e，在进行整体排序时，电场三个方向场量的排序依次为 E_x，E_y，E_z。如果 x 方向的网格个数为 N_x，y 方向的网格个数为 N_y，z 方向的网格个数为 N_z，那么 E_x分量的个数为 $N_x\times(N_y+1)\times(N_z+1)$，$E_y$分量的个数为 $(N_x+1)\times N_y\times(N_z+1)$，$E_z$分量的个数为 $(N_x+1)\times(N_y+1)\times N_z$。

单元的八个节点的编号和棱边编号如图 5-1 所示。考虑图 5-1 所示的矩形块单元，它在 x，y，z 方向的边长分别记为 l_x^e、l_y^e 和 l_z^e，其中心坐标为（x_c^e，y_c^e，z_c^e）。通过分配常切向场分量给单元的每一条边，单元内 x，y，z 三个方向上场分量可分别表示为（Jin，2014）

$$E_x^e = \sum_{i=1}^{4} N_{xi}^e E_{xi}^e , E_y^e = \sum_{i=1}^{4} N_{yi}^e E_{yi}^e , E_z^e = \sum_{i=1}^{4} N_{zi}^e E_{zi}^e \tag{5-12}$$

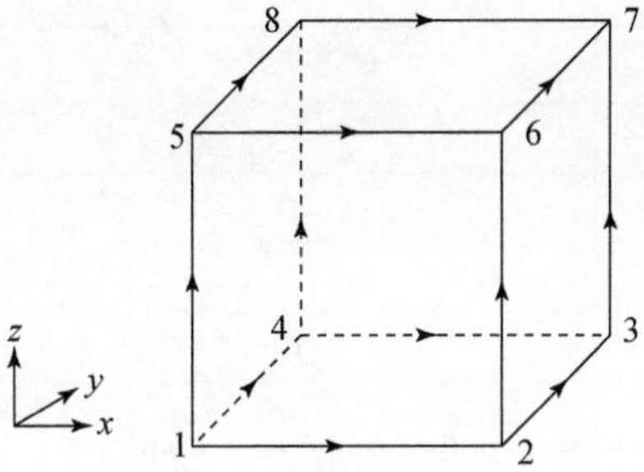

图 5-1　矢量矩形块单元

其中：

$$
\begin{aligned}
N_{x1}^e &= \frac{1}{bc}\left(y_c^e + \frac{l_y^e}{2} - y\right)\left(z_c^e + \frac{l_z^e}{2} - z\right) & N_{x2}^e &= \frac{1}{bc}\left(y - y_c^e + \frac{l_y^e}{2}\right)\left(z_c^e + \frac{l_z^e}{2} - z\right) \\
N_{x3}^e &= \frac{1}{bc}\left(y_c^e + \frac{l_y^e}{2} - y\right)\left(z - z_c^e + \frac{l_z^e}{2}\right) & N_{x4}^e &= \frac{1}{bc}\left(y - y_c^e + \frac{l_y^e}{2}\right)\left(z - z_c^e + \frac{l_z^e}{2}\right) \\
N_{y1}^e &= \frac{1}{ac}\left(z_c^e + \frac{l_z^e}{2} - z\right)\left(x_c^e + \frac{l_x^e}{2} - x\right) & N_{y2}^e &= \frac{1}{ac}\left(z - z_c^e + \frac{l_z^e}{2}\right)\left(x_c^e + \frac{l_x^e}{2} - x\right) \\
N_{y3}^e &= \frac{1}{ac}\left(z_c^e + \frac{l_z^e}{2} - z\right)\left(x - x_c^e + \frac{l_x^e}{2}\right) & N_{y4}^e &= \frac{1}{ac}\left(z - z_c^e + \frac{l_z^e}{2}\right)\left(x - x_c^e + \frac{l_x^e}{2}\right) \\
N_{z1}^e &= \frac{1}{ab}\left(x_c^e + \frac{l_x^e}{2} - x\right)\left(y_c^e + \frac{l_y^e}{2} - y\right) & N_{z2}^e &= \frac{1}{ab}\left(x - x_c^e + \frac{l_x^e}{2}\right)\left(y_c^e + \frac{l_y^e}{2} - y\right) \\
N_{z3}^e &= \frac{1}{ab}\left(x_c^e + \frac{l_x^e}{2} - x\right)\left(y - y_c^e + \frac{l_y^e}{2}\right) & N_{z4}^e &= \frac{1}{ab}\left(x - x_c^e + \frac{l_x^e}{2}\right)\left(y - y_c^e + \frac{l_y^e}{2}\right)
\end{aligned}
\tag{5-13}
$$

如果用表 5-1 定义的棱边数，那么展开式（5-13）可用矢量标记写为

$$
\boldsymbol{E}^e = \sum_{i=1}^{12} \boldsymbol{N}_i^e \boldsymbol{E}_i^e \tag{5-14}
$$

其中，当 $i = 1, 2, 3, 4$ 时，

$$
\boldsymbol{N}_i^e = \sum_{i=1}^{4} \boldsymbol{N}_{xi}^e \hat{\boldsymbol{x}}, \boldsymbol{N}_{i+4}^e = \sum_{i=1}^{4} \boldsymbol{N}_{yi}^e \hat{\boldsymbol{y}}, \boldsymbol{N}_{i+8}^e = \sum_{i=1}^{4} \boldsymbol{N}_{zi}^e \hat{\boldsymbol{z}} \tag{5-15}
$$

不难看出，上式定义的基函数具有零散度和非零旋度的特性。而且，构成离散单元各个小平面上的切向场仅由组成小平面棱边上的切向场决定。因此上式给出的展开式不仅保证了穿越棱边的切向场连续，而且保证了穿越离散单元表面时切向场的连续性。

表 5-1　矩形块单元的棱边定义

棱边 i	棱边节点 i_1	棱边节点 i_2
1	1	2
2	4	3
3	5	6
4	8	7

续表

棱边 i	棱边节点 i_1	棱边节点 i_2
5	1	4
6	5	8
7	2	3
8	6	7
9	1	5
10	2	6
11	4	8
12	3	7

3. 单元分析

计算域划分单元之后，式（5-11）中的积分可以写成各个单元积分之和：

$$\sum_{e=1}^{N_e}\iiint_{V^e}(\nabla\times\boldsymbol{v})\cdot\bar{\boldsymbol{\mu}}^{-1}\cdot(\nabla\times\boldsymbol{E})\mathrm{d}V-\sum_{e=1}^{N_e}\iiint_{V^e}\omega^2\boldsymbol{v}\cdot\bar{\varepsilon}\cdot\boldsymbol{E}\mathrm{d}V+\sum_{e=1}^{N_e}\iiint_{V^e}\mathrm{j}\omega\boldsymbol{v}\cdot\boldsymbol{J}\mathrm{d}V=0 \tag{5-16}$$

根据 Galerkin 法，用插值函数（5-14）展开场值函数 $\boldsymbol{E}$，

$$\boldsymbol{E}^e=\sum_{i=1}^{12}\boldsymbol{N}_i^e\boldsymbol{E}_i^e \tag{5-17}$$

取试函数 $\boldsymbol{v}=\boldsymbol{N}_i^e$，其中，$i=1, 2, \cdots, 12$。那么对于任一单元 e，可以得到与二维类似的单元矩阵方程

$$\sum_{e=1}^{\mathrm{NE}}(\boldsymbol{K}_e\boldsymbol{E}_e-\boldsymbol{M}_e\boldsymbol{E}_e+\boldsymbol{f}_e)=0 \tag{5-18}$$

假设单元足够小，其中介质参数在单元内可以近似为均匀与积分无关，将上式中的各个单元积分记为

$$\begin{cases}K_{ij}^e=\iiint_{V^e}(\nabla\times\boldsymbol{N}_i^e)\cdot\bar{\boldsymbol{\mu}}_e^{-1}\cdot(\nabla\times\boldsymbol{N}_j^e)\mathrm{d}V\\ M_{ij}^e=\iiint_{V^e}\omega^2\boldsymbol{N}_i^e\cdot\bar{\varepsilon}_e\cdot\boldsymbol{N}_j^e\mathrm{d}V\\ f_i^e=\iiint_{V^e}i\omega\boldsymbol{N}_i^e\cdot\boldsymbol{J}\mathrm{d}V\end{cases} \tag{5-19}$$

根据旋度计算公式

$$\nabla\times\boldsymbol{N}_k^e=\begin{vmatrix}\hat{\boldsymbol{x}} & \hat{\boldsymbol{y}} & \hat{\boldsymbol{z}}\\ \frac{\partial}{\partial x} & \frac{\partial}{\partial y} & \frac{\partial}{\partial z}\\ \boldsymbol{N}_{kx}^e & \boldsymbol{N}_{ky}^e & \boldsymbol{N}_{kz}^e\end{vmatrix}=\hat{\boldsymbol{x}}\left(\frac{\partial\boldsymbol{N}_{kz}^e}{\partial y}-\frac{\partial\boldsymbol{N}_{ky}^e}{\partial z}\right)+\hat{\boldsymbol{y}}\left(\frac{\partial\boldsymbol{N}_{kx}^e}{\partial z}-\frac{\partial\boldsymbol{N}_{kz}^e}{\partial x}\right)+\hat{\boldsymbol{z}}\left(\frac{\partial\boldsymbol{N}_{ky}^e}{\partial x}-\frac{\partial\boldsymbol{N}_{kx}^e}{\partial y}\right) \tag{5-20}$$

令 $\alpha_x=\dfrac{s_x}{s_y s_z}$，$\alpha_y=\dfrac{s_y}{s_x s_z}$，$\alpha_z=\dfrac{s_z}{s_x s_y}$，$\beta_x=\dfrac{s_y s_z}{s_x}$，$\beta_y=\dfrac{s_x s_z}{s_y}$，$\beta_z=\dfrac{s_x s_y}{s_z}$。

因此，将单元插值基函数（5-14）代入上式，对于单元矩阵 $\boldsymbol{K}^e$，其表达式为

$$\boldsymbol{K}^e=\frac{1}{\mu_e}\begin{bmatrix}\boldsymbol{K}_{xx}^e & \boldsymbol{K}_{xy}^e & \boldsymbol{K}_{xz}^e\\ \boldsymbol{K}_{yx}^e & \boldsymbol{K}_{yy}^e & \boldsymbol{K}_{yz}^e\\ \boldsymbol{K}_{zx}^e & \boldsymbol{K}_{zy}^e & \boldsymbol{K}_{zz}^e\end{bmatrix} \tag{5-21}$$

其中

$$\boldsymbol{K}_{xx}^e=\iiint_{V^e}\left(\alpha_z\frac{\partial \boldsymbol{N}_x}{\partial y}\frac{\partial \boldsymbol{N}_x^{\mathrm{T}}}{\partial y}+\alpha_y\frac{\partial \boldsymbol{N}_x}{\partial z}\frac{\partial \boldsymbol{N}_x^{\mathrm{T}}}{\partial z}\right)\mathrm{d}V=\alpha_z\frac{l_x^e l_z^e}{6l_y^e}\boldsymbol{K}_1+\alpha_y\frac{l_x^e l_y^e}{6l_z^e}\boldsymbol{K}_2$$

$$\boldsymbol{K}_{yy}^e=\iiint_{V^e}\left(\alpha_x\frac{\partial \boldsymbol{N}_y}{\partial z}\frac{\partial \boldsymbol{N}_y^{\mathrm{T}}}{\partial z}+\alpha_z\frac{\partial \boldsymbol{N}_y}{\partial x}\frac{\partial \boldsymbol{N}_y^{\mathrm{T}}}{\partial x}\right)\mathrm{d}V=\alpha_x\frac{l_x^e l_y^e}{6l_z^e}\boldsymbol{K}_1+\alpha_z\frac{l_y^e l_z^e}{6l_x^e}\boldsymbol{K}_2$$

$$\boldsymbol{K}_{zz}^e=\iiint_{V^e}\left(\alpha_y\frac{\partial \boldsymbol{N}_z}{\partial x}\frac{\partial \boldsymbol{N}_z^{\mathrm{T}}}{\partial x}+\alpha_x\frac{\partial \boldsymbol{N}_z}{\partial y}\frac{\partial \boldsymbol{N}_z^{\mathrm{T}}}{\partial y}\right)\mathrm{d}V=\alpha_y\frac{l_z^e l_y^e}{6l_x^e}\boldsymbol{K}_1+\alpha_x\frac{l_z^e l_x^e}{6l_y^e}\boldsymbol{K}_2$$

$$\boldsymbol{K}_{xy}^e=(\boldsymbol{K}_{xy}^e)^{\mathrm{T}}=-\iiint_{V^e}\left(\alpha_z\frac{\partial \boldsymbol{N}_x}{\partial y}\frac{\partial \boldsymbol{N}_y^{\mathrm{T}}}{\partial x}\right)\mathrm{d}V=-\alpha_z\frac{l_z^e}{6}\boldsymbol{K}_3$$

$$\boldsymbol{K}_{zx}^e=(\boldsymbol{K}_{xz}^e)^{\mathrm{T}}=-\iiint_{V^e}\left(\alpha_y\frac{\partial \boldsymbol{N}_x}{\partial z}\frac{\partial \boldsymbol{N}_z^{\mathrm{T}}}{\partial x}\right)\mathrm{d}V=-\alpha_y\frac{l_y^e}{6}\boldsymbol{K}_3$$

$$\boldsymbol{K}_{yz}^e=(\boldsymbol{K}_{yz}^e)^{\mathrm{T}}=-\iiint_{V^e}\left(\alpha_x\frac{\partial \boldsymbol{N}_y}{\partial z}\frac{\partial \boldsymbol{N}_x^{\mathrm{T}}}{\partial y}\right)\mathrm{d}V=-\alpha_x\frac{l_x^e}{6}\boldsymbol{K}_3$$

且有

$$\boldsymbol{K}_1=\begin{bmatrix}2&-2&1&-1\\-2&2&-1&1\\1&-1&2&-2\\-1&1&-2&2\end{bmatrix},\boldsymbol{K}_2=\begin{bmatrix}2&1&-2&-1\\1&2&-1&-2\\-2&-1&2&1\\-1&-2&1&2\end{bmatrix},\boldsymbol{K}_3=\begin{bmatrix}2&1&-2&-1\\-2&-1&2&1\\1&2&-1&-2\\-1&-2&1&2\end{bmatrix}$$

对 $\boldsymbol{M}^e$ 进行积分，有

$$\boldsymbol{M}^e=\boldsymbol{\varepsilon}_{\mathrm{ef}}^e\begin{bmatrix}\boldsymbol{M}_{xx}^e&0&0\\0&\boldsymbol{M}_{yy}^e&0\\0&0&\boldsymbol{M}_{zz}^e\end{bmatrix} \tag{5-22}$$

其中

$$M_{pp}^{e} = \iiint_{V^e} \beta_p N_p N_p^{\mathrm{T}} \mathrm{d}V = \beta_p \frac{l_x^e l_y^e l_z^e}{36} \begin{bmatrix} 4 & 2 & 2 & 1 \\ 2 & 4 & 1 & 2 \\ 2 & 1 & 4 & 2 \\ 1 & 2 & 2 & 4 \end{bmatrix}$$

式中，$p = x, y, z$。

4. 总体合成

经过总体合成，形成多源系统的线性方程组

$$\boldsymbol{A}(\omega, \varepsilon, \sigma)\boldsymbol{u}(\omega, \boldsymbol{s}) = \boldsymbol{s}(\omega) \tag{5-23}$$

式中，$\boldsymbol{A} = \boldsymbol{K} - \boldsymbol{M}$ 是与频率相关的所有源共用的系数矩阵；$\boldsymbol{s}$ 是离散化激励源项；$\boldsymbol{u}$ 是离散的电场值 $\boldsymbol{E}$。线性系统（5-23）使用直接求解器 Pardiso 求解。对于给定的介质和频率，仅需要对矩阵 $\boldsymbol{A}$ 进行一次 LU 分解，可以非常有效地实现多个右端项问题求解。

对于单源单个频率的正演算子可描述为

$$\boldsymbol{d}_{\mathrm{cal}}(\omega, \boldsymbol{s}) = \boldsymbol{R}\boldsymbol{u}(\omega) = \boldsymbol{R}\boldsymbol{A}(\omega, \varepsilon, \sigma)^{-1}\boldsymbol{s} \tag{5-24}$$

其中 $\boldsymbol{R}$ 表示当前源的接收点的对应位置矩阵。

5.1.3　精确 PML

1. 常规 PML

在常规 Berenger PML 吸收边界中，$s_i = 1 - \mathrm{j}\sigma_i/(\varepsilon_0\omega)$，$i = x, y, z$，电导率 σ_i 相当于 PML 中的吸收函数。PML 中的电导率 σ_i 使用如下公式计算（Gedney，1996）：

$$\sigma_i = \begin{cases} \sigma_{i,\max}\left(\dfrac{l_i}{L_{\mathrm{PML}}}\right)^m, & \text{PML 内} \\ 0, & \text{PML 外} \end{cases} \tag{5-25}$$

式（5-25）中，L_{PML} 为 PML 层的厚度；l_i 表示 PML 内部单元中心到模拟区域边界的距离；m 是多项式分级的程度，通常在 3 和 4 之间，一般取 $m = 4$；$\sigma_{i,\max}$ 为最大损失参数，可用下式计算（Gedney，1996）：

$$\sigma_{\max} = -\frac{(m+1)\ln R}{2\eta_0 d\sqrt{\varepsilon_r \mu_r}} \tag{5-26}$$

式中，ε_r 为背景介质的相对介电常数；μ_r 为背景介质的相对磁导率，通常取值为 1；R 是法向入射的理论目标反射系数，通常取 $R = \mathrm{e}^{-16}$；d 为 PML 区域的厚度；$\eta_0 = \sqrt{\mu_0/\varepsilon_0} = 120\pi\Omega$ 为自由空间波阻抗。

综合式（5-25）、式（5-26）可知，影响常规 Berenger PML 吸收效果的参数不止一个，它需要多项式分级程度参数 m、法向入射的理论目标反射系数 R、PML 区域的厚度 d、PML 层的厚度 L_{PML} 及最大损失参数 $\sigma_{i,\max}$ 的最优组合匹配，是一个典型的多参数最优化问题。而且选出的常规 PML 吸收边界条件的最优参数并不具有普适性，即对不同的计算条件，需要重新进行最优吸收系数的选取，此过程相对烦琐。因此，希望能够寻找一类 PML

边界条件，它具有更好的吸收效果、更少的参数选取、普适性更强。Feng 等（2019b）发展了一种基于精确完美匹配层（EPML）边界条件的二维频率域探地雷达正演模拟方法，证明了 EPML 能有效提升频率域 PML 边界条件的吸收性能，本书将该 EPML 算法应用于三维频率域 GPR 正演模拟中，以达到提高三维频率正演效率的目的。

2. 精确 PML

为此，回归到 PML 吸收边界条件的本质，尽量使得计算区域的数值解不会受到边界反射的影响，数值解与理论解之间的误差最小化。分析 PML 引入误差的控制因素主要有：离散化单元的数量、PML 吸收边界的厚度、复杂坐标映射的函数形式（Cimpeanu et al., 2015）。离散化单元的数量是和计算成本密切相关的，通过增加离散化单元数量减少计算误差通常是得不偿失的。增加 PML 厚度是一种提高边界吸收效果的方式，但也会一定程度上增加计算成本（Bermúdez et al., 2007）。增大吸收系数是比较常见的可行方式，理论上吸收系数应当足够大以获得较好的吸收效果（Bermúdez et al., 2004, 2007）。Bermúdez 等人 2004 年提出了一种基于无限吸收函数的 PML［“无限（unbounded）PML”，也称“最佳（optimal）PML”、“精确（exact）PML”］，吸收函数 σ_i 在垂直于 PML 厚度增加方向的积分无穷大，使得最终得到的 PML 边界条件下的解与无界区域下的真实解一致（Bermúdez et al., 2004）：

$$\int \sigma_i(\xi)\mathrm{d}\xi = +\infty \tag{5-27}$$

随后 Bermúdez 等（2007）对比了 4 种基于无限吸收函数的“最佳 PML”在时间谐振声学散射问题中的吸收效果，以吸收函数 σ_i 为例，在吸收层内 4 种类型的吸收函数的具体表达形式如下：

$$\begin{aligned} &(\mathrm{a})\sigma_i = \frac{\gamma}{L_{\mathrm{PML}} - l_i} &&(\mathrm{b})\sigma_i = \frac{\gamma}{L_{\mathrm{PML}} - l_i} - \frac{\gamma}{L_{\mathrm{PML}}} \\ &(\mathrm{c})\sigma_i = \frac{\gamma}{(L_{\mathrm{PML}} - l_i)^2} &&(\mathrm{d})\sigma_i = \frac{\gamma}{(L_{\mathrm{PML}} - l_i)^2} - \frac{\gamma}{L_{\mathrm{PML}}^2} \end{aligned} \tag{5-28}$$

式中，L_{PML} 为 PML 层的厚度；l_i 表示 PML 内部节点到模拟区域边界的距离；γ 为自由变量。经过测试，吸收函数为公式（5-28）中类型（a）的 PML 正演误差总是最小的，且 $\gamma = c\varepsilon_0$，c 为空气中的声波速度。即可统一表示为 $s_x = 1 - \mathrm{j}\sigma_x/k$，$s_y = 1 - \mathrm{j}\sigma_y/k$，$k = c/\omega$ 为声波方程频率域波数。

Cimpeanu 等（2015）将“最佳 PML”应用于 Helmholtz 方程的有限元求解中，分析了离散单元个数、吸收层厚度及层数等参数对 PML 吸收效果的影响，给出了吸收层归一化厚度的取值范围，并提出“无参数 PML”的概念。本书将“最佳无参数 PML”引入到三维频率域 GPR 正演中，统称为“精确 PML”。该精确 PML 公式源自式（5-28）中（a）式的吸收函数，坐标拉伸变量采用如下形式：$s_i = 1 - \mathrm{j}\sigma_i/k$，其中 k 为 GPR 波动方程频率域波数，其电导率 σ_i 具体计算公式为

$$\sigma_i = \begin{cases} \dfrac{1}{L_{\mathrm{PML}} - l_i} & \text{PML 内} \\ 0, & \text{PML 外} \end{cases} \tag{5-29}$$

上式所表达的吸收函数形式极为简单，仅包含最基本的 PML 厚度及节点位置。比较精确 PML 的吸收函数式（5-29）和常规 Berenger PML 的吸收函数式（5-25）、(5-26)，可看出精确 PML 的吸收函数形式极为简单，可以极大地简化吸收参数优化过程，真正地提高计算效率。

5.1.4 数值算例

1. 解析解验证

为对比 EPML 吸收边界条件及传统 UPML 吸收边界条件的吸收效果，首先在均匀介质背景下计算三维电偶极子的辐射场解析解及加载两种 PML 条件下的数值解。这里给出了三维电偶极子的辐射场解析解公式。

假设电偶极子由大小相等、符号相反的两个电荷 q 组成，电荷间距为 l，电偶极矩为 $p=ql$，用电流表示时根据 $I=\mathrm{d}q/\mathrm{d}t=\mathrm{j}\omega q$，于是有

$$Il=\mathrm{j}\omega p \tag{5-30}$$

则球坐标系下，空间中只有电偶极子的辐射场可表示为

$$E_r=2\eta(I_0l)\cos\theta\left(\frac{1}{r}+\frac{1}{\mathrm{j}kr^2}\right)\frac{\mathrm{e}^{-\mathrm{j}kr}}{4\pi r} \tag{5-31}$$

$$E_\theta=\mathrm{j}\eta k(I_0l)\sin\theta\left(1+\frac{1}{\mathrm{j}kr}-\frac{1}{(kr)^2}\right)\frac{\mathrm{e}^{-\mathrm{j}kr}}{4\pi r} \tag{5-32}$$

$$E_\varphi=0 \tag{5-33}$$

其中

$$r=\sqrt{x^2+y^2+z^2}\qquad 0\leqslant r<\infty \tag{5-34}$$

$$\theta=\arccos\left(\frac{z}{r}\right)=\arctan\left(\frac{\sqrt{x^2+y^2}}{z}\right)\qquad 0<\theta<\pi \tag{5-35}$$

$$\varphi=\begin{cases}\arctan\left(\dfrac{y}{x}\right) & x,y\geqslant 0\\ \pi+\arctan\left(\dfrac{y}{x}\right) & x<0\\ 2\pi+\arctan\left(\dfrac{y}{x}\right) & x\geqslant 0,y<0\end{cases} \tag{5-36}$$

由此可以得到直角坐标系下解析解可表示为

$$E_x=E_r\sin\theta\cos\varphi+E_\theta\cos\theta\cos\varphi-E_\varphi\sin\varphi \tag{5-37}$$

$$E_y=E_r\sin\theta\sin\varphi+E_\theta\cos\theta\sin\varphi+E_\varphi\cos\varphi \tag{5-38}$$

$$E_z=E_r\cos\theta-E_\theta\cos\theta \tag{5-39}$$

模拟在规则矩形块网格剖分情况下进行，计算区域大小为 4.0m×4.0m×2.0m，离散网格间距取 0.05m，背景介质的相对介电常数为 4，电导率为 3mS/m，激励源在模拟区域中心，天线频率为 100MHz。参考 Feng 等（2019b）在二维频率域有限元 GPR 正演

中关于 EPML 及常规 PML 吸收边界条件的讨论，在三维频率域有限元数值模拟中，分别加载了 1 层 UPML 吸收边界及 1 层 EPML 吸收边界。定义 u_t 为与解析解相对应的值，u_u 为与 UPML 吸收边界条件下的数值解相对应的值，u_e 为与 EPML 吸收边界条件下的数值解相对应的值。

图 5-2 为 z 方向电偶极子的辐射场的三维解析解 E_x、E_y、E_z 的频率域实部切片，图 5-3 为加载 4 层 UPML 吸收边界的三维频率域有限元数值解的频率域实部切片，图 5-4 为加载 1 层 UPML 吸收边界的三维频率域有限元数值解的频率域实部切片，图 5-5 为加载 1 层 EPML 吸收边界的三维频率域有限元数值解的频率域实部切片。从频率域实部切片的波场分布来看，E_x 在 yOz 平面呈对偶分布；E_y 在 xOz 平面呈对偶分布；E_z 在 xOz 平面及 yOz 平面均以源为中心点呈椭圆状分布，在 xOy 平面以源为中心点呈圆环状分布。图 5-3 加载 4 层 UPML 吸收边界及图 5-5 加载 1 层 EPML 吸收边界的三维有限元频率域切片与图 5-2 解析解频率切片较为接近；而图 5-4 加载 1 层 UPML 吸收边界的三维有限元频率域切片与图 5-2 解析解频率切片相差较远，尤其是在计算区域靠近边界位置处存在较为明显的虚假波场，边界反射严重干扰了频率域有限元数值模拟的精度。

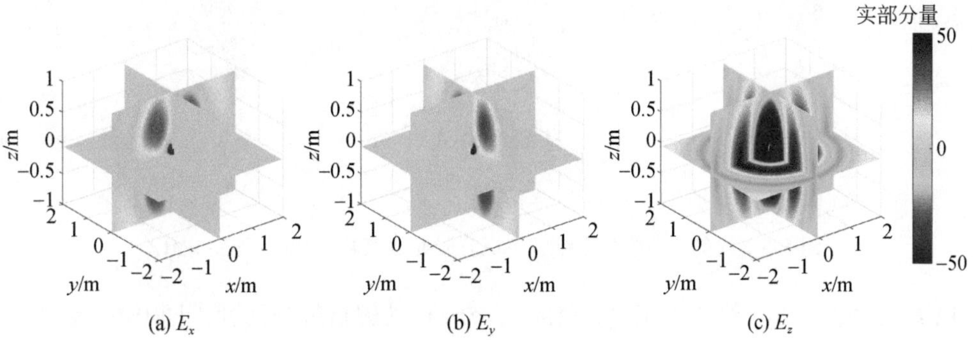

图 5-2　均匀介质模型频率域解析解

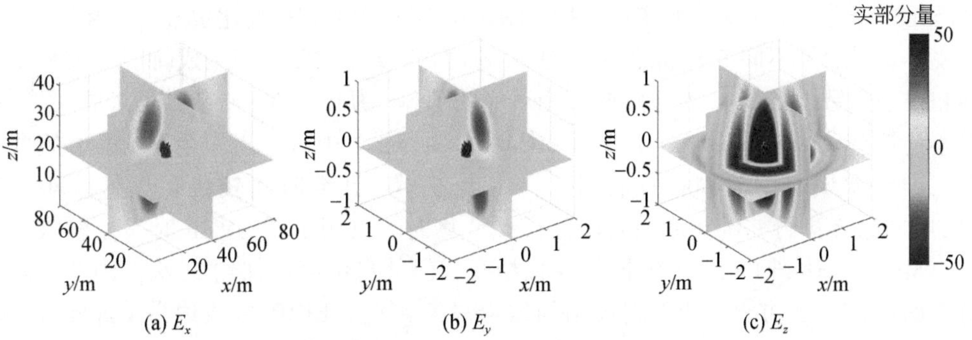

图 5-3　均匀介质模型三维频率域有限元数值解（加载 4 层 UPML）

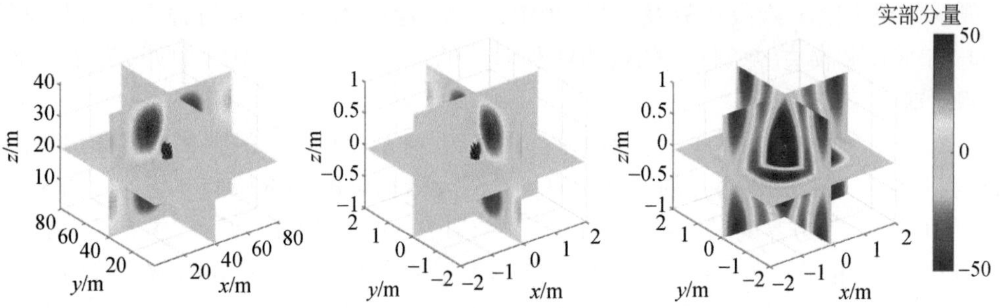

(a) E_x　　(b) E_y　　(c) E_z

图 5-4　均匀介质模型三维频率域有限元数值解（加载 1 层 UPML）

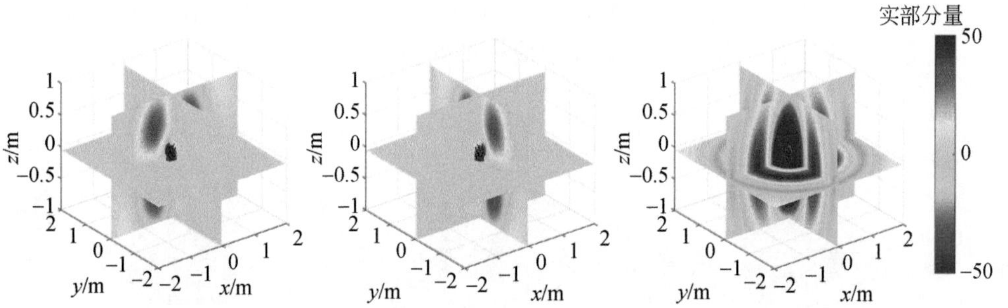

(a) E_x　　(b) E_y　　(c) E_z

图 5-5　均匀介质模型三维频率域有限元数值解（加载 1 层 EPML）

以 E_z 为例，图 5-6 绘制出了（$y=1\text{m}$，$z=0\text{m}$）处解析解与两种不同 PML 条件下 FEM 数值解对比图。从图中可看出，加载 1 层 EPML 吸收边界的数值模拟结果与解析解虽然存在些许误差，但波场的实部、虚部、振幅、相位的变化趋势基本相同；而加载 1 层 UPML 吸收边界的数值模拟结果存在较大的数值波动，尤其是图 5-6（c）中的振幅变化较为剧烈，已无法分辨出正确的振幅变化趋势，图 5-6（d）中的相位变化也较为紊乱。

表 5-2 展示了不同 PML 条件下三维 FEFD 自由度、刚度矩阵生成时间、方程组求解时间和误差参数。定义 u_t 为与解析解相对应的值，u_f 为与三维 FEFD 数值解相对应的值，则误差计算公式为 $\text{error}=\|u_t-u_f\|^2/\|u_t\|^2$。从表 5-2 中可看出，使用 EPML 吸收边界进行三维频率域有限元模拟计算时，自由度较小、计算时间较快且误差较小；使用 UPML 吸收边界进行三维频率域有限元模拟计算时，仅用 1 层 UPML 时误差较大，使用 4 层 UPML 可以达到 1 层 EPML 同等模拟精度，但其自由度增加约 31%，刚度矩阵生成耗时增加约 25%，方程组求解时间增加约 46%。因此，EPML 吸收边界条件同等条件下优于 UPML 吸收边界条件，且 1 层吸收边界便能达到较好的吸收效果，自由度小，耗时短，从这个角度上来说，EPML 能够极大程度上节约计算成本，适用于高维大型数值模拟计算。

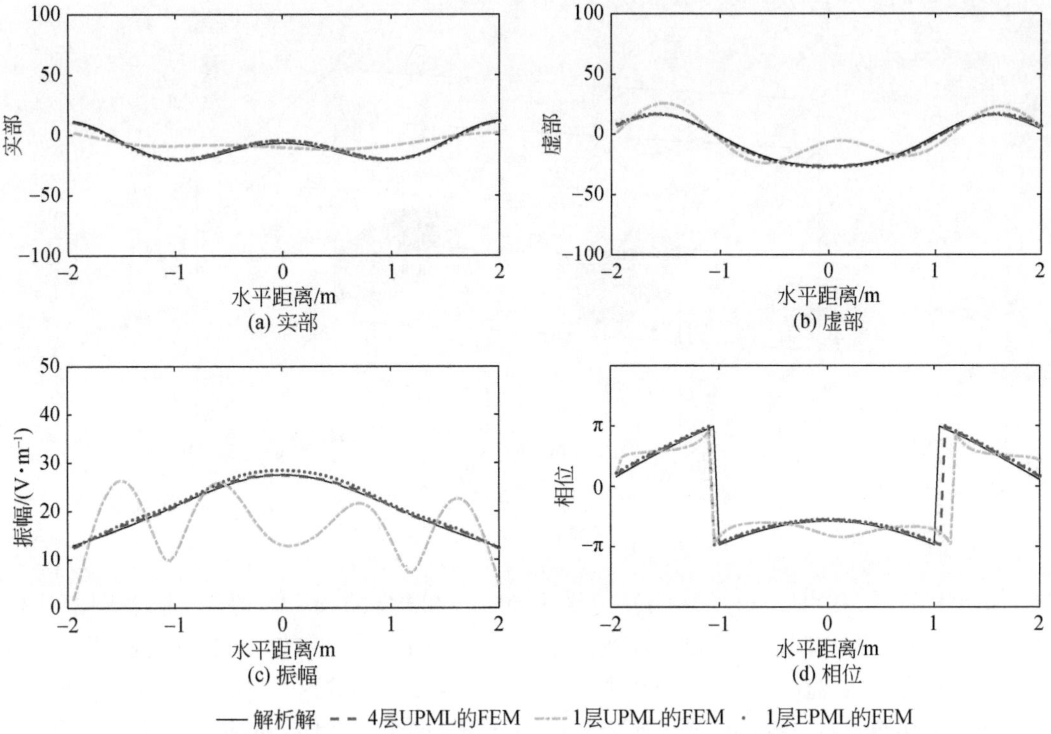

图 5-6　均匀介质模型三维频率域解析解与加载不同 PML 吸收边界条件下 FEM 数值解对比图（$y=1\text{m}$, $z=0\text{m}$）

表 5-2　不同 PML 吸收边界条件下三维 FEFD 自由度、计算时间及误差

吸收边界条件	自由度	刚度矩阵生成时间/s	方程组求解时间/s	误差（E_z）
4 层 UPML	1147744	71.4811	259.5873	0.2043
1 层 UPML	874654	53.9129	140.7707	0.4806
1 层 EPML	874654	53.8592	138.9282	0.2063

2. GPR 频率域正演

图 5-7 为三维 GPR 地电模型，模拟区域为 10.0m×10.0m×5.0m 区域，分上下两层，上层为 1m 厚的空气层，下层背景介质的相对介电参数为 1，电导率为 3mS/m；背景介质中存在 2 个埋深为 1m，大小为 1.0m×4.0m×1.0m 的长方体异常体，其中蓝色异常体为空洞，红色异常体的相对介电常数为 8，电导率为 10mS/m。

采用大小为 0.1m×0.1m×0.1m 的矩形块单元对该模拟区域进行剖分，剖分单元为 100×100×50，在模拟区域外部添加 1 层 EPML 吸收边界。激励源位于（5m，5m，-0.5m）处。分别加载 50MHz、100MHz、150MHz 和 200MHz 的 y 方向的电偶极子源，使用三维矢量有限元方法进行求解，得到图 5-8 和图 5-9 所示的频率域数值解切片图，其中图 5-8 为

电场 E_y 分量的实部，图 5-8 为电场 E_y 分量的虚部。

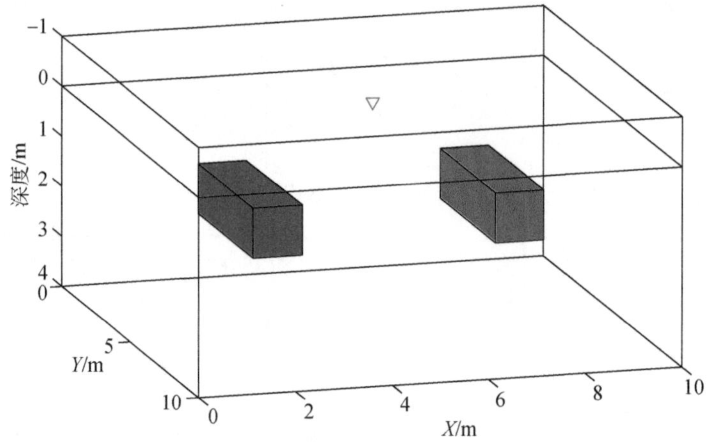

图 5-7　三维 GPR 频率域正演模型

图 5-8 和图 5-9 中（a）~（d）分别为 50 ~ 200MHz 的频率域切片。随着频率升高，波长越短，同心圆之间的距离越来越小，单位面积上同心圆个数越来越多。观测图 5-8 和图 5-9 可发现电磁波在空气和地表产生了分离，在空气中的波速较快，波长较长，地下介质传播速度相对较慢，波场较短。随着频率的升高，两个异常体处的扰动增大。虚部的切片 *xOz* 源的位置出现相反的极化特性。

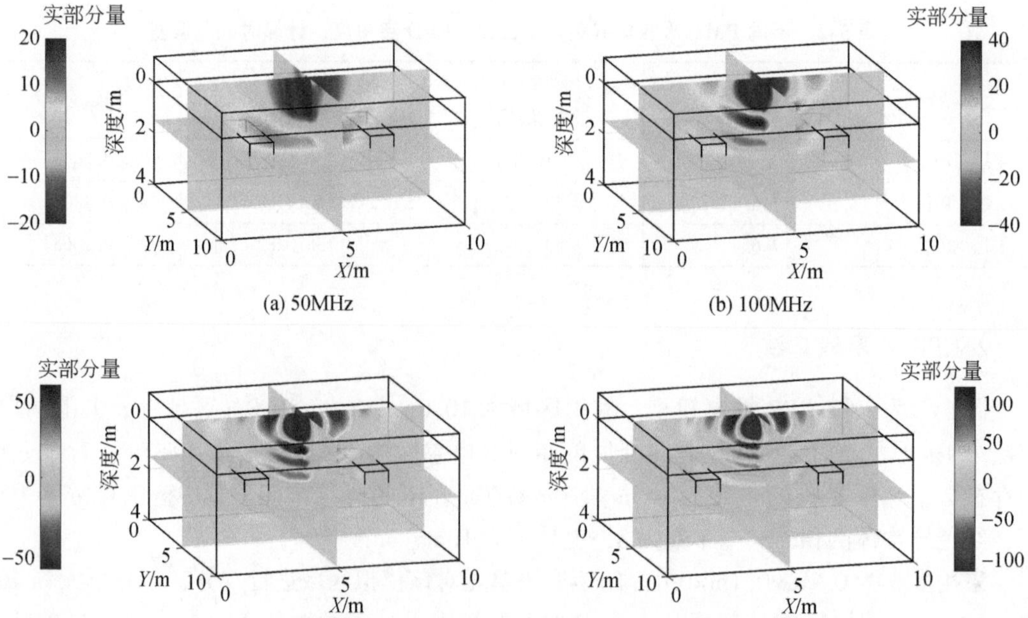

(a) 50MHz　　(b) 100MHz

(c) 150MHz　　(d) 200MHz

图 5-8　场值 real（E_y）的不同频率切片

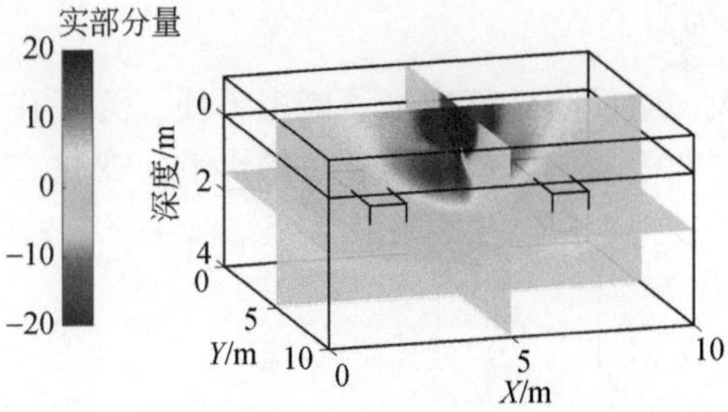

(a) 50MHz

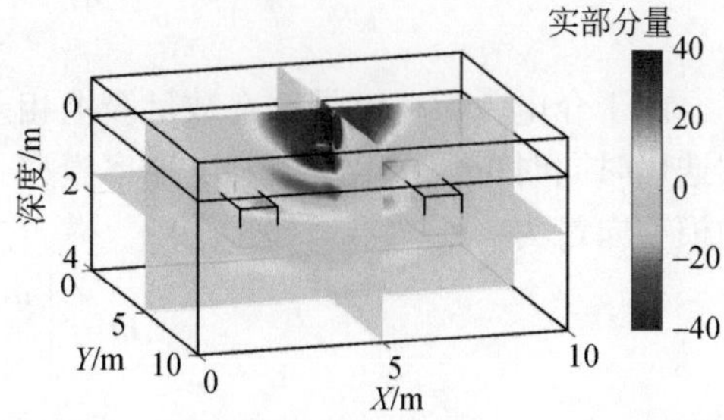

(b) 100MHz

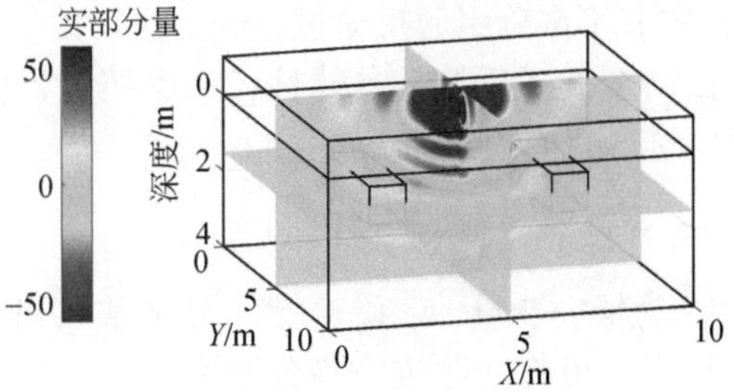

(c) 150MHz

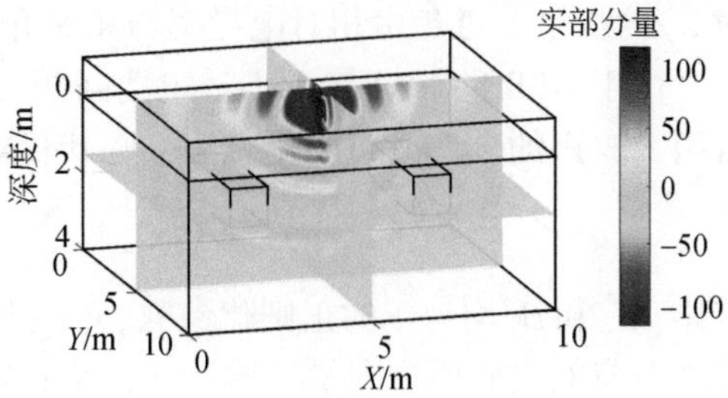

(d) 200MHz

图 5-9　场值 imag（E_y）的不同频率切片

5.2　基于同步多频的三维频率域 GPR FWI

同步多频反演是将所有频率分量同时进行反演计算，通过多频的并行计算能有效提高频率域 FWI 的反演效率。但该策略下，简单的数据残差拟合往往导致高频数据分量占据主导作用，难以恢复背景构造信息，极易受周波跳跃的影响，对初始模型依赖性较强。若对每个频率分量进行适当加权，则能够避免高频分量数据主导最优化过程。Hu 等（2009）提出了一种加权策略，可以提高模型重构质量，得到了比逐频反演更加稳定的反演结果。本节采用该策略以提高反演的效率。

5.2.1　目标函数的构建

根据正演模拟数据与实测数据之间的拟合最优，三维频率加权的数据目标函数可以定义为

$$J(\boldsymbol{m}) = \frac{1}{2}\sum_{i=1}^{N_\omega}\sum_{j=1}^{N_s}\eta_i \Delta\boldsymbol{d}(\omega_i, s_j)^{\mathrm{T}}\Delta\boldsymbol{d}(\omega_i, s_j)^* \tag{5-40}$$

其中，m 为模型介质参数向量；$\Delta\boldsymbol{d} = \boldsymbol{d}_{\text{obs}} - \boldsymbol{d}_{\text{cal}}$，$\boldsymbol{d}_{\text{obs}}$ 和 $\boldsymbol{d}_{\text{cal}}$ 分别为观测数据和模拟数据；上标 T 表示转置；上标 $*$ 表示共轭；N_ω 表示频率的数量；N_s 表示激励源的数量；ω_i 表示第 i 个频率；$\boldsymbol{s}_j$ 表示第 j 个激励源；η_i 是多频率数据加权因子，根据文献：

$$\eta_i = \left(\frac{1/\omega_i^2}{\sum_i 1/\omega_i^2} \right)^2 \tag{5-41}$$

由于介电常数、电导率在数量级上相差很大，给反演计算带来了诸多不便，为了在每次迭代时同时更新介电常数和电导率模型，必须考虑如何平衡不同参数的影响。变化之后的模型向量为

$$\boldsymbol{m} = \begin{bmatrix} \boldsymbol{m}_\varepsilon \\ \boldsymbol{m}_\sigma \end{bmatrix} = \begin{bmatrix} \varepsilon_r \\ \sigma_r/\kappa \end{bmatrix} \tag{5-42}$$

其中，$\varepsilon_r = \varepsilon/\varepsilon_0$ 为相对介电常数，ε_0 为自由空间介电常数，$\sigma_r = \sigma/\sigma_0$ 为定义的相对电导率，取参考介质的电导率 σ_0 为模型背景电导率。κ 为参数调整因子，在优化过程中通过控制 σ_r 对 ε_r 的权重，避免由相对电导率与相对介电常数定义不准确引起反演过程的不稳定性。

由于 GPR 的 FWI 属于不适定性问题，为了提高全波形反演的鲁棒性，在反演过程中常引入改进的全变差正则化方法，则新目标函数可定义为

$$E(\boldsymbol{m},\boldsymbol{v}) = \min_{\boldsymbol{m},\boldsymbol{v}} \left\{ J(\boldsymbol{m}) + \sum_{i=\varepsilon,\sigma} (\alpha_i \| \boldsymbol{m}_i - \boldsymbol{v}_i \|^2 + \beta_i \| \boldsymbol{v}_i \|_{\mathrm{TV}}) \right\} \tag{5-43}$$

其中，α_i 和 β_i 均为正的正则化参数，$\boldsymbol{v} = (\boldsymbol{v}_\varepsilon,\ \boldsymbol{v}_\sigma)^{\mathrm{T}}$ 为辅助变量，$\boldsymbol{v}_\varepsilon$ 和 $\boldsymbol{v}_\sigma$ 表示介电常数和电导率对应的先验模型向量，$\| \cdot \|_{\mathrm{TV}}$ 表示全变差算子。可将问题进一步分解为 2 个交替最小化子问题：

$$\boldsymbol{m}^{(k)} = \arg\min_{\boldsymbol{m}} E_0(\boldsymbol{m}) = \arg\min_{\boldsymbol{m}} \left\{ J(\boldsymbol{m}) + \sum_{i=\varepsilon,\sigma} \alpha_i \| \boldsymbol{m}_i - \boldsymbol{v}_i \|^2 \right\} \tag{5-44}$$

$$\begin{cases} \boldsymbol{v}_\varepsilon^{(k)} = \arg\min\limits_{\boldsymbol{v}_\varepsilon} E_\varepsilon(\boldsymbol{v}_\varepsilon) = \arg\min\limits_{\boldsymbol{v}_\varepsilon} \left\{ \| \boldsymbol{m}_\varepsilon^{(k)} - \boldsymbol{v}_\varepsilon \|^2 + \beta_\varepsilon \| \boldsymbol{v}_\varepsilon \|_{\mathrm{TV}} \right\} \\ \boldsymbol{v}_\sigma^{(k)} = \arg\min\limits_{\boldsymbol{v}_\sigma} E_\sigma(\boldsymbol{v}_\sigma) = \arg\min\limits_{\boldsymbol{v}_\sigma} \left\{ \| \boldsymbol{m}_\sigma^{(k)} - \boldsymbol{v}_\sigma \|^2 + \beta_\sigma \| \boldsymbol{v}_\sigma \|_{\mathrm{TV}} \right\} \end{cases} \tag{5-45}$$

这两个子问题分别起着不同的作用：第一个子问题使用基于 Tikhonov 正则化和多参数的先验模型 $\boldsymbol{v}_i^{(k)}$ 的求解 $\boldsymbol{m}^{(k)}$ 的全波形反演问题；第二个子问题进行 2 次标准的 L2-全变差最小化方法求解不同参数的 $\boldsymbol{v}_i^{(k)}$，以保持反演结果 $\boldsymbol{m}_i^{(k)}$ 中的分界面清晰。与前文相同，本节使用 L-BFGS 方法（Nocedal and Wright，2006）求解方程式（5-44）中的 $\boldsymbol{m}^{(k)}$。子问题式（5-45）是一个标准的 L2-TV 最小化问题，本书采用 SB-TV 方法求解方程式（5-45）中的 $\boldsymbol{v}_i^{(k)}$。

5.2.2 梯度计算

在每次迭代更新中需要对目标函数梯度进行计算：

$$\boldsymbol{g} = \nabla_{\boldsymbol{m}} E_0(\boldsymbol{m}) = \begin{bmatrix} \nabla_{\boldsymbol{m}_\varepsilon} J(\boldsymbol{m}) + 2\alpha_\varepsilon(\boldsymbol{m}_\varepsilon - \boldsymbol{v}_\varepsilon^{(k-1)}) \\ \nabla_{\boldsymbol{m}_\sigma} J(\boldsymbol{m}) + 2\alpha_\sigma(\boldsymbol{m}_\sigma - \boldsymbol{v}_\sigma^{(k-1)}) \end{bmatrix} \tag{5-46}$$

其中，$\nabla_{\boldsymbol{m}} J(\boldsymbol{m})$ 为数据目标函数的梯度。对于地下介质单元 $e \in [1,\ \mathrm{NE}]$，梯度值 $\nabla_{m_e} J(\boldsymbol{m})$ 可以使用伴随状态法计算：

$$\nabla_{m_e} J(\boldsymbol{m}) = \sum^{N_\omega} \sum^{N_s} \Re\left\{ \boldsymbol{u}^{\mathrm{T}} \left(\frac{\partial \boldsymbol{A}}{\partial m_e} \right)^{\mathrm{T}} (\boldsymbol{A}^{\mathrm{T}})^{-1} \boldsymbol{R}^{\mathrm{T}} \Delta \boldsymbol{d}^* \right\} \tag{5-47}$$

式（5-47）中 $\boldsymbol{u}$ 可以通过式（5-23）求得，$\partial \boldsymbol{A}/\partial m_e$ 是一个稀疏矩阵，表示阻抗矩阵 $\boldsymbol{A}$ 对参数 m_e（包括介电常数和电导率）的敏感性，仅有当前单元 e 对应的系数具有非零系数，可以通过 $\partial \boldsymbol{A}_e/\partial m_e$ 计算得到，介电常数和电导率可以分别表示为

$$\frac{\partial \boldsymbol{A}_e}{\partial m_{\varepsilon,e}} = -\omega^2 \varepsilon_0 \langle \boldsymbol{N}_i, \boldsymbol{N}_j \rangle, \quad \frac{\partial \boldsymbol{A}_e}{\partial m_{\sigma,e}} = \mathrm{j}\omega\beta\sigma_0 \langle \boldsymbol{N}_i, \boldsymbol{N}_j \rangle_{\Omega_e} \tag{5-48}$$

5.2.3 Split-Bregman 求解三维 L2-TV 问题

与二维问题相似，式（5-45）所示的子问题可以采用如下统一 TV 模型表示：

$$\min_{\tilde{u}} \left\{ \frac{\mu_{\mathrm{TV}}}{2} \| f - \tilde{u} \|^2 + \| \tilde{u} \|_{\mathrm{TV}} \right\} \tag{5-49}$$

其中，$\tilde{u} = \boldsymbol{v}_\varepsilon$，$\boldsymbol{v}_\sigma$，$f = \boldsymbol{m}_\varepsilon^{(k)}$，$\boldsymbol{m}_\sigma^{(k)}$，$\mu_{\mathrm{TV}} = \mu_{\mathrm{TV},\varepsilon}$，$\mu_{\mathrm{TV},\sigma}$ 表示正则化参数，对于一个 3D 各向同性的正则化算子：

$$\| \tilde{u} \|_{\mathrm{TV}} = \sum_i \sqrt{(\nabla_x \tilde{u})_i^2 + (\nabla_y \tilde{u})_i^2 + (\nabla_z \tilde{u})_i^2} \tag{5-50}$$

通过设置 $d_x \approx \nabla_x \tilde{u}$、$d_y \approx \nabla_y \tilde{u}$ 和 $d_z \approx \nabla_z \tilde{u}$ 分割问题的 L1 范数和 L2 范数的分量，于是问题的分裂 Bregman 公式为

$$\min_{\tilde{u}, d_x, d_y, d_z} \left\{ \begin{aligned} & \| \tilde{u} \|_{\mathrm{TV}} + \frac{\mu_{\mathrm{TV}}}{2} \| f - \tilde{u} \|^2 + \frac{\lambda}{2} \| d_x - \nabla_x u - b_x^{(k)} \|^2 + \frac{\lambda}{2} \| d_y - \nabla_y u - b_y^{(k)} \|^2 \\ & + \frac{\lambda}{2} \| d_z - \nabla_z u - b_z^{(k)} \|^2 \end{aligned} \right\} \tag{5-51}$$

其中，$b_x^0 = b_y^0 = b_z^0 = 0$，$b_x^{(k+1)} = b_x^{(k)} + \nabla_x \tilde{u}^{(k+1)} - d_x^{(k+1)}$，$b_y^{(k+1)} = b_y^{(k)} + \nabla_y \tilde{u}^{(k+1)} - d_y^{(k+1)}$ 和 $b_z^{(k+1)} = b_z^{(k)} + \nabla_z \tilde{u}^{(k+1)} - d_z^{(k+1)}$。采用交替极小化算法求解式（5-51）中的极小化问题：

$$\min_{\tilde{u}} \left\{ \begin{aligned} & \frac{\mu_{\mathrm{TV}}}{2} \| f - \tilde{u} \|^2 + \frac{\lambda}{2} \| d_x^{(k)} - \nabla_x u - b_x^{(k)} \|^2 + \frac{\lambda}{2} \| d_y^{(k)} - \nabla_y u - b_y^{(k)} \|^2 \\ & + \frac{\lambda}{2} \| d_z^{(k)} - \nabla_z u - b_z^{(k)} \|^2 \end{aligned} \right\} \tag{5-52}$$

$$\min_{d_x, d_y, d_z} \left\{ \begin{aligned} & \| \tilde{u} \|_{\mathrm{TV}} + \frac{\lambda}{2} \| d_x - \nabla_x u - b_x^{(k)} \|^2 + \frac{\lambda}{2} \| d_y - \nabla_y u - b_y^{(k)} \|^2 \\ & + \frac{\lambda}{2} \| d_z - \nabla_z u - b_z^{(k)} \|^2 \end{aligned} \right\} \tag{5-53}$$

方程（5-52）的最优性条件是

$$\begin{aligned} (\mu_{\mathrm{TV}} \boldsymbol{I} - \lambda \Delta) \tilde{u}^{(k+1)} = {} & \mu_{\mathrm{TV}} f + \lambda \nabla_x^{\mathrm{T}} (d_x^{(k)} - b_x^{(k)}) + \lambda \nabla_y^{\mathrm{T}} (d_y^{(k)} - b_y^{(k)}) \\ & + \lambda \nabla_z^{\mathrm{T}} (d_z^{(k)} - b_z^{(k)}) \end{aligned} \tag{5-54}$$

可以采用高斯-赛德尔迭代算法求解上式

$$\tilde{u}^{(k+1)} = \frac{\lambda}{\mu_{\mathrm{TV}} + 4\lambda} \left(\begin{aligned} & \tilde{u}_{i+1,j,k}^{(k)} + \tilde{u}_{i-1,j,k}^{(k)} + \tilde{u}_{i,j-1,k}^{(k)} + \tilde{u}_{i,j,k+1}^{(k)} + \tilde{u}_{i,j,k-1}^{(k)} \\ & + d_{x,i-1,j,k}^{(k)} - d_{x,i,j,k}^{(k)} + d_{y,i,j-1,k}^{(k)} - d_{y,i,j,k}^{(k)} + d_{z,i,j,k-1}^{(k)} - d_{z,i,j,k}^{(k)} \\ & - b_{x,i-1,j,k}^{(k)} + b_{x,i,j,k}^{(k)} - b_{y,i,j-1,k}^{(k)} + b_{y,i,j,k}^{(k)} - b_{z,i,j,k-1}^{(k)} + b_{z,i,j,k}^{(k)} \end{aligned} \right) + \frac{\mu_{\mathrm{TV}}}{\mu_{\mathrm{TV}} + 4\lambda} f_{i,j,k} \tag{5-55}$$

通常选取 $\lambda = 2\mu_{\mathrm{TV}}$。

辅助变量 $d_x^{(k)}$ 、$d_y^{(k)}$ 和 $d_z^{(k)}$ 可以使用广义收缩公式求解：

$$d_x^{(k+1)} = \max\left(s^{(k)} - \frac{1}{\lambda}, 0\right) \frac{\nabla_x \tilde{u}^{(k)} + b_x^{(k)}}{s^{(k)}} \tag{5-56}$$

$$d_y^{(k+1)} = \max\left(s^{(k)} - \frac{1}{\lambda}, 0\right) \frac{\nabla_y \tilde{u}^{(k)} + b_y^{(k)}}{s^{(k)}} \tag{5-57}$$

$$d_z^{(k+1)} = \max\left(s^{(k)} - \frac{1}{\lambda}, 0\right) \frac{\nabla_z \tilde{u}^{(k)} + b_z^{(k)}}{s^{(k)}} \tag{5-58}$$

其中

$$s^{(k)} = \sqrt{|\nabla_x \tilde{u}^{(k)} + b_x^{(k)}|^2 + |\nabla_y \tilde{u}^{(k)} + b_y^{(k)}|^2 + |\nabla_z \tilde{u}^{(k)} + b_z^{(k)}|^2} \tag{5-59}$$

5.2.4　三维合成数据反演测试

1. 同步多频反演策略验证

以图 5-10 所示的合成模型 1 为例，进行三维合成数据反演实验。地表上方存在 0.48m 厚的空气层，地下背景介质的参数为 $\varepsilon_r = 4$ 和 $\sigma = 3\mathrm{mS/m}$。地下 0.72m 深有 4 个大小为 0.72m×0.72m×0.72m 的异常体，其中两个蓝色异常体的电性参数为 $\varepsilon_r = 1$ 和 $\sigma = 0\mathrm{mS/m}$；红色异常体为 $\varepsilon_r = 8$ 和 $\sigma = 10\mathrm{mS/m}$，计算域由 50×50×50 网格组成，网格尺寸为 0.12m×0.12m×0.12m，PML 厚度为 0.12m。正演模拟的激励源采用主频为 200MHz 的 Ricker 子波，在距地表 0.12m 的空气层中平均分布 121 个源和 420 个接收器（分别用红色和白色“●”表示），间距分别为 0.048m 和 0.024m，每个源的信号将由所有接收器记录。

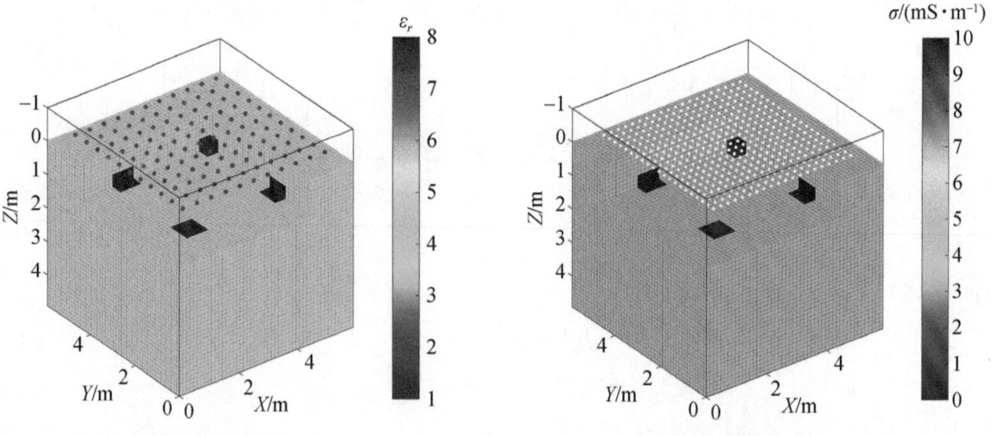

(a) 真实模型的ε_r　　(b) 真实模型的σ

图 5-10　三维模型 1 的相对介电常数（a）和电导率（b）分布

该模型异常体具有较大的对比度，4 个异常体之间产生的多重散射以及地面观测方式增加了反演的复杂性。将 5% 的高斯噪声添加到观测数据中，反演初始模型为背景均匀介质，反演过程中限定模型中空气层的参数，同时避免源和接收器位置处的奇异性，待求的地下介电常数和电导率的参数为 210000 个。

该全波形反演试验在 Dell Precision T7920 工作站上执行，具有双 Intel（R） Xeon（R） Platinum 8168 CPU，@2.70GHz，物理内存 512GB，Windows 10 操作系统。反演过程中的正演模拟和梯度计算模块在频率上进行了 CPU 并行加速。选择 10 个频率数据（即 50MHz、60MHz、70MHz、80MHz、100MHz、120MHz、150MHz、180MHz、200MHz 和 220MHz）进行同步多频反演，经过 100 次迭代后的相对介电常数和电导率的模型结果如图 5-11 所示。反演过程中采用 TV 正则化，设置参数调节因子 $\kappa=1.2$，保证反演过程由介电常数起主要引导作用。反演耗时约 16.87h，在整个算法中使用的最大内存为 300GB。

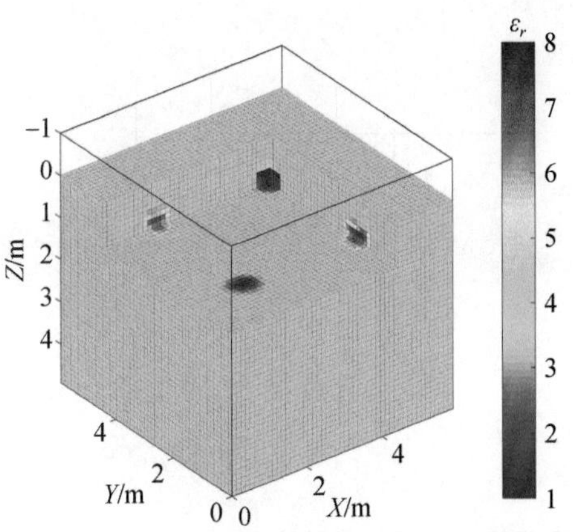

(a) 反演模型的ε_r

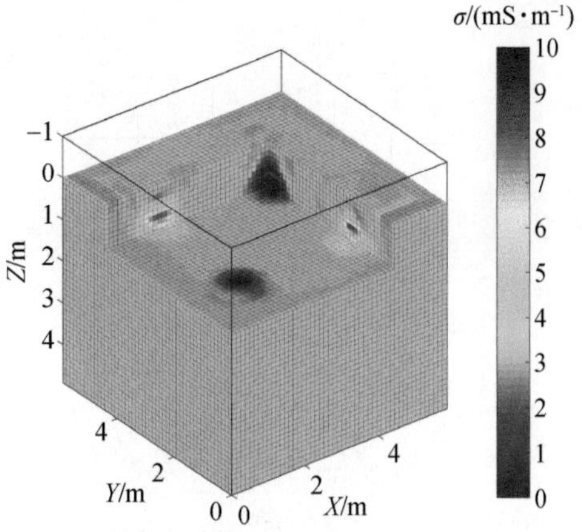

(b) 反演模型的σ

图 5-11　100 次迭代后的反演结果

如图 5-11 所示，4 个异常体的近似形状和物性参数均被成功地重构。对比图 5-10（a）与图 5-11（a）：介电常数的反演结果界面比较清晰，低介电常数异常体的反演结果与真实值基本一致，高介电常数异常体与真实值结果有一定差异；4 个异常体上方均出现了相反的伪像。对比图 5-10（b）与图 5-11（b）：电导率的体积上有一定的变化，中心位置发生了上移。相对而言，介电常数的重构比电导率的重构更为精确，特别是异常体的界面较为清晰。

图 5-12 为反演过程中反演结果相对于迭代 k 的相对数据残差和相对模型误差图。在图 5-12（a）中，相对数据残差在迭代初期迅速下降，在迭代的中后期朝着最小值下降，并且收敛速度更稳定。图 5-12（b）中蓝色曲线表示的介电常数重构误差较红色曲线表示的电导率重构误差整体要小。根据两个收敛曲线的趋势，在更多的迭代之后可以实现更精确的重构。然而，由于 4 个异常体的物性参数已得到了较好的重构，更多的迭代次数将会耗费更多的时间。反演结果表明，频率域加权方法的同步多频策略，能有效地重构地下介质的三维分布。

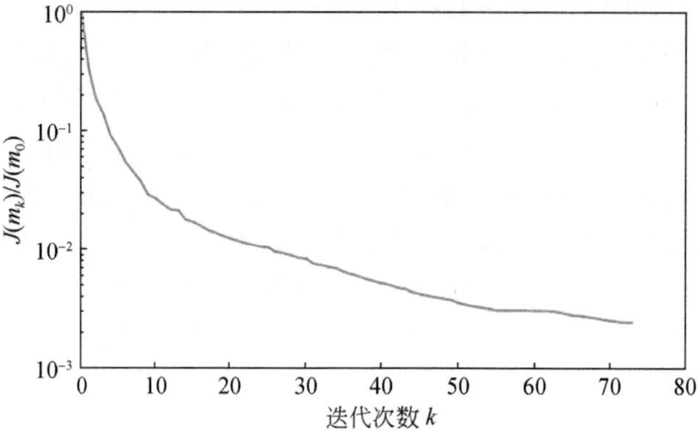

(a) 相对数据残差

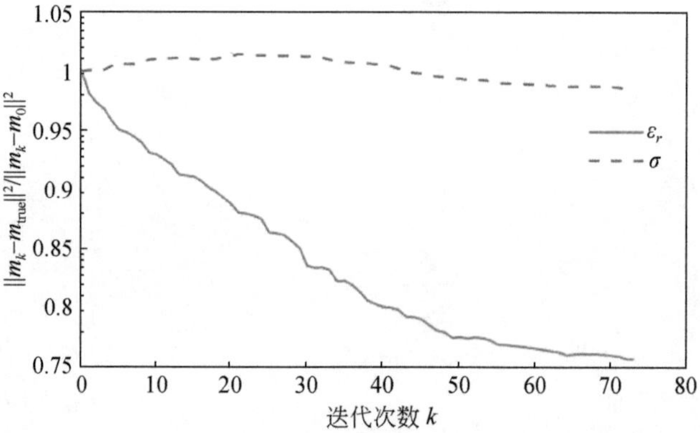

(b) 重构误差

图 5-12　收敛曲线图

2. 正则化对比实验

为了观察全波形反演算法对于不同深度异常体的反演效果，在 3D 模型 1 的基础上，改变了其中两个异常体的埋深至 1.08m，其余两个保持不变，并且进一步减小四个异常体的距离，3D 模型 2 如图 5-13 所示。其他剖分和测量参数与 3D 模型 1 保持一致。模型 1 中噪声与实际噪声有一定差距，因此在总场合成数据增加 SNR=30dB 的高斯噪声作为观测数据，其他反演参数和策略与 3D 模型 1 保持一致，在此基础上开展了标准 Tikhonov 正则化与 MTV 正则化反演实验，以对比不同正则化方法在含噪数据的效果。

反演结果如图 5-14 所示。反演中 MTV 正则化反演耗时约为 15.91h，标准 Tikhonov 正则化反演的反演耗时约为 21.57h（比 MTV 正则化方法长 36%），在整个算法中使用的最大内存为 300GB。

观察图 5-14 可以发现，图 5-14（a）～（d）中的异常体界面不如图 5-13 中的真实模型的界面清晰。图 5-14（a）及图 5-14（c）中的界面明显比图 5-14（b）及图 5-14（d）中的界面清晰，这表明了 FWI 和 MTV 正则化在保持尖锐界面方面比标准 Tikhonov 正则化

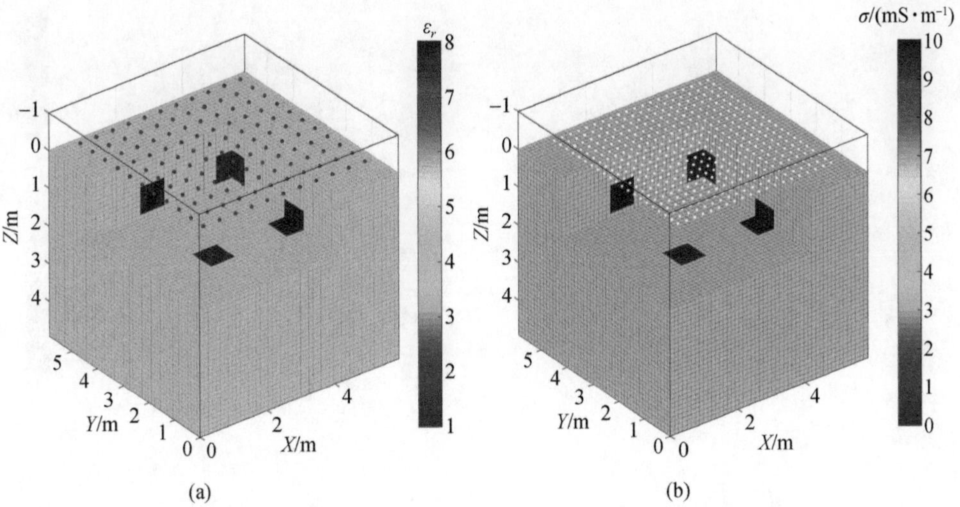

图 5-13　三维模型 2 的相对介电常数（a）和电导率（b）分布

更具优势。比较图 5-14（a）、图 5-14（b）和图 5-14（c）、图 5-14（d）中的结果可发现，相对而言，介电常数的重构比电导率的重构更为精确，这是由于数据对介电常数的灵敏度比电导率高。将反演结果图 5-14（c）、图 5-14（d）与图 5-13（b）的真实电导率模型进行比较，发现电导率在体积上有一定的变化，中心位置发生了上移，此外浅部的两个异常体反演参数更接近真实值。

值得指出的是，与标准 Tikhonov 正则化相比，MTV 正则化反演结果的背景值更接近真实模型。总的来说，反演结果中没有明显的人为噪声，验证了该方法的鲁棒性。为了进一步定量评估反演结果的精度，使用了两种不同的重构误差指标：

$$\mathrm{MSE}(\boldsymbol{m}) = \frac{\|\boldsymbol{m}_t - \boldsymbol{m}\|^2}{\|\boldsymbol{m}_t\|^2} \tag{5-60}$$

$$\mathrm{Err}(\boldsymbol{m}) = \frac{\|\boldsymbol{m}_t\|_\infty - \|\boldsymbol{m}\|_\infty}{\|\boldsymbol{m}_t\|_\infty} \tag{5-61}$$

表 5-3　不同正则化策略下 FWI 的迭代次数及模型误差参数

方法	迭代次数	MSE（ε_r）	MSE（σ）	$\mathrm{Err}_m(\varepsilon_r)$	$\mathrm{Err}_m(\sigma)$
MTV	72	0.058	0.149	0.117	0.240
Tikhonov	71	0.061	0.172	0.252	0.595

在表 5-3 中，列出了两种正则化方案的迭代次数及模型误差参数。结果表明，两种正则化方案的介电常数重构误差均小于电导率重构误差；与标准 Tikhonov 正则化相比，MTV 正则化的 FWI 具有更低的重构误差。

两种正则化策略下的反演结果表明，基于 MTV 正则化的方法能够提高介电常数和电导率反演的精度，在异常体界面的清晰度方面优于经典的 Tikhonov 正则化方法。

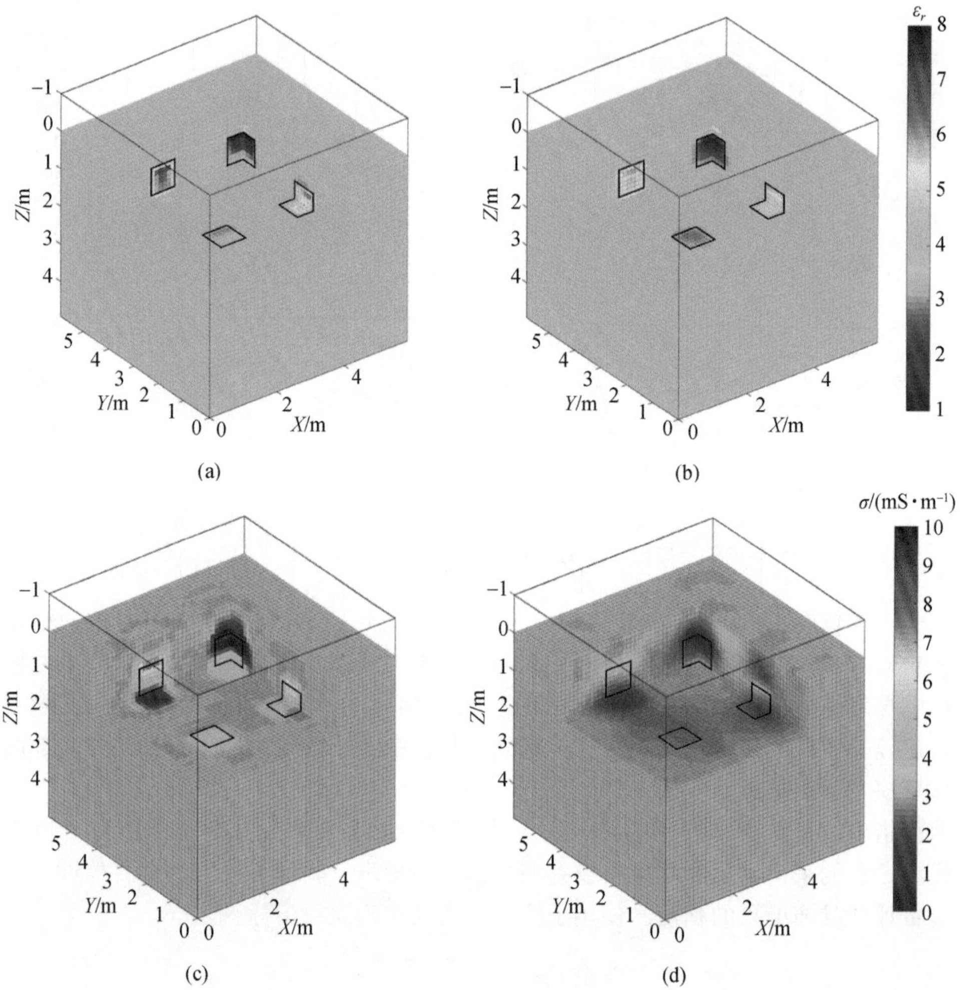

图 5-14　使用 MTV 正则化（a，c）及传统 Tikhonov 正则化（b，d）的反演结果，其中（a）（b）为介电常数分布，（c）（d）为电导率分布

3. 噪声数据反演

为了对比不同等级噪声下 3D 反演算法的性能，在 3D 模型 2 的合成数据中添加 SNR = 25dB 的零均值高斯噪声产生更大等级的噪声数据。其他反演参数设置与 3D 模型 2 相同。反演的相对介电常数和电导率的模型结果如图 5-15 所示。MTV 正则化反演耗时约为 14.25h，标准 Tikhonov 正则化反演的反演耗时约为 19.92h（比 MTV 正则化方法长 40%），在整个算法中使用的最大内存为 300GB。

图 5-15 的反演结果与图 5-14 类似，即噪声较大时，也得到了较好的反演结果。为了定量评估反演结果的精度，同样在表 5-4 中列出了两种正则化方案的迭代次数及模型误差参数。相对而言，介电常数的重构比电导率的重构更为精确，两种正则化方案的介电常数重构误差均小于电导率重构误差；FWI 和 MTV 正则化在保持尖锐界面方面比标准 Tikhonov 正则化更具优势，具有更低的重构误差。

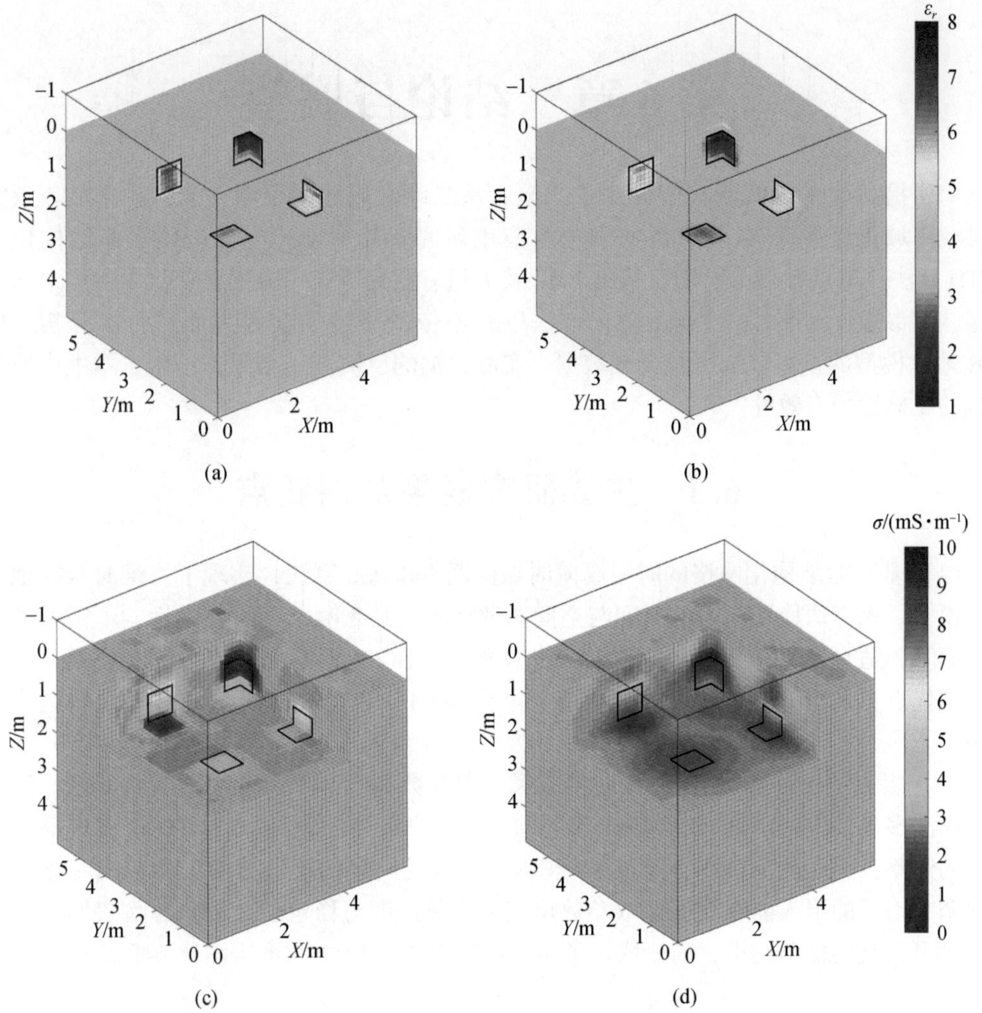

图 5-15　使用 MTV 正则化（a，c）及传统 Tikhonov 正则化（b，d）的全波形反演结果，其中（a）（b）为介电常数分布，（c）（d）为电导率分布

表 5-4　不同正则化策略下 FWI 的迭代次数及模型误差参数

方法	迭代次数	MSE(ε_r)	MSE(σ)	Err_m(ε_r)	Err_m(σ)
MTV	78	0. 056	0. 153	0. 127	0. 321
Tikhonov	80	0. 060	0. 175	0. 240	0. 632

第6章　结论与展望

为了提高地面GPR数据解译水平，笔者从二维时间域正反演、二维频率域正反演及三维频率域正反演开展了GPR的理论与应用研究。其中正演方面应用了非结构化高阶DGTD算法、节点有限单元法、精确PML及矢量有限元等技术方法；反演中主要对多尺度策略、多参数反演策略、TV正则化方法以及不依赖子波反演等方面进行了分析。地面GPR地电模型的正演结果以及合成数据、实测数据的反演测试结果，证明了本书中所提出算法的正确性与有效性。

6.1　主要研究成果及创新点

（1）基于非结构化网格的时空高阶时域间断Galerkin算法，实现了二维时域探地雷达正演模拟。该方法使用高阶的时间与空间离散格式，具有时空高阶收敛性，不需要求解大刚度矩阵，适合并行计算。与FDTD、FETD相比，DGTD具有精度高、易与非结构化网格结合的优点；采用DGTD算法进行复杂地电模型GPR正演能在精度和效率之间达到较好的平衡。

（2）提出了一种基于TV正则化的多尺度双参数GPR时间域全波形反演算法。该方法采用滤波多尺度策略降低GPR-FWI问题的非线性，使用不同阶次DGTD正演实现空间多尺度的策略，提高反演效率，通过TV正则化降低反问题的不适定性，参数归一化方法与参数调节因子的引入能有效保证双参数反演的收敛速度与稳定性。数值算例表明：该算法能提供更丰富的信息约束，对于噪声数据具有较好的适应性，重构图像界面清晰、反演效果好。

（3）为了提高对复杂地形模拟的精度，结合非结构化网格与自适应正则化因子实现了非结构化网格的GPR数据的TD-FWI。复杂隧道衬砌模型B-scan合成数据的反演实验表明：该方法能够有效重构隧道衬砌病害的大小、形态、空间位置，反演结果有利于对隧道衬砌病害进行判定，提高衬砌病害雷达资料的解释精度。

（4）在近似TV正则化的基础上，提出了基于MTV正则化的GPR时域全波形方法。该方法由L2范数项和L1范数TV项两个正则化项组成，可以提高反演的鲁棒性。合成数据的反演实例表明：相对于近似TV正则化，MTV正则化能提高反演稳定性，显著降低模型重构误差，具有较强的鲁棒性。

（5）开发了基于褶积型数据目标函数的不依赖子波地面GPR时域全波形反演方法。该方法将实际数据、模拟数据分别与模拟数据和实际数据的残差进行褶积处理，在有效消除源子波的影响的同时与多尺度反演框架具有良好的兼容性。数值实验和实测数据表明：该方法能有效地消除子波影响，准确地重构地下的介电参数分布，能对B-scan数据进行有效的反演，具有良好的实用性。

(6) 构建了基于 TV 与边界约束的 FD-FWI 框架。TV 正则化与物性边界约束降低了反问题的不适定性，确保了反演的稳定性；通过引入参数调整因子，同步更新介电常数和电导率值，以提高反演的收敛效率；详细分析了不同因素对 FD-FWI 的影响。

(7) 在 FD-FWI 框架内，实现了基于变量投影方案的不依赖子波反演方法。该方法避免了反演过程中对这些源子波参数的显式求取，能有效解决子波未知的影响，能有效地重构地下介电参数的分布。

(8) 发展了基于 EPML 的三维频率域 GPR 正演方法。该算法基于三维矢量有限元求解三维频率域矢量波动方程，通过引入精确 PML 边界条件，提升了频率域 PML 边界条件的吸收性能，能有效提高三维频率域正演效率。

(9) 在三维频率域正演的基础上，提出了基于同步策略的双参数 GPR 三维 FD-FWI 算法。该算法使用频率加权因子降低反问题的非线性，采用频率并行策略提高反演效率；结合了 MTV 正则化方案，能够重构介电常数和电导率三维分布。

6.2 不足与展望

本书中针对探地雷达正演及反演开展了大量的研究，但仍存在以下几个未涉及或未完善的地方，需要未来继续加强研究：

(1) 研究基于随机震源或者震源编码的全波形反演算法，并开展三维时频混合与全波形反演研究工作以提高反演速度。

(2) 研究基于有效边界存储和检查点 (checkpointing) 方案时间域全波形反演算法，以减少反演的内存需求。

(3) 研究雷达数据初始模型构建方法及频散介质的全波形反演。

(4) 深化雷达实测资料的反演研究，将本书中所提出的正反演程序集成软件平台，服务生产实践。

参 考 文 献

曹晓月，殷长春，张博，等，2018. 面向目标自适应有限元法的带地形三维大地电磁各向异性正演模拟. 地球物理学报，61（6）：448-458.

陈承申，2011. 探地雷达二维有限元正演模拟. 长沙：中南大学.

陈辉，殷长春，邓居智，2016. 基于 Lorenz 规范条件下磁矢势和标势耦合方程的频率域电磁法三维正演. 地球物理学报，59（8）：3087-3097.

陈小斌，胡文宝，2002. 有限元直接迭代算法及其在线源频率域电磁响应计算中的应用. 地球物理学报，45（1）：119-130.

陈小斌，赵国泽，汤吉，等，2005. 大地电磁自适应正则化反演算法. 地球物理学报，48（4）：937-946.

陈兴东，刘高嵩，雷文太，等，2012. CS 与 GPR 联合反演目标成像. 雷达科学与技术，10（3）：276-280，285.

成艳，张建中，2008. 一种线性探地雷达目标重建算法. 厦门大学学报（自然科学版），47（1）：31-35.

戴前伟，王洪华，2013. 基于随机介质模型的 GPR 无单元法正演模拟. 中国有色金属学报，23（9）：2436-2443.

戴前伟，王洪华，冯德山，等，2012a. 基于三角形剖分的复杂 GPR 模型有限元法正演模拟. 中南大学学报（自然科学版），43（7）：2668-2673.

戴前伟，王洪华，冯德山，等，2012b. 基于双二次插值的探地雷达有限元数值模拟. 地球物理学进展，27（2）：736-743.

底青云，王妙月，1999. 雷达波有限元仿真模拟. 地球物理学报，42（6）：818-825.

底青云，王若，2008. 可控源音频大地电磁数据正反演及方法应用. 北京：科学出版社.

丁亮，韩波，刘家琦，2009. Maxwell 方程反演的小波多尺度方法. 应用数学与力学，30（8）：970-978.

丁亮，韩波，刘润泽，等，2012. 混凝土结构缺陷检测的探地雷达资料波场反演方法. 地球物理学进展，7（1）：376-385.

董浩，魏文博，叶高峰，等，2014. 基于有限差分正演的带地形三维大地电磁反演方法. 地球物理学报，7（3）：535-541.

杜华坤，冯德山，汤井田，2015. 基于 Delaunay 三角形的非结构化有限元 GPR 正演. 中南大学学报（自然科学版），46（4）：1326-1334.

方广有，张忠治，汪文秉，1998. 脉冲探地雷达的模拟计算. 微波学报，14（4）：288-294.

方宏远，林皋，2013. 基于辛算法模拟探地雷达在复杂地电模型中的传播. 地球物理学报，56（2）：653-659.

冯德山，2003. 地质雷达二维时域有限差分正演. 长沙：中南大学.

冯德山，2006. 基于小波多分辨探地雷达正演及偏移处理研究. 长沙：中南大学.

冯德山，王珣，2017a. 区间 B 样条小波有限元 GPR 模拟双相随机混凝土介质. 地球物理学报，60（1）：413-423.

冯德山，王珣，2017b. 基于卷积完全匹配层的非规则网格时域有限元探地雷达数值模拟. 地球物理学报，60（1）：413-423.

冯德山，王珣，2018a. 基于GPU并行的时间域全波形优化共轭梯度法快速GPR双参数反演．地球物理学报，61（11）：4647-4659.
冯德山，王珣，2018b. 自适应多尺度第二代小波配点法探地雷达数值模拟．地球物理学报，61（9）：3851-3864.
冯德山，谢源，2011. 基于单轴各向异性完全匹配层边界条件的ADI-FDTD三维GPR全波场正演．中南大学学报（自然科学版），42（8）：2363-2372.
冯德山，戴前伟，瓮晶波，2007. 时域多分辨率法在探地雷达三维正演模拟中的应用．中南大学学报（自然科学版），38（5）：901-906.
冯德山，陈承申，戴前伟，2010. 基于UPML边界条件的交替方向隐式有限差分法GPR全波场数值模拟．地球物理学报，53（10）：2484-2496.
冯德山，陈承申，王洪华，2012. 基于混合边界条件的有限单元法正演模拟．地球物理学报，55（11）：3774-3785.
冯德山，王洪华，戴前伟，2013. 基于无单元Galerkin法探地雷达正演模拟．地球物理学报，56（1）：298-308.
冯德山，杨炳坤，王珣，等，2016a. Daubechies小波有限元求解GPR波动方程．地球物理学报，59（1）：342-354.
冯德山，杨道学，王珣，2016b. 插值小波尺度法探地雷达数值模拟及四阶Runge Kutta辅助微分方程吸收边界条件．物理学报，65（23）：109-119.
冯德山，王珣，戴前伟，2017. 探地雷达数值模拟及程序实现．长沙：中南大学出版社．
冯晅，邹立龙，刘财，等，2011. 全极化探地雷达正演模拟．地球物理学报，54（2）：349-357.
傅红笋，韩波，2003. 偏微分方程参数反演的小波多尺度–正则化方法．黑龙江大学自然科学学报，20（2）：26-27.
高本庆，1995. 时域有限差分法．北京：国防工业出版社．
葛德彪，魏兵，2019. 电磁波时域不连续伽略金方法．北京：科学出版社．
葛德彪，闫玉波，2005. 电磁波时域有限差分方法．西安：西安电子科技大学出版社．
龚俊儒，2014. 时域间断伽略金方法在电磁散射分析中的应用研究．长沙：国防科学技术大学．
郭士礼，2013. 基于随机介质的高速公路探地雷达检测理论研究．武汉：中国地质大学（武汉）．
韩波，胡祥云，Schultz A，等，2015a. 复杂场源形态的海洋可控源电磁三维正演．地球物理学报，58（3）：1059-1071.
韩波，胡祥云，黄一凡，等，2015b. 基于并行化直接解法的频率域可控源电磁三维正演．地球物理学报，58（8）：2812-2826.
何洋洋，朱振宇，2015. 非均匀弹性介质中旋转交错网格有限差分与任意高阶间断有限元地震波场模拟方法研究．地球物理学进展，30（2）：733-739.
何洋洋，翁斌，张金淼，2016. 一种适用于任意高阶间断有限元的高精度非分裂完全匹配层吸收边界方法．中国海上油气，28（1）：41-47.
贺茜君，2015. 求解波动方程的间断有限元方法及其波场模拟．北京：清华大学．
贺茜君，杨顶辉，吴昊，2014. 间断有限元方法的数值频散分析及其波场模拟．地球物理学报，57（3）：906-917.
胡周文，2018. 基于全波形反演的GPR混凝土无损检测技术研究．北京：中国地质大学（北京）．
皇祥宇，2016. 三维大地电磁有限元与无网格正演模拟．长沙：中南大学．
黄忠来，张建中，2013. 利用探地雷达频谱反演层状介质几何与电性参数．地球物理学报，56（4）：1381-1391.

寇龙泽, 2012. 基于曲边六面体的时域间断伽略金方法研究. 长沙: 国防科学技术大学.
李大心, 1994. 探地雷达方法与应用. 北京: 地质出版社.
李建慧, 胡祥云, 曾思红, 2016. 基于电场总场矢量有限元法的接地长导线源三维正演. 地球物理学报, 59 (4): 1521-1534.
李静, 2014. 随机等效介质探地雷达探测技术和参数反演. 长春: 吉林大学.
李静, 曾昭发, 黄玲, 等, 2010. 三维探地雷达数值模拟中 UPML 边界研究. 物探化探计算技术, 32 (1): 6-12.
李林茜, 2017. 二维 DGTD 方法若干关键问题研究. 西安: 西安电子科技大学.
李清仁, 张向君, 易维启, 等, 2005. 波动方程多尺度反演. 石油地球物理勘探, 40 (3): 273-276.
李焱, 胡祥云, 杨文采, 等, 2012. 大地电磁三维交错网格有限差分数值模拟的并行计算研究. 地球物理学报, 55 (12): 4036-4043.
李尧, 2017. 隧道施工不良地质跨孔雷达超前探测方法与工程应用. 济南: 山东大学.
李勇, 吴小平, 林品荣, 2015. 基于二次场电导率分块连续变化的三维可控源电磁有限元数值模拟. 地球物理学报, 58 (3): 1072-1087.
李展辉, 黄清华, 王彦宾, 2009. 三维错格时域伪谱法在频散介质井中雷达模拟中的应用. 地球物理学报, 52 (7): 1915-1922.
李壮, 韩波, 2008. 二维 GPR 反问题的同伦自适应算法. 中国海洋大学学报 (自然科学版), 7 (4): 685-688.
廉西猛, 张睿璇, 2013. 地震波动方程的局部间断有限元方法数值模拟. 地球物理学报, 56 (10): 3507-3513.
刘立业, 粟毅, 刘克成, 等, 2006. 一种新型探地雷达天线的 FDTD 分析. 电子与信息学报, 28 (4): 654-657.
刘四新, 曾昭发, 2007. 频散介质中地质雷达波传播的数值模拟. 地球物理学报, 50 (1): 320-326.
刘四新, 曾昭发, 徐波, 2005. 地质雷达数值模拟中有损耗介质吸收边界条件的实现. 吉林大学学报 (地球科学版), 35 (3): 378-381.
刘四新, 孟旭, 傅磊, 2016. 不依赖源子波的跨孔雷达时间域波形反演. 地球物理学报, 59 (12): 4473-4482.
刘新荣, 舒志乐, 朱成红, 等, 2010. 隧道衬砌空洞探地雷达三维探测正演研究. 岩石力学与工程学报, 29 (11): 2221-2229.
刘新彤, 2019. 探地雷达多尺度波形反演方法研究. 长春: 吉林大学.
刘新彤, 刘四新, 孟旭, 等, 2018. 低频缺失下跨孔雷达包络波形反演. 吉林大学学报 (地球科学版), 48 (2): 474-482.
马坚伟, 朱亚平, 杨慧珠, 2004. 二维地震波形小波多尺度反演. 工程数学学报, 21 (1): 109-113.
买文鼎, 2019. 时域不连续伽略金方法基函数研究与应用. 成都: 电子科技大学.
毛立峰, 2007. 超宽带电磁法正演模拟与反演成像. 成都: 成都理工大学.
孟旭, 2016. 时间域和频率域跨孔雷达波形反演及比较研究. 长春: 吉林大学.
孟旭, 刘四新, 傅磊, 等, 2016. 基于对数目标函数的跨孔雷达频域波形反演. 地球物理学报, 59 (5): 1875-1887.
裴正林, 牟永光, 狄帮让, 等, 2003. 复杂介质小波多尺度井间地震层析成像方法研究. 地球物理学报, 46 (1): 113-117.
彭达, 2013. 间断伽略金方法在瞬态电磁问题中的研究与应用. 长沙: 国防科学技术大学.

彭荣华，胡祥云，韩波，等，2016. 基于拟态有限体积法的频率域可控源三维正演计算．地球物理学报，59（10）：3927-3939.
彭荣华，胡祥云，李建慧，等，2018. 基于二次耦合势的广域电磁法有限体积三维正演计算．地球物理学报，61（10）：4160-4170.
秦瑶，陈洁，方广有，等，2011. 基于探地雷达频谱反演法的薄层识别技术研究．电子与信息学报，32（11）：2760-2763.
任乾慈，2017. 基于全波形反演的探地雷达数据和地震数据交叉梯度联合反演．长春：吉林大学．
沈飚，1994. 探地雷达波波动方程研究及其正演模拟．物探化探计算技术，16（1）：29-33.
沈金松，2003. 用交错网格有限差分法计算三维频率域电磁响应．地球物理学报，46（2）：280-288.
石明，冯德山，王洪华，等，2016. 各向异性介质GPR非结构化网格有限元正演．中南大学学报（自然科学版），47（5）：1660-1667.
粟毅，黄春琳，雷文太，2006. 探地雷达理论与应用．北京：科学出版社．
邰晓勇，2013. 基于间断有限单元法的探地雷达正演模拟研究．长沙：中南大学．
谭捍东，余钦范，Booker J，等，2003. 大地电磁法三维交错采样有限差分数值模拟．地球物理学报，46（5）：130-136.
田钢，林金鑫，王帮兵，等，2011. 探地雷达地面以上物体反射干扰特征模拟和分析．地球物理学报，54（10）：2639-2651.
汪波，2011. 求解时域麦克斯韦方程组的间断伽略金方法．长沙：湖南师范大学．
王长清，祝西里，1994. 电磁场计算中的时域有限差分法．北京：北京大学出版社．
王芳芳，张业荣，2010. 超宽带穿墙雷达成像的FDTD数值模拟．电波科学学报，25（3）：569-573.
王洪华，2015. 特殊介质的GPR有限元正演及解释技术研究．长沙：中南大学．
王洪华，戴前伟，2013. 基于UPML吸收边界条件的GPR有限元数值模拟．中国有色金属学报，23（7）：2003-2011.
王洪华，戴前伟，2014. 频散介质中探地雷达有限元法正演模拟．中南大学学报（自然科学版），45（3）：790-797.
王洪华，王敏玲，张智，等，2018. 基于Pade逼近的Cole-Cole频散介质GPR有限元正演．地球物理学报，61（10）：4136-4147.
王洪华，吕玉增，王敏玲，等，2019. 基于PML边界条件的二阶电磁波动方程GPR时域有限元模拟．地球物理学报，62（5）：1929-1941.
王向宇，2019. 声波方程间断Galerkin正演模拟及L-BFGS全波形反演．长沙：中南大学．
王珣，2016. 第二代小波有限元及自适应小波配点法探地雷达正演模拟．长沙：中南大学．
王兆磊，周辉，李国发，2007. 用地质雷达数据资料反演二维地下介质的方法．地球物理学报，50（3）：897-904.
文海玉，2003. 探地雷达的一种全局优化反演方法．哈尔滨：哈尔滨工业大学．
吴俊军，2012. 跨孔雷达全波形层析成像反演方法的研究．长春：吉林大学．
吴俊军，刘四新，李彦鹏，等，2014. 跨孔雷达全波形反演成像方法的研究．地球物理学报，57（5）：1623-1635.
肖建平，吴旭东，柳建新，等，2017. 探地雷达隧道衬砌病害检测正演模拟及应用．物探化探计算技术，39（4）：425-429.
谢辉，钟燕辉，蔡迎春，2003. 电磁场有限元法在GPR正演模拟中的应用．河南科学，21（3）：295-298.
谢源，2012. 频散介质中探地雷达有限元二维正演模拟．长沙：中南大学．

徐世浙，1994. 地球物理中的有限单元法 . 北京：科学出版社 .
徐义贤，王家映，1998. 大地电磁的多尺度反演 . 地球物理学报，41（5）：704-711.
薛昭，董良国，李晓波，等，2014. 起伏地表弹性波传播的间断 Galerkin 有限元数值模拟方法 . 地球物理学报，57（4）：1209-1223.
闫兴，2008. 基于第二代小波变换的各向异性参数反演 . 北京：中国石油大学（北京）.
杨波，徐义贤，何展翔，等，2012. 考虑海底地形的三维频率域可控源电磁响应有限体积法模拟 . 地球物理学报，55（4）：1390-1399.
杨峰，彭苏萍，刘杰，等，2008. 衬砌脱空雷达波数值模拟与定量解释 . 铁道学报，30（5）：92-96.
杨军，2016. 地球电磁场的连续与间断有限元三维数值模拟 . 合肥：中国科学技术大学 .
杨军，刘颖，吴小平，2015. 海洋可控源电磁三维非结构矢量有限元数值模拟 . 地球物理学报，58（8）：2827-2838.
杨谦，2018. 三维 DGTD 若干关键技术研究 . 西安：西安电子科技大学 .
殷长春，贲放，刘云鹤，等，2014. 三维任意各向异性介质中海洋可控源电磁法正演研究 . 地球物理学报，57（12）：4110-4122.
殷长春，张博，刘云鹤，等，2017. 面向目标自适应三维大地电磁正演模拟 . 地球物理学报，60（1）：327-336.
俞海龙，2019. 基于修正 PRP 共轭梯度法的探地雷达时间域全波形反演 . 长春：吉林大学 .
俞海龙，冯晅，赵建宇，2018. 基于梯度法和 L-BFGS 算法的探地雷达时间域全波形反演 . 物探化探计算技术，40（5）：623-630.
俞燕浓，方广有，2009. 一种反演地下介质参数的新算法 . 电子与信息学报，3（3）：619-622.
岳建华，何兵寿，1999. 超吸收边界条件在地质雷达剖面正演中的应用 . 中国矿业大学学报，28（5）：453-456.
曾昭发，刘四新，王者江，等，2006. 探地雷达方法原理及应用 . 北京：科学出版社 .
张彬，2016. 基于旋转交错网格 FDM 的 GPR 正演模拟与偏移成像 . 长沙：中南大学 .
张崇民，张凤凯，李尧，2019. 隧道施工不良地质探地雷达超前探测全波形反演研究 . 隧道建设（中英文），39（1）：102-109.
张鸿飞，程效军，高攀，等，2009. 隧道衬砌空洞探地雷达图谱正演模拟研究 . 岩土力学，30（9）：2810-2814.
张继锋，汤井田，喻言，等，2009. 基于电场矢量波动方程的三维可控源电磁法有限单元法数值模拟 . 地球物理学报，52（12）：3132-3141.
张林成，汤井田，任政勇，等，2017. 基于二次场的可控源电磁法三维有限元–无限元数值模拟 . 地球物理学报，60（9）：3655-3666.
张双狮，2013. 海洋可控源电磁法三维时域有限差分数值模拟 . 成都：成都理工大学 .
张烨，汪宏年，陶宏根，等，2012. 基于耦合标势与矢势的有限体积法模拟非均匀各向异性地层中多分量感应测井三维响应 . 地球物理学报，55（6）：2141-2152.
赵超，冯德山，柳建新，等，2013. 频散介质探地雷达正演与高速公路实测资料解释 . 中南大学学报（自然科学版），23（9）：2506-2512.
周峰，2019. 基于非结构网格的带地形三维 CSEM 正演研究 . 长沙：中南大学 .
周辉，陈汉明，李卿卿，等，2014. 不需提取激发脉冲的探地雷达波形反演方法 . 地球物理学报，57（6）：1968-1976.
周建美，张烨，汪宏年，等，2014. 耦合势有限体积法高效模拟各向异性地层中海洋可控源的三维电磁响应 . 物理学报，63（15）：440-449.

Ainsworth M, Monk P, Muniz W, 2006. Dispersive and dissipative properties of discontinuous Galerkin finite element methods for the second-order wave equation. Journal of Scientific Computing, 27 (1-3): 5-40.

Álvarez G J, 2014. A discontinuous Galerkin finite element method for the time- domain solution of Maxwell equations. Granada: Universidad de Granada.

Angulo L D, Alvarez J, Garcia S G, et al., 2011. Discontinuous Galerkin time-domain method for GPR simulation of conducting objects. Near Surface Geophysics, 9 (3): 257-264.

Angulo L D, Alvarez J, Pantoja M F, et al., 2015. Discontinuous Galerkin time domain methods in computational electrodynamics: state of the art. Forum Electromagn Res Methods Appl Technol, 10: 1-24.

Aravkin A Y, van Leeuwen T, Calandra H, et al., 2012. Source estimation for frequency-domain FWI with robust penalties//74th EAGE Conference and Exhibition incorporating EUROPEC. European Association of Geoscientists & Engineers: cp-293-00306.

Arcone S A, 1995. Numerical studies of the radiation patterns of resistively loaded dipoles. Journal of Applied Geophysics, 33 (1-3): 39-52.

Belina F A, Irving J, Ernst J R, et al., 2012a. Waveform inversion of crosshole georadar data: influence of source wavelet variability and the suitability of a single wavelet assumption. IEEE Transactions on Geoscience and Remote Sensing, 50 (11): 4610-4625.

Belina F A, Irving J, Ernst J R, et al., 2012b. Analysis of an iterative deconvolution approach for estimating the source wavelet during waveform inversion of crosshole georadar data. Journal of Applied Geophysics, 78: 20-30.

Berenger J P, 1994. A perfectly matched layer for the absorption of electromagnetic waves. Journal of Computational Physics, 114 (2): 185-200.

Bergmann T, Robertsson J O A, Holliger K, 1998. Finite-difference modeling of electromagnetic wave propagation in dispersive and attenuating media. Geophysics, 63 (3): 856-867.

Bermúdez A, Hervella-Nieto L, Prieto A, et al., 2004. An exact bounded PML for the Helmholtz equation. Comptes Rendus Mathematique, 339 (11): 803-808.

Bermúdez A, Hervella- Nieto L, Prieto A, et al., 2007. An optimal perfectly matched layer with unbounded absorbing function for time-harmonic acoustic scattering problems. Journal of Computational Physics, 223 (2): 469-488.

Bernacki M, Fezoui L, Lanteri S, et al., 2006a. Parallel discontinuous Galerkin unstructured mesh solvers for the calculation of three- dimensional wave propagation problems. Applied Mathematical Modelling, 30 (8): 744-763.

Bernacki M, Lanteri S, Piperno S, 2006b. Time-domain parallel simulation of heterogeneous wave propagation on unstructured grids using explicit, nondiffusive, discontinuous Galerkin methods. Journal of Computational Acoustics, 14 (01): 57-81.

Boonyasiriwat C, Valasek P, Routh P, et al., 2009. An efficient multiscale method for time- domain waveform tomography. Geophysics, 74 (6): WCC59-WCC68.

Borsic A, Graham B M, Adler A, et al., 2009. In vivo impedance imaging with total variation regularization. IEEE Transactions on Medical Imaging, 29 (1): 44-54.

Bouajaji M E, Lanteri S, Yedlin M, 2011. Discontinuous Galerkin frequency domain forward modelling for the inversion of electric permittivity in the 2D case. Geophysical Prospecting, 59 (5): 920-933.

Bunks C, Saleck F M, Zaleski S, et al., 1995. Multiscale seismic waveform inversion. Geophysics, 60 (5): 1457-1473.

Busch S, Kruk J V D, Bikowski J, et al., 2012. Quantitative conductivity and permittivity estimation using full-waveform inversion of on-ground GPR data. Geophysics, 77 (6): H79-H91.

Busch S, Kruk J V D, Vereecken H, 2014. Improved characterization of fine-texture soils using on-ground GPR full-waveform inversion. IEEE Transactions on Geoscience and Remote Sensing, 52 (7): 3947-3958.

Cai W, Qin F, Schuster G T, 1996. Electromagnetic velocity inversion using 2-D Maxwell's equations. Geophysics, 61 (4): 1007-1021.

Cai H Z, Xiong B, Han M R, et al., 2014. 3D controlled-source electromagnetic modeling in anisotropic medium using edge-based finite element method. Computers & Geosciences, 73: 164-176.

Cassidy N J, 2009. Ground Penetrating Radar Data Processing, Modelling and Analysis//Jol H M. Ground penetrating radar theory and applications. Amsterdam: Elsevier: 141-176.

Cassidy N J, Millington T M, 2009. The application of finite-difference time-domain modelling for the assessment of GPR in magnetically materials. Journal of Applied Geophysics, 67: 296-308.

Chen J, Liu Q H, 2012. Discontinuous Galerkin time-domain methods for multiscale electromagnetic simulations: a review. Proceedings of the IEEE, 101 (2): 242-254.

Chen J, Tobon L E, Chai M, et al., 2011. Efficient implicit-explicit time stepping scheme with domain decomposition for multiscale modeling of layered structures. IEEE Transactions on Components, Packaging and Manufacturing Technology, 1 (9): 1438-1446.

Chew W C, Weedon W H, 1994. A 3D perfectly matched medium from modified Maxwell's equations with stretched coordinates. Microwave and Optical Technology Letters, 7 (13): 599-604.

Chiao L Y, Liang W T, 2003. Multiresolution parameterization for geophysical inverse problems. Geophysics, 68 (1): 199-209.

Choi Y, Alkhalifah T, 2011. Source-independent time-domain waveform inversion using convolved wavefields: application to the encoded multisource waveform inversion. Geophysics, 76 (5): R125-R134.

Chung E T, Engquist B, 2006. Optimal discontinuous Galerkin methods for wave propagation. SIAM Journal on Numerical Analysis, 44 (5): 2131-2158.

Cimpeanu R, Martinsson A, Heil M, 2015. A parameter-free perfectly matched layer formulation for the finite-element-based solution of the Helmholtz equation. Journal of Computational Physics, 296 (C): 329-347.

Claerbout J F, 1971. Toward a unified theory of reflector mapping. Geophysics, 36 (3): 467-481.

Cockburn B, Shu C W, 1991. The Runge-Kutta local projection P1-discontinuous Galerkin method for scalar consevation laws. Modélisation Mathématique et Analyse Numérique, 25 (3): 337-361.

Cockburn B, Shu C W, 1998. The local discontinuous Galerkin finite element method for convection-diffusion systems. SIAM Journal on Numerical Analysis, 35 (6): 2240-2463.

Cockburn B, Shu C W, 2001. Runge-Kutta discountinuous Galerkin methods for convection-domainated problems. Journal of Scientific Computing, 16 (3): 173-261.

Cockburn B, Li F, Shu C W, 2004. Locally divergence-free discontinuous Galerkin methods for the Maxwell equations. Journal of Computational Physics, 194 (2): 588-610.

Coggon J H, 1971. Electromagnetic and electrical modeling by the finite element method. Geophysics, 36 (1): 132-155.

Cohen G, Ferrieres X, Pernet S, 2006. A spatial high-order hexahedral discontinuous Galerkin method to solve Maxwell's equations in time domain. Journal of Computational Physics, 217 (2): 340-363.

Cordua K S, Hansen T M, Mosegaard K, 2012. Monte Carlo full-waveform inversion of crosshole GPR data using multiple-point geostatistical a priori information. Geophysics, 77 (2): H19-H31.

Cui T J, Qin Y, Wang G L, 2004. Low-frequency detection of two-dimensional buried objects using high-order extended Born approximations. Inverse Problems, 20: 41-62.

Dawson C, Proft J, 2002. Coupling of continuous and discontinuous Galerkin methods for transport problems. Computer Methods in Applied Mechanics and Engineering, 191 (29-30): 3213-3231.

Deeds J, Bradford J, 2002. Characterization of an aquitard and direct detection of LNAPL at Hill Air Force Base using GPR AVO and migration velocity analyses. Proceedings of SPIE—The International Society for Optical Engineering, 4758: 323-329.

Deparis J, Garambois S, 2008. On the use of dispersive APVO GPR curves for thin-bed properties estimation: theory and application to fracture characterization. Geophysics, 74 (1): J1-J12.

Descombes S, Lanteri S, Moya L, 2013. Locally implicit time integration strategies in a discontinuous Galerkin method for Maxwell's equations. Journal of Scientific Computing, 56 (1): 190-218.

Di Q Y, Wang M Y, 2004. Migration of ground-penetrating radar data with a finite-element method that considers attenuation and dispersion. Geophysics, 69 (2): 472-477.

Di Q, Zhang M, Wang M, 2006. Time-domain inversion of GPR data containing attenuation due to conductive losses. Geophysics, 71 (5): K103-K109.

Diamanti N, Giannopoulos A, 2009. Implementation of ADI-FDTD subgrids in ground penetrating radar FDTD models. Journal of Applied Geophysics, 67: 309-317.

Diamanti N, Giannopoulos A, 2011. Employing ADI-FDTD subgrids for GPR numerical modelling and their application to study ring separation in brick masonry arch bridges. Near Surface Geophysics, 9 (3): 245-256.

Diamanti N, Giannopoulos A, Forde M C, 2008. Numerical modelling and experimental verification of GPR to investigate ring separation in brick masonry arch bridges. NDT & E International, 41 (5): 354-363.

Dolean V, Fahs H, Fezoui L, et al., 2010. Locally implicit discontinuous Galerkin method for time domain electromagnetics. Journal of Computational Physics, 229 (2): 512-526.

Dosopoulos S, 2012. Interior penalty discontinuous Galerkin finite element method for the time-domain Maxwell's equations. Columbus: The Ohio State University.

Dosopoulos S, Lee J F, 2010. Interior penalty discontinuous Galerkin finite element method for the time-dependent first order Maxwell's equations. IEEE Transactions on Antennas and Propagation, 58 (12): 4085-4090.

Du H K, Ren Z Y, Tang J T, 2016. A finite-volume approach for 2D magnetotellurics modeling with arbitrary topographies. Studia Geophysica et Geodaetica, 60 (2): 332-347.

Dumbser M, Käser M, 2010. An arbitrary high-order discontinuous Galerkin method for elastic waves on unstructured meshes—II. The three-dimensional isotropic case. Geophysical Journal of the Royal Astronomical Society, 167 (1): 319-336.

Dumbser M, Käser M, Toro E F, 2010. An arbitrary high-order discontinuous Galerkin method for elastic waves on unstructured meshes—V. Local time stepping and p-adaptivity. Geophysical Journal of the Royal Astronomical Society, 171 (2): 695-717.

Ellefsen K J, Croizé D, Mazzella A T, et al., 2009. Frequency-domain Green's functions for radar waves in heterogeneous 2.5 D media. Geophysics, 74 (3): J13-J22.

Ellefsen K J, Mazzella A T, Horton R J, et al., 2011. Phase and amplitude inversion of crosswell radar data. Geophysics, 76 (3): J1-J12.

Ernst J R, Holliger K, Maurer H, 2005. Full-waveform inversion of crosshole georadar data//SEG Technical Program Expanded Abstracts 2005. Society of Exploration Geophysicists, 2573-2576.

Ernst J R, Green A G, Maurer H, et al., 2007a. Application of a new 2D time-domain full-waveform inversion scheme to crosshole radar data. Geophysics, 72 (5): J53-J64.

Ernst J R, Maurer H, Green A G, et al., 2007b. Full-waveform inversion of crosshole radar data based on 2D Finite-Difference Time-Domain solutions of Maxwell's equations. IEEE Transactions on Geoscience and Remote Sensing, 45 (9): 2807-2828.

Etienne V, Chaljub E, Virieux J, et al., 2010. An hp-adaptive discontinuous Galerkin finite-element method for 3-D elastic wave modelling. Geophysical Journal International, 183 (2): 941-962.

Fang H Y, Lin G, 2012. Symplectic partitioned Runge-Kutta methods for two-dimensional numerical model of ground penetrating radar. Computers & Geosciences, 49: 323-329.

Fang H Y, Lin G, Zhang R, 2012. The first-order symplectic euler method for simulation of GPR wave propagation in pavement structur. IEEE Transactions on Geoscience and Remote Sensing, 51 (1): 93-98.

Feng D S, Dai Q W, 2011. GPR numerical simulation of full wave field based on UPML boundary condition of ADI-FDTD. NDT & E International, 44 (6): 495-504.

Feng D S, Wang X, Zhang B, 2018. Specific evaluation of tunnel lining multi-defects by all-refined GPR simulation method using hybrid algorithm of FETD and FDTD. Construction and Building Materials, 185: 220-229.

Feng D S, Cao C, Wang X, 2019a. Multiscale full-waveform dual-parameter inversion based on total variation regularization to on-ground GPR data. IEEE Transactions on Geoscience and Remote Sensing, 57 (11): 9450-9465.

Feng D S, Ding S Y, Wang X, 2019b. An exact PML to truncate lattices with unstructured-mesh-based adaptive finite element method in frequency domain for ground penetrating radar simulation. Journal of Applied Geophysics, 170: 103836.

Feng D S, Wang X, Zhang B, 2019c. Improving reconstruction of tunnel lining defects from ground-penetrating radar profiles by multi-scale inversion and bi-parametric full-waveform inversion. Advanced Engineering Informatics, 41: 100931.

Feng D S, Wang X, Zhang B, et al., 2019d. An investigation into the electromagnetic response of porous media with GPR using stochastic processes and FEM of B-spline wavelet on the interval. Journal of Applied Geophysics, 169: 174-182.

Fezoui L, Lanteri S, Lohrengel S, et al., 2005. Convergence and stability of a discontinuous Galerkin time-domain method for the 3D heterogeneous Maxwell equations on unstructured meshes. ESAIM: Mathematical Modelling and Numerical Analysis, 39 (6): 1149-1176.

Fisher E, McMechan G A, Annan A P, et al., 1992. Examples of reverse-time migration of single-channel, ground-penetrating radar profiles. Geophysics, 57 (4): 577-586.

Garcia S G, Pantoja M F, Coevorden C M D J V, et al., 2008. A new hybrid DGTD/FDTD method in 2-D. IEEE Microwave and Wireless Components Letters, 18 (12): 764-766.

Gedney S D, 1996. An anisotropic perfectly matched layer-absorbing medium for the truncation of FDTD lattices. IEEE Transactions on Antennas and Propagation, 44 (12): 1630-1639.

Gedney S D, Zhao B, 2009. An auxiliary differential equation formulation for the complex-frequency shifted PML. IEEE Transactions on Antennas and Propagation, 58 (3): 838-847.

Gedney S D, Kramer T, Luo C, et al., 2008. The discontinuous Galerkin finite element time domain method (DGFETD) //IEEE International Symposium on Electromagnetic Compatibility. IEEE: 1-4.

Gedney S D, Young J C, Kramer T C, et al., 2012. A discontinuous Galerkin finite element time-domain method modeling of dispersive media. IEEE Transactions on Antennas and Propagation, 60 (4): 1969-1977.

Giannakis I, Giannopoulos A, 2014. A novel piecewise linear recursive convolution approach for dispersive media using the finite-difference time-domain method. IEEE Transactions on Antennas and Propagation, 62 (5): 2669-2678.

Giannakis I, Giannopoulos A, Warren C, 2015. A realistic FDTD numerical modeling framework of ground penetrating radar for landmine detection. IEEE Journal of Selected Topics in Applied Earth Observations and Remote Sensing, 9 (1): 37-51.

Giannakis I, Giannopoulos A, Warren C, 2019. A machine learning-based fast-forward solver for ground penetrating radar with application to full-waveform inversion. IEEE Transactions on Geoscience and Remote Sensing, 57 (7): 4417-4426.

Giannopoulos A, 2005. Modelling ground penetrating radar by GprMax. Construction and Building Materials, 19 (10): 755-762.

Giannopoulos A, 2008. An improved new implementation of complex frequency shifted PML for the FDTD method. IEEE Transactions on Antennas and Propagation, 56 (9): 2995-3000.

Giannopoulos A, 2018. Multipole perfectly matched layer for finite-difference time-domain electromagnetic modeling. IEEE Transactions on Antennas and Propagation, 66 (6): 2987-2995.

Gloaguen E, Marcotte D, Chouteau M, et al., 2005. Borehole radar velocity inversion using cokriging and cosimulation. Journal of Applied Geophysics, 57 (4): 242-259.

Gloaguen E, Giroux B, Marcotte D, et al., 2007. Pseudo-full-waveform inversion of borehole GPR data using stochastic tomography. Geophysics, 72 (5): J43-J51.

Goldstein T, Osher S, 2009. The split Bregman method for L1-regularized problems. SIAM Journal on Imaging Sciences, 2 (2): 323-343.

Greaves R J, Lesmes D P, Lee J M, et al., 1996. Velocity variations and water content estimated from multi-offset, ground-penetrating radar. Geophysics, 61 (3): 683-695.

Gueting N, Klotzsche A, Kruk J V D, et al., 2015. Imaging and characterization of facies heterogeneity in an alluvial aquifer using GPR full-waveform inversion and cone penetration tests. Journal of Hydrology, 524: 680-695.

Gueting N, Vienken T, Klotzsche A, et al., 2017. High resolution aquifer characterization using crosshole GPR full-waveform tomography: comparison with direct-push and tracer test data. Water Resources Research, 53 (1): 49-72.

Habashy T M, Abubakar A, 2004. A general framework for constraint minimization for the inversion of electromagnetic measurements. Progress in Electromagnetics Research, 46: 265-312.

Haber E, Ascher U M, 2001. Fast finite volume simulation of 3D electromagnetic problems with highly discontinuous coefficients. SIAM Journal on Scientific Computing, 22 (6): 1943-1961.

Haber E, Ruthotto L, 2014. A multiscale finite volume method for Maxwell's equations at low frequencies. Geophysical Journal International, 199 (2): 1268-1277.

Hadamard J, 1902. Sur les problèmes aux dérivées partielles et leur signification physique. Princeton University Bulletin, 13: 49-52.

Hansen P C, 2010. Discrete inverse problems. Insight and algorithms. SIAM. DOI: 10.1137/1.9780898718836.

Hansen T B, Johansen P M, 2000. Inversion scheme for ground penetrating radar that takes into account the planar air-soil interface. IEEE Transactions on Geoscience and Remote Sensing, 38 (1): 496-506.

Hesthaven J S, Warburton T, 2002. Nodal high-order methods on unstructured grids: I. Time-domain solution of Maxwell's equations. Journal of Computational Physics, 181 (1): 186-221.

Hesthaven J S, Warburton T, 2011. 交点间断 Galerkin 方法：算法、分析和应用. 李继春，汤涛译. 北京：科学出版社.

Hinz E A, Bradford J H, 2010. Ground-penetrating-radar reflection attenuation tomography with an adaptive mesh. Geophysics, 75 (4): WA251-WA261.

Holliger K, Musil M, Maurer H R, 2001. Ray-based amplitude tomography for crosshole georadar data: a numerical assessment. Journal of Applied Geophysics, 47 (3-4): 285-298.

Hou J, Mallan R K, Verdin C T, 2006. Finite-difference simulation of borehole EM measurements in 3D anisotropic media using coupled scalar-vector potentials. Geophysics, 71 (5): G225.

Hu W, Abubakar A, Habashy T M, 2009. Simultaneous multifrequency inversion of full-waveform seismic data. Geophysics, 74 (2): R1-R14.

Huai N, Zeng Z, Li J, et al., 2019. Model-based layer stripping FWI with a stepped inversion sequence for GPR data. Geophysical Journal International, 218 (2): 1032-1043.

Huang Y, Li J, Yang W, 2011. Interior penalty DG methods for Maxwell's equations in dispersive media. Journal of Computational Physics, 230 (12): 4559-4570.

Hustedt B, Operto S, Virieux J, 2004. Mixed-grid and staggered-grid finite-difference methods for frequency-domain acoustic wave modelling. Geophysical Journal International, 157 (3): 1269-1296.

Irving J, Knight R, 2006. Numerical modeling of ground-penetrating radar in 2-D using MATLAB. Computers & Geosciences, 32 (9): 1247-1258.

Jazayeri S, Klotzsche A, Kruse S, 2018. Improving estimates of buried pipe diameter and infilling material from ground-penetrating radar profiles with full-waveform inversion. Geophysics, 83 (4): H27-H41.

Jazayeri S, Kruse S, Hasan I, et al., 2019. Reinforced concrete mapping using full-waveform inversion of GPR data. Construction and Building Materials, 229: 117102.

Ji X, Cai W, Zhang P, 2007. High-order DGTD methods for dispersive Maxwell's equations and modelling of silver nanowire coupling. International Journal for Numerical Methods in Engineering, 69 (2): 308-325.

Ji X, Cai W, Zhang P, 2008. Reflection/transmission characteristics of a discontinuous Galerkin method for Maxwell's equations in dispersive inhomogeneous media. Journal of Computational Mathematics, 26 (3): 347-364.

Jia H, Takenaka T, Tanaka T, 2002. Time-domain inverse scattering method for cross-borehole radar imaging. IEEE Transactions on Geoscience and Remote Sensing, 40 (7): 1640-1647.

Jiang Z, Zeng Z, Li J, et al., 2013. Simulation and analysis of GPR signal based on stochastic media model with an ellipsoidal autocorrelation function. Journal of Applied Geophysics, 99: 91-97.

Jiao Y R, McMechan G A, Pettinelli E, 2000. In situ 2-D and 3-D measurements of radiation patterns of half-wave dipole GPR antennas. Journal of Applied Geophysics, 43 (1): 69-89.

Jin J M, 2014. The finite element method in electromagnetics. New Jersey: John Wiley & Sons.

Kabakian A V, Shankar V, Hall W F, 2004. Unstructured grid-based discontinuous Galerkin method for broadband electromagnetic simulations. Journal of Scientific Computing, 20 (3): 405-431.

Kalogeropoulos A, Kruk J V D, Hugenschmidt J, et al., 2011. Chlorides and moisture assessment in concrete by GPR full waveform inversion. Near Surface Geophysics, 9 (3): 277-285.

Kalogeropoulos A, Kruk J V D, Hugenschmidt J, et al., 2013. Full-waveform GPR inversion to assess chloride gradients in concrete. NDT & E International, 57: 74-84.

Keskinen J, Klotzsche A, Looms M C, et al., 2017. Full-waveform inversion of crosshole GPR data: implications for porosity estimation in chalk. Journal of Applied Geophysics, 140: 102-116.

Key K, Weiss C, 2006. Adaptive finite-element modeling using unstructured grids: the 2D magnetotelluric example. Geophysics, 71 (6): G291-G299.

Klotzsche A, Kruk J V D, Meles G A, et al., 2010. Full- waveform inversion of cross- hole ground- penetrating radar data to characterize a gravel aquifer close to the Thur River, Switzerland. Near Surface Geophysics, 8 (6): 635-649.

Klotzsche A, Kruk J V D, Meles G A, et al., 2012. Crosshole GPR full-waveform inversion of waveguides acting as preferential flow paths within aquifer systems. Geophysics, 77 (4): H57-H62.

Klotzsche A, Kruk J V D, Linde N, et al., 2013. 3-D characterization of high- permeability zones in a gravel aquifer using 2-D crosshole GPR full-waveform inversion and waveguide detection. Geophysical Journal International, 195 (2): 932-944.

Klotzsche A, Kruk J V D, Bradford J, et al., 2014. Detection of spatially limited high- porosity layers using crosshole GPR signal analysis and full-waveform inversion. Water Resources Research, 50 (8): 6966-6985.

Klotzsche A, Jonard F, Looms M C, et al., 2018. Measuring soil water content with ground penetrating radar: a decade of progress. Vadose Zone Journal, 17 (1): 1-9.

Klotzsche A, Vereecken H, Kruk J V D, 2019. GPR full-waveform inversion of a variably saturated soil-aquifer system. Journal of Applied Geophysics, 170: 103823.

Klöckner A, Warburton T, Bridge J, et al., 2009. Nodal discontinuous Galerkin methods on graphics processors. Journal of Computational Physics, 228 (21): 7863-7882.

Komatitsch D, Martin R, 2007. An unsplit convolutional perfectly matched layer improved at grazing incidence for the seismic wave equation. Geophysics, 72 (5): 167-255.

Krumpholz M, Katehi L P B, 1996. MRTD: new time-domain schemes based on multiresolution analysis. IEEE Transactions on Microwave Theory and Techniques, 44 (4): 555-571.

Krumpholz M, Winful H G, Katehi L P B, 1997. Nonlinear time-domain modeling by multiresolution time domain (MRTD). IEEE Transactions on Microwave Theory & Techniques, 45 (3): 385-393.

Kuroda S, Takeuchi M, Kim H J, 2005. Full waveform inversion algorithm for interpreting cross-borehole GPR data//SEG Technical Program Expanded Abstracts. Society of Exploration Geophysicists, 1176-1179.

Kuroda S, Takeuchi M, Kim H J, 2007. Full-waveform inversion algorithm for interpreting crosshole radar data: a theoretical approach. Geosciences Journal, 11 (3): 211-217.

Kwan H L, Chen C C, Teixeifs, et al., 2004. Modeling and investigation of a geometrieally complex UWB GPR anterma using FDID. IEEE Transactions on Antennas and Propagation, 52 (8): 1983-1991.

Käser M, Dumbser M, 2006. An arbitrary high-order discontinuous Galerkin method for elastic waves on unstructured meshes—I. The two-dimensional isotropic case with external source terms. Geophysical Journal International, 166 (2): 855-877.

Käser M, Dumbser M, Puente J D L, et al., 2010. An arbitrary high-order Discontinuous Galerkin method for elastic waves on unstructured meshes—III. Viscoelastic attenuation. Geophysical Journal International, 168 (1): 224-242.

Lailly P, Bednar J B, 1983. The seismic inverse problem as a sequence of before stack migrations//Conference on Inverse Scattering: Theory and Application. Philadelphia, PA: SIAM: 206-220.

Lambot S, Weihermuller L, Weihermüller J A, et al., 2006. Analysis of air-launched ground-penetrating radar techniques to measure the soil surface water content. Water Resources Research, 42 (11): W11403.

Lampe B, Holliger K, 2003. Effects of fractal fluctuations in topographic relief, permittivity and conductivity on ground-penetrating radar antenna radiation. Geophysics, 68 (6): 1934-1944.

Lasint P, Raviart R A, 1974. On a finite element method for solving the neutron transport equation//Boor C. Mathematical aspectes of finte element in partial differential equation. New York: Academic Press: 89-145.

Lavoué F, 2014. 2D Full waveform inversion of ground penetrating radar data: towards multiparameter imaging from surface data. Grenoble: Université de Grenoble.

Lavoué F, Brossier R, Métivier L, et al., 2014. Two-dimensional permittivity and conductivity imaging by full waveform inversion of multioffset GPR data: a frequency-domain quasi-Newton approach. Geophysical Journal International, 197 (1): 248-268.

Lavoué F, Brossier R, Métivier L, et al., 2015. Frequency-domain modelling and inversion of electromagnetic data for 2D permittivity and conductivity imaging: an application to the Institute Fresnel experimental dataset. Near Surface Geophysics, 13 (3): 227-241.

Layek M K, Sengupta P, 2019. Forward modeling of GPR data by unstaggered finite difference frequency domain (FDFD) method: an approach towards an appropriate numerical scheme. Journal of Environmental and Engineering Geophysics, 24 (3): 487-496.

Lee K H, Kim H J, 2003. Source-independent full-waveform inversion of seismic data. Geophysics, 68 (6): 2010-2015.

Li J, Zeng Z F, Huang L, et al., 2012. GPR simulation based on complex frequency shifted recursive integration PML boundary of 3D high order FDTD. Computers & Geosciences, 49: 121-130.

Li M, Rickett J, Abubakar A, 2013. Application of the variable projection scheme for frequency-domain full-waveform inversion. Geophysics, 78 (6): R249-R257.

Li M, Abubakar A, Gao F, et al., 2015. Application of the variable projection scheme for calibration in electromagnetic data inversion. IEEE Transactions on Antennas and Propagation, 64 (1): 332-335.

Lin Y, Huang L, 2014. Acoustic- and elastic- waveform inversion using a modified total-variation regularization scheme. Geophysical Journal International, 200 (1): 489-502.

Liu B, Ren Y, Liu H, et al., 2019a. GPRInvNet: Deep Learning-Based Ground Penetrating Radar Data Inversion for Tunnel Lining. arXiv: 1912. 05759.

Liu B, Zhang F, Li S, et al., 2019b. Full waveform inversion based on inequality constraint for cross-hole radar. Journal of Applied Geophysics, 162: 118-127.

Liu H, Xing B, Wang H, et al., 2019. Simulation of ground penetrating radar on dispersive media by a finite element time domain algorithm. Journal of Applied Geophysics, 170: 103821.

Liu F S, Ling Y, Xia X G, et al., 2004. Wavelet methods for ground penetrating radar imaging. Journal of Computational and Applied Mathematics, 169: 459-474.

Liu S X, Liu X, Meng X, et al., 2018. Application of time-domain full waveform inversion to cross-hole radar data measured at Xiuyan jade mine, China. Sensors, 18 (9): 3114.

Liu T, Klotzsche A, Pondkule M, et al., 2018. Radius estimation of subsurface cylindrical objects from ground-penetrating-radar data using full-waveform inversion. Geophysics, 83 (6): H43-H54.

Lu T, Zhang P, Cai W, 2004. Discontinuous Galerkin methods for dispersive and lossy Maxwell's equations and PML boundary conditions. Journal of Computational Physics, 200 (2): 549-580.

Lu T, Cai W, Zhang P W, 2005. Discontinuous Galerkin Time-Domain Method for GPR Simulation in Dispersive Media. IEEE Transactions on Geoscience and Remote Sensing, 43 (1): 72-80.

Lutz P, Garambois S, Perroud H, 2003. Influence of antenna configurations for GPR survey: information from polarization and amplitude versus offset measurements. Geological Society, London: Special Publications, 211 (1): 299-313.

Mackie R L, Smith J T, Madden T R, 1994. Madden of conference. Three-dimensional electromagnetic modeling using finite difference equations: the magnetotelluric example. Radio Science, 29 (4): 923-935.

Meincke P, 2001. Linear GPR inversion for lossy soil and a planar air-soil interface. IEEE Transactions on Geoscience and Remote Sensing, 39 (12): 2713-2721.

Meles G A, Kruk J V, Stewart A, et al., 2010. A new vector waveform inversion algorithm for simultaneous updating of conductivity and permittivity parameters from combination crosshole/borehole-to-surface GPR data. IEEE Transactions on Geoscience and Remote Sensing, 48 (9): 3391-3407.

Meles G A, Greenhalgh S A, Green A G, et al., 2012a. GPR full-waveform sensitivity and resolution analysis using an FDTD adjoint method. IEEE Transactions on Geoscience and Remote Sensing, 50 (5): 1881-1896.

Meles G A, Greenhalgh S, Kruk J V D, et al., 2012b. Taming the non-linearity problem in GPR full-waveform inversion for high contrast media. Journal of Applied Geophysics, 78: 31-43.

Meng X, Liu S X, Xu Y, et al., 2019. Application of laplace domain waveform inversion to cross-hole radar data. Remote Sensing, 11 (16): 1839.

Michel V, 2005. Regularized wavelet-based multiresolution recovery of the harmonic mass density distribution from data of the Earth's gravitational field at satellite height. Inverse Problems, 21 (3): 997-1025.

Minet J, Lambot S, Slob E C, et al., 2010. Soil surface water content estimation by full-waveform GPR signal inversion in the presence of thin layers. IEEE Transactions on Geoscience and Remote Sensing, 48 (3): 1138-1150.

Mitsuhata Y, 2000. 2-D electromagnetic modeling by finite-element method with a dipole source and topography. Geophysics, 65 (2): 465-475.

Moghaddam M, Chew W C, Oristaglio M, 1991. Comparison of the born iterative method and tarantola's method for an electromagnetic time-domain inverse problem. International Journal of Imaging Systems and Technology, 3 (4): 318-333.

Montseny E, Pernet S, Ferrières X, et al., 2008. Dissipative terms and local time-stepping improvements in a spatial high order discontinuous Galerkin scheme for the time-domain Maxwell's equations. Journal of Computational Physics, 227 (14): 6795-6820.

Morency C, 2019. Electromagnetic wave propagation based upon spectral-element methodology in dispersive and attenuating media. Geophysical Journal International, 220 (22): 951-966.

Musil M, Maurer H, Hollinger K, et al., 2006. Internal structure of an alpine rock glacier based on crosshole georadar traveltimes and amplitudes. Geophysical Prospecting, 54 (3): 273-285.

Newman G A, Alumbaugh D, 1995. Frequency-domain modelling of airborne electromagnetic responses using staggered finite differences. Geophysical Prospecting, 43 (8): 1021-1042.

Nilot E, Feng X, Zhang Y, et al., 2018. Multiparameter full-waveform inversion of on-ground GPR using memoryless quasi-Newton (MLQN) method //International Conference on Ground Penetrating Radar (GPR). IEEE: 1-4.

Nocedal J, Wright S J, 2006. Numerical optimization. New York: Springer.

Patriarca C, Lambot S, Mahmoudzadeh M R, et al., 2011. Reconstruction of sub-wavelength fractures and physical properties of masonry media using full-waveform inversion of proximal penetrating radar. Journal of Applied Geophysics, 74 (1): 26-37.

Pinard H, Garambois S, Metivier L, et al., 2015. 2D frequency-domain full-waveform inversion of GPR data: permittivity and conductivity imaging //International Workshop on Advanced Ground Penetrating Radar. IEEE: 1-4.

Pratt R G, Shin C, Hick G J, 1998. Gauss-Newton and full Newton methods in frequency-space seismic waveform inversion. Geophysical Journal International, 133 (2): 341-362.

Pratt R G, Worthington M H, 1990. Inverse theory applied to multi-source cross-hole tomography. Part 1: acoustic wave-equation method. Geophysical Prospecting, 38 (3): 287-310.

Pridmore D F, Hohmann G W, Ward S H, et al., 1981. An investigation of finite-element modeling for electrical and electromagnetic data in three dimensions. Geophysics, 46 (7): 1009-1024.

Puente J D L, Käser M, Dumbser M, et al., 2007. An arbitrary high-order discontinuous Galerkin method for elastic waves on unstructured meshes—IV. Anisotropy. Geophysical Journal International, 169 (3): 1210-1228.

Ramm A G, 1998. Theory of ground-penetrating radars II. Journal of Inverse and Ill-Posed Problems, 6 (6): 619-624.

Ramm A G, 2000. Theory of ground-penetrating radars III. Journal of Inverse and Ill-Posed Problems, 8 (1): 23-30.

Ramm A G, Shcheprov A V, 1997. Theory of ground-penetrating radars. Journal of Inverse and Ill-Posed Problems, 5 (4): 377-384.

Reddy I K, Phillips R J, Whitcomb J H, et al., 1977. Electrical structure in a region of the transverse ranges, southern California. Earth & Planetary Science Letters, 34 (2): 313-320.

Reed W H, Hill T R, 1973. Triangular mesh methods for the neutron transport equation. Los Alamos Scientific Laboratory Report, LA-UR-73-479.

Ren Q, 2015. Compatible subdomain level isotropic/anisotropic discontinuous Galerkin time domain (DGTD) method for multiscale simulation. Durham: Duke University.

Ren Q, 2018. Inverts permittivity and conductivity with structural constraint in GPR FWI based on truncated Newton method. Journal of Applied Geophysics, 151: 186-193.

Ren Z Y, Kalscheuer T, Greenhalgh S, et al., 2013. A goal-oriented adaptive finite-element approach for plane wave 3-D electromagnetic modelling. Geophysical Journal International, 194 (2): 700-718.

Rickett J, 2013. The variable projection method for waveform inversion with an unknown source function. Geophysical Prospecting, 61 (4): 874-881.

Rucker D F, Ferre T P, 2005. Automated water content reconstruction of zero-offset borehole ground penetrating radar using simulated annealing. Journal of Hydrolog, 309 (1-4): 1-16.

Sacks Z S, Kingsland D M, Lee R, et al., 1995. A perfectly matched anisot ropic absorber for use as an absorbing boundary condition. IEEE Transactions on Antennas and Propagation, 43 (8): 1460-1463.

Scheers B, Aeheroy M, Vorst A V, 2000. Time domain modelling of UWB GPR and its application on landmine detection. Proceedings of SPIE—The International Society for Optical Engineering, 4038: 1452-1460.

Schwarzbach C, Börner R U, Spitzer K, 2011. Three-dimensional adaptive higher order finite element simulation for geo-electromagnetics—a marine CSEM example. Geophysical Journal International, 187 (1): 63-74.

Shaari A, Ahmad R S, Chew T H, 2010. Effects of antenna-target polarization and target-medium dielectric contrast on GPR signal from non-metal pipes using FDTD simulation. NDT & E International, 43 (5): 403-408.

Silva N V D, Morgan J V, MacGregor L, et al., 2012. A finite element multifrontal method for 3D CSEM modeling in the frequency domain. Geophysics, 77 (2): E101-E115.

Sirgue L, Pratt R G, 2004. Efficient waveform inversion and imaging: a strategy for selecting temporal frequencies. Geophysics, 69 (1): 231-248.

Smith J T, 1996. Conservative modeling of 3-D electromagnetic fields: II. Biconjugate gradient solution and an accelerator. Geophysics, 61 (5): 1319-1324.

Stoer J, Bulirsch R, 2002. Introduction to numerical analysis. New York: Springer.

Taflove A, 1980. Application of the finite-difference time-domain method to sinusoidal steady-state electromagnetic-penetration problems. IEEE Transactions on Electromagnetic Compatibility, EMC-22 (3): 191-202.

Taflove A, 1995. Computational electrodynamics: the finite-difference time-domain method. London: Artech House.

Taflove A, Brodwin M E, 1975. Numerical solution of steady-state electromagnetic scattering problems using the time-dependent Maxwell's equations. IEEE Transactions on Microwave Theory and Techniques, 23 (8): 623-630.

Tarantola A, 1984. Inversion of seismic reflection data in the acoustic approximation. Geophysics, 49 (8): 1259-1266.

Teixeira F L, Chew W C, Straka M, et al., 1998. Finite-difference time-domain simulation of ground-penetrating radar on dispersive, inhomogeneous, and conductive soils. IEEE Transactions on Geoscience and Remote Sensing, 36: 1928-1936.

Tikhonov A, Arsenin V, 1977. Solutions of ill-posed problems. New York: Wiley.

Turner G, Siggins A F, 1994. Constant Q attenuation of subsurface radar pulses. Geophysics, 59 (8): 1192-1200.

Unsworth M J, Travis B J, Chave A D, 1993. Electromagnetic induction by a finite electric dipole source over a 2-D earth. Geophysics, 58 (2): 198-214.

Virieux J, Operto S, 2009. An overview of full-waveform inversion in exploration geophysics. Geophysics, 74 (6): WCC1-WCC26.

Vogel C R, 2002. Computational methods for inverse problems. SIAM. DOI: 10. 1137/1. 9780898717570.

Wang B, Xie Z, Zhang Z, 2010. Error analysis of a discontinuous Galerkin method for Maxwell equations in dispersive media. Journal of Computational Physics, 229 (22): 8552-8563.

Wang H H, Dai Q W, Feng D S, 2014. Element-free method forward modeling for GPR based on an improved sarma type absorbing boundary. Journal of Environmental and Engineering Geophysics, 19 (4): 277-285.

Wang T, Oristaglio M L, 2000. GPR imaging using the generalized Radon transform. Geophysics, 65 (5): 1553-1559.

Wannamaker P E, Stodt J A, Rijo L, 1986. Two-dimensional topographic responses in magnetotellurics modeled using finite elements. Geophysics, 51 (11): 2131-2144.

Warburton T C, Karniadakis G E, 1999. A discontinuous Galerkin method for the viscous MHD equations. Journal of Computational Physics, 152 (2): 608-641.

Warren C, Giannopoulos A, 2011. Creating finite-difference time-domain models of commercial ground-penetrating radar antennas using Taguchi's optimization method. Geophysics, 76 (2): G37-G47.

Warren C, Giannopoulos A, Giannakis I, 2016. GprMax: open source software to simulate electromagnetic wave propagation for ground penetrating radar. Computer Physics Communications, 209: 163-170.

Warren C, Giannopoulos A, Gray A, et al., 2019. A CUDA-based GPU engine for gprMax: open source FDTD electromagnetic simulation software. Computer Physics Communications, 237: 208-218.

Waters J, 2013. Discontinuous Galerkin finite element methods for Maxwell's equations in dispersive and metamaterials media. Las Vegas: University of Nevada.

Watson F M, 2016a. Better imaging for landmine detection: an exploration of 3D full-wave inversion for ground-penetrating radar. Manchester: Manchester University.

Watson F M, 2016b. Towards 3D full-wave inversion for GPR//2016 IEEE Radar Conference (Radar Conf). IEEE: 1-6.

Wei X K, Zhang X, Diamanti N, et al., 2017. Subgridded FDTD modeling of ground penetrating radar scenarios beyond the courant stability limit. IEEE Transactions on Geoscience and Remote Sensing, 55 (12): 7189-7198.

Weiss C J, 2013. Project APhiD: a Lorenz-gauged A-Φ decomposition for parallelized computation of ultra-broadband electromagnetic induction in a fully heterogeneous Earth. Computers & Geosciences, 58: 40-52.

Xiao T, Liu Q H, 2005. Three-dimensional unstructured-grid discontinuous Galerkin method for Maxwell's equations with well-posed perfectly matched layer. Microwave and Optical Technology Letters, 46 (5): 459-463.

Xiao T, Liu Y, Wang Y, et al., 2018. Three-dimensional magnetotelluric modeling in anisotropic media using edge-based finite element method. Journal of Applied Geophysics, 149: 1-9.

Xu T, McMechan G A, 1997. GPR attenuation and its numerical simulation in 2.5 dimensions. Geophysics, 62 (2): 403-414.

Yan J, Shu C W, 2002. A local discontinuous Galerkin method for KDV type equations. SIAM Journal on Numerical Analysis, 40 (2): 769-791.

Yang J, Cai W, Wu X, 2017. A high-order time domain discontinuous Galerkin method with orthogonal tetrahedral basis for electromagnetic simulations in 3-D heterogeneous conductive media. Communications in Computational Physics, 21 (4): 1065-1089.

Yang X, Kruk J V D, Bikowski J, et al., 2012. Full-waveform inversion of GPR data in frequency-domain. Proceedings of 14th International Conference on Ground Penetrating Radar, 324-328.

Yang X, Klotzsche A, Meles G, et al., 2013. Improvements in crosshole GPR full-waveform inversion and application on data measured at the Boise Hydrogeophysics Research Site. Journal of Applied Geophysics, 99: 114-124.

Yee K S, 1966. Numerical solution of initial boundary value problems involving Maxwell's equations in isotropic media. IEEE Transactions on Antennas and Propagation, 14 (3): 302-307.

Yilmaz Ö, 2001. Seismic data analysis: processing, inversion, and interpretation of seismic data. Society of Exploration Geophysicists.

Yin C, Zhang B, Liu Y, et al., 2016. A goal-oriented adaptive finite-element method for 3D scattered airborne electromagnetic method modeling. Geophysics, 81 (5): E337-E346.

Zarei S, Oskooi B, Amini N, et al., 2016. 2D spectral element modeling of GPR wave propagation in inhomogeneous media. Journal of Applied Geophysics, 133: 92-97.

Zhang B, Dai Q, Yin X, et al., 2015. A new approach of rotated staggered grid FD method with unsplit convolutional PML for GPR. IEEE Journal of Selected Topics in Applied Earth Observations and Remote Sensing, 9 (1): 52-59.

Zhang B, Dai Q, Yin X, et al., 2019. An optimized choice of UCPML to truncate lattices with rotated staggered grid scheme for ground penetrating radar simulation. IEEE Transactions on Geoscience and Remote Sensing, 57 (11): 8695-8706.

Zhang F K, Liu B, Liu L, et al., 2019. Application of ground penetrating radar to detect tunnel lining defects based on improved full waveform inversion and reverse time migration. Near Surface Geophysics, 17 (2): 127-139.

Zhang Q, Zhou H, Li Q, et al., 2016. Robust source-independent elastic full-waveform inversion in the time domain. Geophysics, 81 (2): R13-R28.

Zhang Z, Wang H, Wang M, et al., 2019. Non-split PML boundary condition for finite element time-domain modeling of ground penetrating radar. Journal of Applied Mathematics and Physics, 7 (5): 1077-1096.

Zhou H, Li Q, 2013. Increasing waveform inversion efficiency of GPR data using compression during reconstruction. Journal of Applied Geophysics, 99: 109-113.

Zhou H, Sato M, Takenaka T, et al., 2007. Reconstruction from antenna-transformed radar data using a time-domain reconstruction method. IEEE Transactions on Geoscience and Remote Sensing, 45 (3): 689-696.